信息科学技术学术著作丛书

数字水印技术及其应用

蒋天发 著

科学出版社

北京

内 容 简 介

数字水印技术是近年来国际学术界兴起的一个前沿研究领域,与信息安全等均有密切的关系,在媒体信息版权保护、真伪鉴别、隐蔽通信、监视非法复制和电子身份认证等方面具有重要的应用价值。本书内容包括:数字水印技术概述、小波变换及其在图像数字水印中的应用、二值图像数字水印技术、基于小波变换的二值图像盲数字水印算法及图像自适应水印算法、基于三维小波变换和人类视觉系统的视频水印算法、混沌理论及其在数字水印中的应用、基于混沌的二值图像数字水印算法、MPEG-2压缩标准和 I 帧的提取技术、基于 I 帧角点的 MPEG-2 视频水印算法、基于最佳置乱的自适应图像水印算法、基于量子计算理论图像水印算法的软件设计与功能实现、多功能图像数字水印软件著作权案例以及案例的部分源代码。书中总结了作者多年来在这一领域的研究成果和国内外同行的有关工作。

本书适合数字水印、信息安全、数字媒体产品版权保护、真伪鉴别与保密通信、模式识别与电子商务安全等领域的软件开发人员以及相关领域的科技人员和教学人员阅读,也可以作为高等院校信息技术及相关专业本科生与研究生的教材或教辅参考书。

图书在版编目(CIP)数据

数字水印技术及其应用/蒋天发著. —北京:科学出版社,2015
(信息科学技术学术著作丛书)
ISBN 978-7-03-045251-1

I. ①数… II. ①蒋… III. ①电子计算机-密码术-研究 IV. ①TP309.7

中国版本图书馆 CIP 数据核字(2015)第 170365 号

责任编辑:裴 育 余 丁 / 责任校对:桂伟利
责任印制:徐晓晨 / 封面设计:陈 敬

科学出版社出版
北京东黄城根北街16号
邮政编码:100717
http://www.sciencep.com

北京中石油彩色印刷有限责任公司 印刷
科学出版社发行 各地新华书店经销
*
2015年9月第 一 版 开本:720×1000 1/16
2021年1月第六次印刷 印张:18 1/2
字数:353 000
定价:128.00元
(如有印装质量问题,我社负责调换)

作 者 简 介

　　蒋天发,男,湖北荆门人。2002年1月被中南民族大学计算机科学学院聘为教授、硕士生导师;任国际计算机学会会员与中国计算机学会高级会员及计算机安全专业委员会委员,中国高等学校电子教育学会常务副理事长及专家学术委员会主任委员。长期从事数据库与大数据、计算机应用、高性能网络和信息安全以及数字水印技术的研究与教学工作。主持并完成国家自然科学基金项目、国家民族事务委员会与省部级科研项目15项;获得计算机软件著作权7项;出版专著与教材15部;发表学术论文100多篇,其中有30多篇被EI收录。

《信息科学技术学术著作丛书》序

21世纪是信息科学技术发生深刻变革的时代,一场以网络科学、高性能计算和仿真、智能科学、计算思维为特征的信息科学革命正在兴起。信息科学技术正在逐步融入各个应用领域并与生物、纳米、认知等交织在一起,悄然改变着我们的生活方式。信息科学技术已经成为人类社会进步过程中发展最快、交叉渗透性最强、应用面最广的关键技术。

如何进一步推动我国信息科学技术的研究与发展;如何将信息技术发展的新理论、新方法与研究成果转化为社会发展的新动力;如何抓住信息技术深刻发展变革的机遇,提升我国自主创新和可持续发展的能力?这些问题的解答都离不开我国科技工作者和工程技术人员的求索和艰辛付出。为这些科技工作者和工程技术人员提供一个良好的出版环境和平台,将这些科技成就迅速转化为智力成果,将对我国信息科学技术的发展起到重要的推动作用。

《信息科学技术学术著作丛书》是科学出版社在广泛征求专家意见的基础上,经过长期考察、反复论证之后组织出版的。这套丛书旨在传播网络科学和未来网络技术,微电子、光电子和量子信息技术、超级计算机、软件和信息存储技术,数据知识化和基于知识处理的未来信息服务业,低成本信息化和用信息技术提升传统产业,智能与认知科学、生物信息学、社会信息学等前沿交叉科学,信息科学基础理论,信息安全等几个未来信息科学技术重点发展领域的优秀科研成果。丛书力争起点高、内容新、导向性强,具有一定的原创性;体现出科学出版社"高层次、高质量、高水平"的特色和"严肃、严密、严格"的优良作风。

希望这套丛书的出版,能为我国信息科学技术的发展、创新和突破带来一些启迪和帮助。同时,欢迎广大读者提出好的建议,以促进和完善丛书的出版工作。

中国工程院院士

原中国科学院计算技术研究所所长

序　言

21世纪是一个网络化、信息化的时代,信息已成为现代社会发展的重要资源,而信息安全也成为21世纪国际竞争的重要战场。信息科学与技术成为最活跃的科学领域之一,信息技术改变着当代人们的生活与工作方式,信息产业成为新的经济增长点。数字水印技术是一门直接由应用推动而快速发展的新兴学科。其涉及的理论基础和技术领域十分广泛,并与信息安全、信息隐藏、数据加密、网络通信、图像处理等均有密切的关系;而信息的安全保障能力已成为一个国家综合国力的重要组成部分。

当前,以"互联网+"为代表的计算机网络的飞速发展以及"电子政务"、"电子商务"等信息系统的广泛应用,正引起社会和经济的深刻变革;同时,人们对版权与多媒体(如图像、图形、音频、视频等)的安全性要求越来越高,由于各种破解软件等的日益更新,一些不法分子对图像等数字媒体产品的侵权也变得更加容易,给作者或版权所有者带来极大威胁。数字水印技术作为信息安全与隐藏的主流方向之一,在媒体信息版权保护、真伪鉴别、隐蔽通信、监视非法复制和电子身份认证等方面具有重要的应用价值,并为网络信息安全等开拓了新的服务空间。

当前,世界主要工业化国家中每年因计算机犯罪而造成的经济损失远远超过普通经济犯罪。国内外不法分子互相勾结侵害信息系统,已成为危害信息网络安全的普遍性、多发性事件。社会的信息化导致新的军事革命,信息战、网络战成为新的作战形式。为了保护国家的政治利益和经济利益,各国政府都非常重视信息与网络安全。我国的信息安全产业正在蓬勃发展,受到党和国家领导人的高度重视,各部门通力合作、统筹规划,大大加快了我国信息安全产业发展的步伐。随着信息安全产业的快速发展,社会对信息安全人才的需求不断增加,在高等教育领域大力推进信息安全的教育,将是国家在信息安全领域掌握自主权、占领先机的重要举措。信息安全事关国家安全,事关经济发展,必须采取措施确保信息安全。

为了增进信息安全领域的学术交流,中国计算机学会高级会员及计算机安全专业委员会委员、中南民族大学计算机科学学院蒋天发教授出版《数字水印技术及其应用》一书。我觉得该书的特点是内容全面、技术新颖、理论联系实际,集中反映了数字水印领域的新成果和新技术。

中国工程院院士
2015 年 5 月

前　言

随着互联网技术与多媒体技术的迅速发展,多媒体信息(如文字、图像、音频、视频等)逐渐成为人们获取信息的重要来源,人们可以轻松地从网络上获取各种各样的多媒体信息。与此同时,大量诸如非法复制、伪造、篡改等侵犯多媒体以及网络信息安全的问题也随之而来。这些数字信息产品的版权保护成为当前研究的一个热点,数字水印技术就是解决这一问题的有效方法。数字水印技术是在数字信息中嵌入一些标志版权所有者信息的标记,鉴别时通过计算机技术以特定的方式进行检测,以此来维护版权所有者的利益,并实现隐藏传输、秘密存储、版权保护等功能,从而很好地解决数字信息产品的知识产权保护问题。数字水印技术已经成为近年来研究的热点领域之一。

数字水印技术是近年来兴起的前沿研究领域,在多媒体信息的版权保护和完整性认证方面得到迅猛发展。数字水印技术涉及信号与数字图像处理、计算机科学、混沌学、密码学以及数据通信等领域,是一门交叉科学。目前,研究数字水印的学者已经遍布信息安全、密码学、信息与计算机科学、通信与信息系统、信号与信息处理、控制理论与控制技术、模式识别与智能系统、计算机软件与理论、软件工程、军事通信学、计算机应用技术、数字媒体设计等领域。每年都有许多数字水印方面的论著在国内外发表,有大量的科研成果产生。本书就是作者在课题研究与研究生培养中产生的相关成果的总结。

数字水印包含的内容十分丰富,很多理论与技术尚处在不断发展中,这使得本书内容的选取十分困难。本书的着眼点是通过对数字水印关键技术的介绍,即对数字水印有关算法归纳出较为详细的基本计算步骤,列举大量的算法过程,并结合相关的研究成果给出一些实例,以期使读者能够较全面地了解数字水印技术及其最新应用进展,为进一步了解和研究数字水印技术奠定基础;同时,书中又涉及数字水印技术研究的一些前沿问题,以便为读者将来的研究工作提供帮助,并推动国内对数字水印技术的深入研究。全书共 13 章,主要内容包括:数字水印技术概述、小波变换及其在图像数字水印中的应用、二值图像数字水印技术、基于小波变换的二值图像盲数字水印算法、基于小波变换的图像自适应水印算法、基于三维小波变换和人类视觉系统的视频水印算法、混沌理论及其在数字水印中的应用、基于混沌的二值图像数字水印算法、MPEG-2 压缩标准和 I 帧的提取技术、基于 I 帧角点的 MPEG-2 视频水印算法、基于最佳置乱的自适应图像水印算法、基于量子计算理论图像水印算法的软件设计与功能实现、多功能图像数字水印软件著作权案例以及案例的部分源代码等。

感谢周迪勋教授(原武汉理工大学网络中心主任、博导)对全书的审阅;感谢沈昌祥教授(中国工程院院士、北京工业大学计算机学院名誉院长、博导)、杨义先教授(原北京邮电大学计算机学院执行院长、博导)、牛振东教授(北京理工大学计算机学院副院长、博导),以及中国软件评测中心评估师蒋巍与张博夫妇对本书出版给予的帮助以及所做的有益工作。感谢作者指导的研究生王理、熊祥光、曹文波、彭欢、何淼、郑园、刘艮、施展、颜浩、李珊珊、牟群刚、文莹莹、杨红、钱凯、黄俊坤、马颖等为本书部分章节内容的整理和算法实现所做的工作。特别感谢中南民族大学计算机科学学院院长王江晴教授,以及计算机应用技术(项目编号:JK5-2011-16)、智能算法及其应用(项目编号:XTE09009)、网络工程(项目编号:CY12001)、网络信息安全——数字水印理论与技术的研究(国家民委重点科研项目,项目编号:MZY02004)、基于本体多级地理格网的空间信息语义网格研究(国家自然科学基金面上项目,项目编号:40571128)等项目全体成员和中南民族大学离退休科研基金评审委员会全体成员,对本书出版所给予的资助与支持。

由于水平有限,书中不足之处恳请广大读者批评指正。

作　者

2015 年 5 月

目 录

《信息科学技术学术著作丛书》序
序言
前言
- 第1章 数字水印技术概述 ·· 1
  - 1.1 数字水印技术相关概念 ··· 1
    - 1.1.1 信息隐藏技术 ·· 1
    - 1.1.2 数字水印技术 ·· 3
  - 1.2 数字水印的主要特征 ··· 4
  - 1.3 数字水印的分类 ·· 5
  - 1.4 数字水印技术的应用 ··· 6
  - 1.5 数字水印面临的攻击 ··· 8
  - 1.6 数字水印的性能测评方法 ··· 9
    - 1.6.1 典型的攻击测评方法 ·· 9
    - 1.6.2 常用的失真度检测方法 ·· 10
  - 1.7 小结 ·· 11
  - 参考文献 ·· 11
- 第2章 小波变换及其在图像数字水印中的应用 ··· 13
  - 2.1 小波理论基础 ·· 13
    - 2.1.1 母小波 ·· 14
    - 2.1.2 连续小波变换 ·· 14
    - 2.1.3 离散小波变换 ·· 15
    - 2.1.4 二维离散小波变换 ·· 16
  - 2.2 快速小波分解和重构算法——Mallat算法 ······································· 17
  - 2.3 图像的小波分解与小波重构 ··· 17
    - 2.3.1 图像的小波分解 ·· 17
    - 2.3.2 图像的小波重构 ·· 19
  - 2.4 小波域图像水印算法 ··· 19
  - 2.5 小结 ·· 20
  - 参考文献 ·· 20

第3章 二值图像数字水印技术 ········ 22

3.1 二值图像数字水印技术概述 ········ 22
3.1.1 游程修改信息嵌入法 ········ 22
3.1.2 基于图像特征修改法 ········ 22
3.1.3 结构微调法 ········ 23
3.1.4 图像分块信息嵌入法 ········ 24
3.1.5 半色调图像信息嵌入法 ········ 24
3.1.6 基于频率域水印嵌入法 ········ 25
3.2 二值图像数字水印技术分析与展望 ········ 26
3.3 小结 ········ 26
参考文献 ········ 27

第4章 基于小波变换的二值图像盲数字水印算法 ········ 28

4.1 水印的生成 ········ 28
4.1.1 水印的选择 ········ 28
4.1.2 水印的置乱预处理 ········ 28
4.2 小波基、分解级数及小波系数的选择 ········ 31
4.3 水印的嵌入 ········ 32
4.4 水印的提取 ········ 34
4.5 实验结果 ········ 35
4.6 小结 ········ 38
参考文献 ········ 38

第5章 基于小波变换的图像自适应水印算法 ········ 40

5.1 人类视觉系统的掩蔽特性及嵌入子带的选择 ········ 41
5.1.1 人类视觉系统概述 ········ 41
5.1.2 嵌入子带的选择 ········ 42
5.2 水印算法 ········ 44
5.2.1 水印信号的选择及预处理 ········ 44
5.2.2 水印的嵌入 ········ 47
5.2.3 水印的提取 ········ 49
5.3 仿真实验结果 ········ 50
5.3.1 不可感知性实验验证 ········ 50
5.3.2 鲁棒性实验验证 ········ 51
5.4 小结 ········ 54
参考文献 ········ 54

第6章 基于三维小波变换和人类视觉系统的视频水印算法 ··· 56
6.1 视频水印概述 ··· 56
6.1.1 视频水印的特点 ··· 56
6.1.2 视频水印的系统模型及几种典型的算法 ··· 58
6.1.3 视频水印面临的挑战 ··· 60
6.2 基于三维小波变换与HVS的视频水印算法 ··· 61
6.2.1 水印图像的预处理 ··· 62
6.2.2 视频流场景的分割 ··· 62
6.2.3 视频序列的三维离散小波变换 ··· 65
6.2.4 纹理区域与运动区域的划分 ··· 66
6.2.5 水印的嵌入 ··· 66
6.2.6 水印的提取 ··· 67
6.3 仿真实验结果 ··· 67
6.3.1 不可感知性实验验证 ··· 68
6.3.2 安全性实验验证 ··· 69
6.3.3 鲁棒性实验验证 ··· 69
6.3.4 与非自适应算法的比较 ··· 74
6.4 小结 ··· 74
参考文献 ··· 75

第7章 混沌理论及其在数字水印中的应用 ··· 77
7.1 混沌理论基础 ··· 77
7.1.1 混沌理论的发展 ··· 77
7.1.2 混沌的应用 ··· 78
7.1.3 混沌的定义 ··· 79
7.1.4 混沌的特性 ··· 81
7.2 Lyapunov指数及常见的混沌序列 ··· 81
7.2.1 Lyapunov指数 ··· 81
7.2.2 Logistic映射 ··· 82
7.2.3 混沌序列的生成 ··· 83
7.3 混沌在数字水印中的应用 ··· 84
7.4 小结 ··· 85
参考文献 ··· 85

第8章 基于混沌的二值图像数字水印算法 ··· 87
8.1 水印的生成 ··· 87

8.1.1 水印的选择 ………………………………………………………… 87
8.1.2 水印的置乱预处理 …………………………………………………… 88
8.1.3 水印的混沌加密 ……………………………………………………… 89
8.2 水印的嵌入与提取 …………………………………………………………… 90
8.2.1 水印的嵌入 …………………………………………………………… 90
8.2.2 水印的提取 …………………………………………………………… 91
8.3 实验结果 ……………………………………………………………………… 92
8.4 小结 …………………………………………………………………………… 98
参考文献 …………………………………………………………………………… 98

第9章 MPEG-2 压缩标准和 I 帧的提取技术 …………………………………… 100
9.1 MPEG-2 标准的关键技术 …………………………………………………… 100
9.1.1 去时域冗余 …………………………………………………………… 100
9.1.2 运动补偿 ……………………………………………………………… 100
9.1.3 运动表示 ……………………………………………………………… 101
9.1.4 去空域冗余 …………………………………………………………… 101
9.1.5 离散余弦变换 ………………………………………………………… 101
9.1.6 MPEG-2 基本码流结构 ……………………………………………… 102
9.2 基于压缩域的 I 帧提取 ……………………………………………………… 103
9.2.1 算法思路 ……………………………………………………………… 103
9.2.2 算法实现步骤 ………………………………………………………… 103
9.3 点特征检测 …………………………………………………………………… 104
9.3.1 点特征概述 …………………………………………………………… 104
9.3.2 基于 Harris 算子的点特征提取算法研究与实现 …………………… 105
9.4 小结 …………………………………………………………………………… 107
参考文献 …………………………………………………………………………… 107

第10章 基于 I 帧角点的 MPEG-2 视频水印算法 ……………………………… 109
10.1 水印的选择和预处理 ……………………………………………………… 109
10.2 I 帧的提取与解码 …………………………………………………………… 111
10.3 角点的检测 ………………………………………………………………… 112
10.4 数字水印的嵌入算法 ……………………………………………………… 113
10.5 数字水印的提取算法 ……………………………………………………… 114
10.6 仿真实验与性能评估 ……………………………………………………… 115
10.6.1 隐蔽性测试 ………………………………………………………… 115
10.6.2 鲁棒性测试 ………………………………………………………… 116

10.7 关键源代码 ·· 118
　　10.7.1 I 帧编码数据的提取源代码 ··· 118
　　10.7.2 I 帧的解码源代码 ·· 120
　　10.7.3 点特征检测源代码 ··· 122
10.8 小结 ··· 124
参考文献 ··· 124

第 11 章　基于最佳置乱的自适应图像水印算法 ························· 126
11.1 图像的 Arnold 置乱变换及其周期性 ····································· 126
11.2 图像置乱程度的衡量 ··· 128
　　11.2.1 基于像素位置移动计算置乱度的局限性 ························· 128
　　11.2.2 基于图像局部像素值方差的置乱度量法 ························ 128
11.3 图像的置乱及计算置乱度实验 ··· 129
11.4 水印信号的选择及最佳置乱变换预处理 ······························· 130
11.5 小波变换分析优势及小波基函数的选择 ······························· 131
11.6 人类视觉掩蔽特性的利用 ·· 132
11.7 水印的嵌入算法 ··· 134
11.8 水印的提取算法 ··· 134
11.9 实验结果及性能评估 ··· 135
　　11.9.1 实验结果描述 ·· 135
　　11.9.2 性能评估描述 ·· 142
11.10 关键源代码 ··· 143
　　11.10.1 水印图像的最佳置乱及计算置乱度源代码 ···················· 143
　　11.10.2 水印的嵌入和提取源代码 ·· 145
　　11.10.3 图像的小波分解和重构源代码 ····································· 151
　　11.10.4 计算 Arnold 变换周期源代码 ······································· 155
　　11.10.5 数字水印系统用户界面 ·· 156
11.11 小结 ··· 157
参考文献 ··· 157

第 12 章　基于量子计算理论图像水印算法的软件设计与功能实现 ··· 159
12.1 量子进化算法 ··· 159
　　12.1.1 量子进化算法概述与量子染色体 ··································· 159
　　12.1.2 量子更新算子与量子交叉 ··· 160
　　12.1.3 量子进化算法一般步骤 ·· 162
　　12.1.4 量子进化算法改进 ··· 162

12.1.5 基于改进 QEA 的水印嵌入过程 ………………………… 164
12.1.6 基于改进 QEA 的水印提取过程 ………………………… 165
12.1.7 测试结果与性能分析 …………………………………… 165
12.2 基于量子小波变换的图像水印 ………………………………… 172
12.2.1 量子图像显示及其改进 ………………………………… 172
12.2.2 量子小波变换 …………………………………………… 173
12.2.3 旋转矩阵 ………………………………………………… 175
12.2.4 基于量子小波变换的水印嵌入过程 …………………… 176
12.2.5 基于量子小波变换的水印提取过程 …………………… 177
12.2.6 测试结果与性能分析 …………………………………… 177
12.3 基于量子计算理论图像水印系统的设计与实现 ……………… 184
12.3.1 系统设计 ………………………………………………… 185
12.3.2 系统的功能实现 ………………………………………… 187
12.4 基于量子计算理论的图像水印研究展望 ……………………… 190
12.5 小结 ……………………………………………………………… 191
参考文献 ………………………………………………………………… 191

第13章 多功能图像数字水印软件著作权案例 …………………… 193
13.1 计算机软件著作权案例概述 …………………………………… 193
13.2 多功能图像数字水印软件使用说明书 ………………………… 195
13.2.1 多功能图像数字水印软件简要描述 …………………… 195
13.2.2 多功能图像数字水印软件功能简要描述 ……………… 196
13.2.3 多功能图像数字水印软件界面及其操作描述 ………… 196
13.2.4 多功能图像数字水印软件使用注意事项 ……………… 203
13.2.5 多功能图像数字水印软件开发简介 …………………… 205
13.2.6 多功能图像数字水印软件版本及版权声明 …………… 206
13.3 多功能图像数字水印软件开发主要源代码 …………………… 206
13.4 多功能图像数字水印软件计算机软件著作权登记证书 ……… 280
参考文献 ………………………………………………………………… 280

第 1 章　数字水印技术概述

1.1　数字水印技术相关概念

1.1.1　信息隐藏技术

现代许多应用与服务都是通过计算机网络提供的,这些服务包括:视频图像、电子数据交换、网上购物等。然而,在通过计算机网络提供这些服务时,存在很严重的问题:这些服务很难进行保护——通过网络传输的数据作品极易被非法复制,这使得有恶意的个人或团体可以随意复制和传播具有版权的内容,而并未得到版权所有者的许可。因此,如何既能充分利用互联网便利性,又能有效保护知识产权就成为一个迫在眉睫的现实问题[1]。于是,信息隐藏学(information hiding)应运而生。信息隐藏是集数学、密码学、信息论、概率论、计算复杂度理论和计算机网络以及其他计算机应用技术于一体的多学科交叉的研究课题[2]。

信息隐藏[2]是把一个有意义的信息隐藏在另一个被称为载体(cover)的信息中得到隐蔽载体(stego cover)。非法者不知道这个普通信息中是否隐藏了其他信息,而且即使知道也难以提取或去除隐藏的信息。所用的载体可以是文字、图像、音频以及视频等。为增加攻击的难度,也可以把加密与信息隐藏技术结合起来。从广义上看,信息隐藏有多种含义:一是信息不可感知;二是信息的存在性隐蔽;三是信息的接收方和发送方隐蔽;四是传输的信道隐蔽等。信息隐藏就是将保密信息隐藏于另一非保密载体中,以不引起检查者的注意。广义上的信息隐藏技术包括隐写术[2]、数字水印[1]、数字指纹、隐蔽信道、阈下信道、低截获概率通信和匿名通信等。从狭义上看,信息隐藏就是将某一秘密信息秘密隐藏于另一公开的信息中,然后通过公开信息的传输来传递秘密信息[3]。

信息隐藏不同于传统的密码学技术。密码技术主要是研究如何将信息进行特殊的编码,以形成不可识别的密码形式进行传递;而信息隐藏则主要研究将某一秘密信息秘密隐藏于另一公开的信息中,然后通过公开信息的传输来传递秘密信息。对加密通信而言,可能的监测者或非法拦截者可以通过截取密文,并对其进行破译,或将密文进行破坏后再发送,从而影响信息的安全;但对信息隐藏而言,可能的监测者或非法拦截者则难以从公开信息中判断秘密信息是否存在,因而难以截获秘密信息,从而能保证信息的安全。

信息隐藏系统的一般模型如图 1.1 所示[4]。

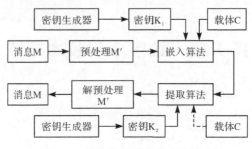

图 1.1　信息隐藏系统的一般模型

根据信息隐藏的应用可分为数字水印技术和数字隐写术(steganography)。数字水印技术是利用数字作品中普遍存在的冗余数据与随机性,向数字作品中加入不易察觉但可以判定区分的秘密信息"水印",从而起到保护数字作品版权或完整性的一种技术[1]。数字隐写术是将秘密信息隐藏在正常的载体中进行传输而不被察觉,从而不会引起攻击者的怀疑,以达到安全地隐秘通信的目的。数字隐写与传统的密码通信的最大区别在于隐蔽后的载体在外观上与普通载体基本相似,没有明显的迹象表明重要信息的存在,因此外人无法知道秘密通信的存在。对数字隐写的基本要求是要有极高的隐蔽性和足够的信息隐藏容量(capacity of information hiding),其中以隐蔽性为主要技术指标[4]。

根据信息隐藏的不同目的和技术要求,信息隐藏技术存在以下特性或要求。

(1) 安全性(security):是指隐藏算法有较强的抗攻击能力,即必须能承受一定程度的人为攻击,而使隐藏信息不被破坏。隐藏的信息内容应是安全的,应经过某种加密后再隐藏;同时隐藏的具体位置也应是安全的,至少不会因格式变换而遭到破坏。

(2) 鲁棒性(robustness):是指不因图像文件的某种改动而导致隐藏信息丢失的能力。这里的"改动"包括传输过程中的信道噪声、滤波操作、重采样、有损编码压缩、D/A 或 A/D 转换等。

(3) 不可检测性(undetectability):是指隐蔽载体与原始载体具有一致的特性。例如,具有一致的统计噪声分布,会使非法拦截者无法判断是否有隐蔽信息。

(4) 不可感知性(imperceptibility)或透明性(invisibility):是指利用人类视觉系统或人类听觉系统属性,经过一系列隐藏处理,使目标数据没有明显的降质现象,而隐藏的数据却无法看见或听见。

(5) 自恢复性(recovery):是指经过操作或变换后,原图可能会产生较大的破坏,但依据留下的片段数据仍能恢复隐藏信号,且恢复过程不需要宿主信号。

(6) 对称性:通常信息的隐藏和提取过程具有对称性,包括编码、加密方式,减少存取难度。

(7) 可纠错性:为了保证隐藏信息的完整性,使其在经过各种操作和变换后仍能很好地恢复,通常采用纠错编码方法。

(8) 嵌入强度(信息量):是指载体中应能隐藏尽可能多的信息。

1.1.2 数字水印技术

提到水印,人们会联想到钞票中防伪的纸张水印(paper watermark)[5]。数字水印的概念就是源于很早就出现的防伪纸张水印。纸张水印广泛应用于印刷品中,简单地说,就是在纸质纤维中嵌入的标志,用作鉴别、防伪等,如在纸币以及一些商业单据中印制的水印标记。数字水印正是借用了传统的纸张水印的概念,将其在数字媒体中推广应用。Cox等[5]把水印定义为"不可感知地在作品中嵌入信息的操作行为";陈明奇等[6]认为"数字水印是永久镶嵌在其他数据(宿主数据)中具有鉴别性的数字信号或模式,而且并不影响宿主数据的可用性";但大部分学者认为,数字水印技术就是利用数学计算方法把具有可鉴别性的数字信息嵌入其他信息中的技术。所嵌入的信息称为水印信息,而被嵌入水印的信息称为宿主信息。宿主信息的可用性不受水印信息的影响,并且在需要时能够恢复出来[7]。水印信息可以是图像、声音、文字、符号、数字等一切可作为标记、标志的信息,其存在以不破坏原数据的欣赏价值、使用价值为原则。数字水印技术实际上是利用了数字产品的信息冗余性,把与多媒体内容相关或不相关的一些标志信息直接嵌入多媒体内容中,再通过计算机或专用检测器件把水印信号检测和提取出来。利用隐藏在多媒体内容中的水印信息,达到确认内容创建者、购买者,或者多媒体内容真实完整性的目的。

纵观目前大多数的数字水印方案可以发现,数字水印系统一般由两部分组成:水印嵌入系统和水印检测系统,图1.2和图1.3中分别给出了水印的嵌入与检测过程,图中的虚线部分为可以不被包括的可选部分。

在水印嵌入系统中输入端为水印信息W、宿主数据I、可选的私/公钥K,其中私/公钥K可有可无,它用于增强系统的安全性。若水印是不可感知的,则只有拥有密钥的合法用户才能够正确提取或检测水印。水印可以是任何形式的,如序列

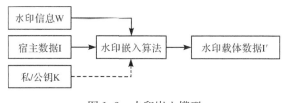

图1.2 水印嵌入模型

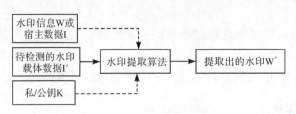

图 1.3 水印检测模型

号文本信息或图像标志。输出端为嵌入了水印信息后的数据 I′。在水印检测系统中输入端为待检测的水印载体数据 I′、水印信息 W 或宿主数据 I、私/公钥 K,其中私/公钥 K 及水印信息 W 或宿主数据 I 可根据具体算法决定是否需要。输出端则为提取出的水印 W* 或检测提取出的水印与原始水印相似程度的结果[8]。

1.2 数字水印的主要特征

数字水印技术是利用数字作品中存在的冗余数据与随机性把水印信息嵌入数字作品中,从而起到保护数字产品版权或完整性的一种技术。数字水印的载体数据可以是数字图像、数字音频或数字视频等,而嵌入其中的水印信息的内容则可以根据实际应用需要而有所不同,如可以嵌入数字作品的所有者信息,用来声明作品的版权,也可以嵌入易损水印,来鉴别数字作品的完整性和真实性。

数字水印根据应用要求的不同所具有的特性也有所不同,有可能在某些应用中数字水印所具有的特性恰好是另一种应用中不需要或必须避免的。但总的来说,数字水印都具有以下基本特性[9,10]。

(1) 不可感知性:也称为透明性或不可见性(unobtrusiveness)。向数字作品中嵌入数字水印不应引起被保护作品可感知的质量退化。例如,图像上的水印不应干扰图像的视觉欣赏效果。

(2) 鲁棒性:是指嵌入水印后的载体数据在经历多种无意或有意的信号处理过程后,数字水印仍能保持完整性或被准确鉴别。数字水印必须能够抵抗传输过程中可能受到的处理或变形,使得版权信息最终仍能够被提取出来,以证明作品的所有权。媒体数据的各种操作如压缩、滤波、加噪、旋转、缩放和裁剪等,也包括一些恶意的攻击。

(3) 安全性:是指水印算法抵抗恶意攻击的能力,即必须能够承受一定程度的人为攻击,使水印信息不会被删除、破坏或窃取。应保证非授权用户无法检测或破坏水印,即使在水印算法或相关知识公开的情况下。

(4) 数据容量(data capacity):是指在单位时间或一幅作品中能嵌入水印的比特数。水印应能够包含相当的数据容量,以满足多样化的需要。

(5) 逼真度(fidelity)：是指原始作品同其嵌入水印版本之间的感官相似度。

(6) 确定性(unambiguous)：数字水印所携带的信息能够被唯一地鉴别出来，为受到版权保护的信息产品的归属提供完全和可靠的证据；同时能够监视被保护数据的传播，防止非法复制，有效识别数据的所有者、真实性和完整性。

(7) 盲检测和自恢复性(blind detection and recovery)：盲检测是指水印检测和提取不需要原始图像的参与；而自恢复性是指含水印图像经过一些操作或变换后，可能会产生较大的失真或破坏，但依据留下的片段数据仍能恢复水印信号，而且恢复过程不需要原始图像参与。

1.3 数字水印的分类

到目前为止，人们已设计了许多形形色色的数字水印算法或方案。从不同的角度有以下几种分类方法[9]。

按外观表现形式，数字水印可分为可感知数字水印和不可感知数字水印。可感知数字水印如人们在观赏电视节目时常常看到的电视台台标，主要是对图像数据库或万维网(WWW)中的预览图像进行明显的标记，以防止其用于商业用途。不可感知数字水印则要求在嵌入数字产品中之后不会对其产生可以感知的变化。通常所说的数字水印主要指不可感知数字水印。

按水印的特性，数字水印可分为鲁棒数字水印和脆弱数字水印。鲁棒数字水印要求嵌入的水印能够经受各种常用的编辑处理，主要用于在数字作品中标识著作权信息，如作者、作品序号等。脆弱数字水印对信号的改动很敏感，主要用于完整性保护，人们根据脆弱数字水印的状态就可以判断数据是否被篡改过。例如，如果检测出图像中的数字水印受到了破坏，则可证明图像遭到了篡改[11]。

按水印的内容，数字水印可分为有意义水印和无意义水印。有意义水印是指水印本身也是某个数字图像(如商标)或数字音频片段的编码；无意义水印则只对应于一个序列号。对于有意义水印，如果其受到攻击或由其他原因致使解码后的水印破损，人们仍然可以通过视觉观察确认是否有水印；对于无意义水印，如果解码后的水印序列有若干码元错误，则只能通过统计学原理来确定信号中是否含有水印。

按水印的隐藏位置，数字水印可分为时(空)域数字水印、频域数字水印、时/频域数字水印和时间/尺度域数字水印。时(空)域数字水印是直接在信号空间上叠加水印信息，而频域数字水印、时/频域数字水印和时间/尺度域数字水印则分别是在DCT变换域、时/频变换域和小波变换域上隐藏水印。随着数字水印技术的发展，各种水印算法层出不穷，水印的隐藏位置也不再局限于上述四种。应该说，只要构成一种信号变换，就有可能在其变换空间上隐藏水印。

按水印的检测过程,数字水印可分为明文水印和盲水印。明文水印在检测过程中需要原始数据,而盲水印的检测只需要密钥,不需要原始数据。一般明文水印的鲁棒性比较强,但其应用受到存储成本的限制。

按水印的载体,数字水印可分为文本水印、图像水印、音频水印和视频水印等。随着数字技术的发展,会有更多类型的数字媒体出现,同时也会产生相应的水印技术。

按水印的用途,数字水印可分为证件防伪水印、版权标志水印和篡改提示水印等。

按所采用的用户密钥,数字水印可分为私钥水印方案和公钥水印方案。私钥水印方案在加载水印和检测水印过程中采用同一密钥,因此只有水印嵌入者才能够检测水印,证明版权。而公钥水印方案则在水印的加载和检测过程中采用不同的密钥,由所有者用一个仅其本人知道的密钥加载水印,加载了水印的载体可由任何知道公开密钥的人来进行检测。也就是说,任何人都可以进行水印的提取或检测,但只有所有者可以插入或加载水印[8,12]。

1.4 数字水印技术的应用

数字水印技术最初的研究是与数字媒体的版权保护紧密相关的,但随着数字水印技术的发展,人们发现了更多更广的应用,目前其研究成果主要应用于版权保护、图像认证、数字指纹或标签、票证防伪、篡改提示和使用控制等方面。

1) 版权保护

数字水印技术为数字产品的知识产权保护提供了新的技术工具,而在实际应用中,需要结合应用的需求和多媒体产品的流通过程,构建一个系统以达到版权保护的目的。例如,数字作品的所有者用密钥产生一个水印嵌入作品中,然后公开发布含水印的作品。当该作品被盗版或出现版权纠纷时,所有者可以利用从有争议作品中获取的水印信号作为依据,从而保护所有者的权益。

2) 图像认证

图像认证就是应判断图像的真实性和完整性需要而产生发展的一种技术,认证的目的是检测对图像数据的修改。数字水印方法将认证信息隐藏在原始图像中而不需要附加信息,可用脆弱数字水印来实现图像的认证,图像微小的变动即可使水印不复存在,从而保证了图像不被篡改,保证了图像的完整性。

3) 数字指纹或标签

将不同的标志性识别代码——指纹或标签,利用数字水印技术嵌入数字媒体中,然后将嵌入了指纹或标签的数字媒体分发给用户,其目的是传输合法接收者的信息而不是数据来源者的信息,主要用来识别数据的单个发行拷贝。这很像软件产品的序列号,对监控和跟踪流通数据的非法复制非常有用。对每个拷贝嵌入不同水印的原因是数据的发行要面临合谋攻击的危险,所以设计的水印系统对合谋攻击而言应该是安全的。发行商发现盗版行为后,就能通过提取盗版产品中的指纹,确定非法复制的来源,对盗版者进行起诉,从而起到版权保护的作用。数字指纹应用需要很高的鲁棒性,不仅要能抵抗通常的数据处理,还要能抵抗恶意的攻击。

4) 票证防伪

随着高质量图像输入输出设备的发展,特别是高精度彩色喷墨、激光打印机和高精度彩色复印机的出现,使得货币、支票以及其他票据的伪造变得更加容易。票证防伪数字水印是一类比较特殊的数字水印,主要用于打印票据、电子票据及各种证件的防伪。例如,美国麻省理工学院媒体实验室受美国财政部委托,已经开始研究在彩色打印机、复印机输出的每幅图像中加入唯一的、不可感知的数字水印,在需要时可以实时地从扫描票据中判断水印的有无,快速辨识真伪。此外,在从传统商务向电子商务转化的过程中,会出现大量过渡性的电子文件,如各种纸质票据的扫描图像等。即使在网络安全技术成熟以后,各种电子票据也还需要一些非密码的认证方式。数字水印技术可以为各种票据提供不可感知的认证标志,从而大大增加了伪造的难度。

5) 篡改提示

当数字作品被用于法庭、医学、新闻和商业时,常常需要确定它们的内容是否已被修改、伪造或特殊处理。为实现该目的,通常将原始图像分成多个独立块,每个块加入不同的水印。篡改提示水印是一种脆弱水印,其目的是标识原文件信号的完整性和真实性,通过检测每个数据块中的水印信号来确定作品的完整性和真实性。

6) 使用控制

在多媒体发行体系中,希望有一种拷贝机制,即不允许未授权的媒体拷贝。例如,录放设备可以根据媒体上是否有水印来决定此媒体是否应被录放,即使用水印来告知录放设备什么内容不能录放。带有"禁止拷贝"水印的数据将不允许被拷贝,而带有"一次拷贝"水印的数据只可被拷贝一次,不允许从该拷贝再进一步制作拷贝。

通常,在数字作品中嵌入一个水印只能实现上述某一方面的功能。目前,也有文献提出了多功能数字水印方案,即在同一数字产品中嵌入不同性质的水印以达到不同的目的。例如,在一幅图像中同时嵌入一个脆弱水印和一个鲁棒水印,前者对图像的修改极其敏感,用于图像认证;后者具有较强的抗信号处理和抗恶意攻击的能力,用于版权保护[9,10]。

1.5　数字水印面临的攻击

数字水印的攻击与密码攻击类似,因为它也是一个对抗性的研究领域。正是由于水印攻击的存在,使得水印研究不断深入。另外,为了实现数字水印的标准化,必须对各种水印算法进行安全性测试。水印测试者既要熟悉水印算法也要熟悉水印攻击算法,而且要从水印算法的理论入手进行水印信息量和鲁棒性的定量分析。水印攻击分为主动攻击与被动攻击。主动攻击的目的是篡改或者破坏水印,使合法用户也不能读取水印信息;而被动攻击则试图破解水印算法。二者相比较,被动攻击的难度要大得多,而一旦攻击成功,其所有经过该水印算法加密的信息或者数据都失去了安全性;主动攻击的危害虽然不如被动攻击的危害大,但其攻击的方法十分简单,易于广泛传播。常见的水印攻击方法如下[13~15]。

(1) 简单攻击:是指对含水印图像进行各种信号处理操作,试图削弱或删除嵌入的水印信息,而不是识别或者分离水印。这类操作包括图像压缩、图像量化与图像增强、图像裁减、线性或者非线性滤波、叠加噪声、几何失真、A/D 转换以及图像校正。

(2) 几何攻击:包括时间和空间上的延迟(平移)、剪切与缩放;对于图像水印,还包括仿射变换。载体遭受几何攻击之后,失去了水印的同步,最直接的检测水印的方法是穷举搜索。

(3) StirMark 攻击:Fabien 等在英国剑桥大学攻读博士期间开发的数字水印攻击软件,是数字水印领域中出现的第一个攻击基准,也是一种通用工具,专门用来对水印算法及其他隐秘术进行鲁棒性测试。其模拟重采样过程:对图像进行微小的几何变形,然后利用双线性或 Nyquist 插值进行重采样,并且模拟 A/D 转换引入微小的平滑分布的误差。虽然很多水印算法对某种图像操作具有一定的鲁棒性,但对于各种方法的联合使用常常无能为力,因此 StirMark 是一个很好的测试工具。

(4) 抖动攻击:一种典型的图像水印攻击方式。图像都具有一定的纹理,在图像的任何一个小局部,纹理往往是相似的,像素灰度也是相近的,而人眼的视觉又具有空间低通特性,抖动攻击正是利用这些特点,用一组黑白打印点代表相同个数的一组像素,并且通过这组打印点合成出这些像素的整体灰度效果。例如,将图像分为若干部分,在每一部分内随机地复制或者去除某些采样。经过抖动处理输出的图像只是大体上和原图一致,局部细节上严重失真。这种方法主要针对利用密钥定位水印嵌入位置的水印算法等。

(5) 多文档攻击:利用原始图像数据不同水印的版本,生成近似的图像数据(如平均法),以此来逼近和恢复原始图像,同时使检测系统无法从中恢复出水印信号。

(6) 马赛克攻击:通常的水印算法都要求原始图像的大小不小于某个值,因此攻击者将水印图像分割为若干很小的子图像,再在浏览器中将这些子图像依次拼接起来,使之与水印图像有相同的视觉效果。这些图像的整体效果看起来与原图一模一样,从而使得探测器无法从中检测到侵权行为。

(7) 跳跃攻击:主要用于对音频信号数字水印系统的攻击。其一般实现方法是在音频信号上加入或减去一个跳跃信号后,再将数据块按照原来的顺序重新组合起来。实验证明,在古典音乐信号中几乎感觉不到这种改变,却可以非常有效地阻止水印信号的检测定位,达到难以提取水印信号的目的。其类似的方法也可以用来攻击图像数据的数字水印系统,其实现方法也非常简单,只要随机地删除一定数量的像素列,然后用另外的像素列补齐即可。该方法虽然简单,但是仍然能有效破坏水印信号的检验。

(8) 迷惑攻击:试图通过伪造原始图像和原始水印来迷惑版权归属,是针对可逆、非盲水印而进行的攻击。防止这类攻击的有效办法就是研究不可逆水印嵌入算法。

(9) 协议攻击:其目标是攻击水印应用的概念与协议,方法有拷贝攻击与可逆攻击等。它不针对具体的水印嵌入算法,不破坏水印本身,而是根据数字水印不同的应用场合对数字水印的基本框架进行攻击。例如,在拷贝追踪这一应用中,即使在被盗版的产品中发现了进行非法传播的最初购买者的数字水印,它也可以对此进行抵赖,推卸自己的法律责任。这种攻击手段虽然不破坏数字水印本身的存在性,但可以破坏数字水印与某些权利、义务之间的关系,是一种针对应用协议的攻击[8]。

1.6 数字水印的性能测评方法

数字水印的性能测评方法通常是根据角色与应用场所的不同要求来确定的。目前,数字水印主要应用在版权标记、版权跟踪、广播电视监视、拷贝控制和内容认证等方面,用户既可以根据数字水印系统的测评结果来判断相应的数字水印系统是否适宜应用,也可以根据应用的需求调整数字水印系统的相关性能指标,使各个特性在调整过程中找到最佳的平衡点[11]。

1.6.1 典型的攻击测评方法

尽管目前的许多水印算法能经受住某些攻击,如有失真压缩、旋转等,但对多种攻击的联合则比较脆弱。对于图像数字水印,通常的攻击测评包括:

1) 图像的压缩

图像的压缩算法是指去掉图像信息中的冗余量。水印的不可感知性要求水印信息驻留于图像不重要的视觉信息中,即以弱信号的形式嵌入强背景中,通常为图像的高频分量。而一般图像的主要能量均集中于低频分量上。经过图像压缩后,高频分量被当作冗余信息去掉。目前一些水印算法对现有的图像压缩标准(如 JPEG)具有较好的稳健性,但对今后有更高压缩比的压缩算法则不能保证也具有同样的稳健性。

2) 图像量化和图像增强

一些常规的图像操作,如图像在不同灰度级上的量化、亮度与对比度的变化、直方图修正与均衡[7,11],均不应对水印的提取和检测有严重影响。

3) 几何失真

几何失真包括图像尺寸大小变化、剪切、删除或增加线条以及反射等。很多水印算法对这些几何操作都非常脆弱,容易被去掉。因此,研究水印在图像几何失真时的稳健性也是人们所关注的[8]。

对于上述的评测方法,按表 1.1 来评测图像主观质量。

表 1.1　图像质量的主观评价标准

等级	图像降质的视觉可察性	图像质量
5	不可察觉	优秀
4	可察觉,不让人讨厌	良好
3	轻微的让人讨厌	一般
2	让人厌烦	差
1	非常让人厌烦	极差

1.6.2　常用的失真度检测方法

仅凭人类视觉上的观察来判别图片质量上的变化显然是不够准确的,在某些情况下需要进行定量的失真度检测,以下为目前几种常用的失真度检测方法[11,16]。

1) 相关系数

以相关系数(normalized cross-correlation, NC)来表征水印嵌入前后图像的相关性,计算公式如下:

$$NC = \frac{\sum_{x,y} p_{x,y} p'_{x,y}}{\sum_{x,y} p_{x,y}^2} \tag{1.1}$$

2) 信噪比

信噪比(signal-to-noise ratio,SNR)是将信号的强度与噪声的强度作对比,单位为分贝(dB),计算公式如下:

$$\mathrm{SNR} = \frac{\sum_{x,y} p_{x,y}^2}{\sum_{x,y} (p_{x,y} - p'_{x,y})^2} \tag{1.2}$$

3) 峰值信噪比

峰值信噪比(peak signal-to-noise ratio,PSNR)单位为分贝(dB),计算公式如下:

$$\mathrm{PSNR} = \frac{XY \max_{x,y} p_{x,y}^2}{\sum_{x,y} (p_{x,y} - p'_{x,y})^2} \tag{1.3}$$

上述公式中,$p_{x,y}$、$p'_{x,y}$分别表示原图和水印图像中坐标为(x,y)的一个像素点;X、Y分别表示行和列的像素数目[17]。

当然,一个可能成为标准的数字水印系统应能够抵御各种攻击,上述测评标准只是其中的几个方面,如信噪比和峰值信噪比这两种度量方法在大多数情况下可以较为准确地反映出图像的视觉质量,但由于其未与人类的视觉系统和感知性相结合,在进行评估时有可能导致错误的结论。可见,数字水印的跨学科性质决定了其进展与相关学科的发展是密切相关的[8]。

1.7 小　　结

本章主要介绍了数字水印技术的相关概念、数字水印技术的历史、数字水印技术的主要特征和分类,以及数字水印的应用;进而介绍了数字水印面临的主要攻击和其性能测评方法。

参 考 文 献

[1] 蒋天发.网络信息安全及数字水印技术的研究[J].武汉理工大学学报(交通科学与工程版),2003,27(6):826-828.

[2] Zhang X,Wang S. Dynamical running coding in digital steganography[J]. IEEE Signal Processing Letters,2006,13(3):165-168.

[3] 安玉,蒋天发,吴有林.一种基于量子保密通信及信息隐藏协议方案[J].武汉大学学报(工学版),2012,45(3):394-398.

[4] 王丽娜,张焕国,叶登攀.信息隐藏技术与应用[M].2版.武汉:武汉大学出版社,2009.

[5] Cox I J,Miller M L,Bloom J A. 数字水印[M].王颖,黄志蓓,等译.北京:电子工业出版

社,2003.
[6] 陈明奇,钮心忻,杨义先. 数字水印的研究进展和应用[J]. 通信学报,2001,22(5):71-79.
[7] 柯赟,蒋天发. 基于离散余弦和 Contourlet 混合变换域的图像水印方案[J]. 武汉大学学报（工学版）,2012,45(2):797-800.
[8] 王理,蒋天发. 基于小波的二值图像盲数字水印的研究[D]. 武汉:中南民族大学硕士学位论文,2008.
[9] 周熠,蒋天发. 图像数字水印技术[J]. 武汉理工大学学报（交通科学与工程版）,2003,27(5):711-714.
[10] 张继华,蒋天发. 基于数字水印图像版权保护技术研究[D]. 武汉:中南民族大学硕士学位论文,2008.
[11] 杨义先. 数字水印基础教程[M]. 北京:人民邮电出版社,2007.
[12] 熊志勇,蒋天发. 多功能彩色图像数字水印方案[J]. 武汉大学学报（工学版）,2004,37(6):97-100.
[13] Petitcolas F A P, Anderson R J, Kuhn M G. Attacks on copyright marking system[C]. Lecture Notes in Computer Science, Portland, 1998, 1525:218-238.
[14] Ramkumar M, Akansu A N. Image watermarks and counterfeit attacks: Some problems and solutions[C]. Proceeding on Content Security and Data Hiding in Digital Media Conference, Newark, 1999:102-122.
[15] Craver S, Memou N, Yeo B L. Resolving rightful ownerships with invisible watermarking techniques: Limitation, attack, and implication [J]. IEEE Journal on Selected Areas in Communication, 1998, 16(4):573-586.
[16] 蒋天发,熊祥光,蒋巍. 一类 SVD 域水印问题分析及其改进算法[J]. 计算机科学,2011,3(10A):62-65.
[17] 孔祥维,郭艳卿,王波. 多媒体信息安全[M]. 北京:科学出版社,2014.

第 2 章 小波变换及其在图像数字水印中的应用

在 1984 年,法国数学学家和地质学家 Morlet 首次提出了"小波分析"的概念[1],建立了以其名字命名的 Morlet 小波,在地质信号处理中取得了巨大成功。Morlet 小波是一组衰减振动的波形,其振幅正相间变化,平均值为零,是具有一定的带宽与中心频率的波组。此后,经过 Meyer、Mallat、Daubechies 等的不断深入研究,奠定了小波分析的基础。由于小波分析有助于人们区分信号的平坦部分与敏感变换部分,如今已在自然科学诸多领域被使用。

小波变换是一种信号的时间-尺度(时间-频率)分析方法,具有多分辨分析的特性。不同的小波具有不同的带宽与中心频率,同一小波集中的带宽与中心频率的比是不变的,小波变换则是一系列的带通滤波响应。其数学过程与傅里叶分析相似,所以小波分析的出现是傅里叶分析发展史上里程碑式的新进展[2]。小波分析是一种时间窗和频率窗都可以改变的时频局部化分析方法,被称为"数学显微镜"。传统上使用傅里叶分析之处,都可以用小波分析来取代。有些人认为小波可以作为表示函数的一种新的基底;还有些人认为小波可以作为时间-频率分析的一种新技术;而另外有些人则把小波看作一个新的数学学科。以上看法都是正确的,因为小波具有非常丰富的数学内容,并且是一种对应用有巨大潜力且多方面适用的工具。总之,小波变换作为一种数学理论和方法在科学技术界引起了越来越多的关注和重视[3]。

2.1 小波理论基础

小波变换是对图像的一种多尺度的空间-频率变换,小波变换多分辨率的变换特性提供了利用人类视觉特性的良好机制,从而使变换后的图像信息能够保持原图像在多种分辨率下的精细结构。小波分析方法是一种窗口大小(即窗口面积)固定,但其形状可改变,且时间窗口和频率窗口都可改变的时频局部化分析方法。即在低频部分具有较高的频率分辨率和较低的时间分辨率,在高频部分具有较高的时间分辨率和较低的频率分辨率。利用小波变换的多分辨率技术,将相同分辨率层次的数字水印嵌入相应的相同分辨率层次的原始图像中,使水印对原始图像具有自适应性。对于小波系数的修改方法,采用基于关系的嵌入规则,并根据人类视觉系统对图像亮度、纹理和频率的掩蔽特性对嵌入强度做自适应调节,以此保证水印的鲁棒性和透明性[2]。

2.1.1 母小波

小波变换的出发点是一个基本小波,通过伸缩和平移得到一组形状相似的小波。这个基本小波称为母小波或小波母函数,伸缩和平移产生的小波称为子小波或小波基函数。其中,母小波的数学定义如下[3,4]:

设 $\Psi(t)$ 为平方可积函数,即 $\Psi(t) \in L^2(\mathbf{R})$(表示平方可积的实数空间,即能量有限的信号空间),其傅里叶变换为 $\hat{\Psi}(\omega)$,如果满足

$$C_\Psi = \int_\mathbf{R} \frac{|\hat{\Psi}(\omega)|^2}{|\omega|} \mathrm{d}\omega < \infty \tag{2.1}$$

则称 $\Psi(t)$ 为母小波或基本小波。式(2.1)通常称为小波的容许条件。

由小波的定义,可知其有几个特点:

一是"小",即在时域都具有紧支集或近似紧支集。虽然从原则上讲,任何满足容许条件的 $L^2(\mathbf{R})$ 空间的函数都可作为小波母函数,但在一般情况下,人们常选取紧支集或近似紧支集(具有时域的局部性)且具有正则性(具有频域的局部性)的实数或复数函数作为小波函数,这样的小波函数在时频都有较好的局部特性。

二是正交交替的"波动性",即直流分量为零。用不规则的小波函数来逼近尖锐变化的信号显然要比用光滑的正弦函数要好;同样,用小波函数来逼近信号局部的特性显然要比用光滑的正弦函数要好。

三是"带通性",由 $\hat{\Psi}(x)|_{\omega=0} = \int_\mathbf{R} \Psi(x)\mathrm{d}x = 0$,可知小波函数 $\Psi(t)$ 具有带通性。

四是"能量有限性",即由 $\Psi(t) \in L^2(\mathbf{R})$,可知其有能量有限性。

将小波母函数 $\Psi(t)$ 进行伸缩和平移,就可以得到函数 $\Psi_{a,\tau}(t)$:

$$\Psi_{a,\tau}(t) = \frac{1}{\sqrt{a}} \Psi\left(\frac{t-\tau}{a}\right), \quad a,\tau \in \mathbf{R}; a > 0 \tag{2.2}$$

其中 a 为伸缩因子,τ 为平移因子,则称 $\Psi_{a,\tau}(t)$ 为依赖于参数 a、τ 的小波基函数。由于伸缩因子 a 和平移因子 τ 是连续变化的值,故称 $\Psi_{a,\tau}(t)$ 为连续小波基函数。它是由同一小波母函数 $\Psi(t)$ 经伸缩和平移后得到的一组函数序列[5]。

2.1.2 连续小波变换

连续小波变换(continuous wavelet transform, CWT)的定义如下:

设 $f(t)$ 为平方可积函数,记为 $f(t) \in L^2(\mathbf{R})$,$\Psi(t)$ 为小波母函数,则

$$WT_f(a,\tau) = \langle f(t), \Psi_{a,\tau}(t) \rangle = \frac{1}{\sqrt{a}} \int_\mathbf{R} f(t) \overline{\Psi\left(\frac{t-\tau}{a}\right)} \mathrm{d}t \tag{2.3}$$

称为 $f(t)$ 的连续小波变换,其中 a 是伸缩因子,且 $a > 0$,τ 是平移因子,且 $\tau \in \mathbf{R}$,

$\overline{\Psi(\cdot)}$ 为 $\Psi(\cdot)$ 的复共轭。

从式(2.2)可以看出，$\Psi_{a,\tau}(t)$ 是将母小波 $\Psi(t)$ 进行伸缩和平移得到的很多个与母小波形状相似但"宽窄"和"位置"不同的副本。将 $\{\Psi_{a,\tau}(t)\}_{a>0,\tau\in\mathbf{R}}$ 作用于函数 $f(t)$，或者说将函数 $f(t)$ 在这些小波基函数下进行投影分解，即将 $f(t)$ 和 $\Psi_{a,\tau}(t)$ 作内积，得到的 $WT_f(a,\tau)=\langle f(t),\Psi_{a,\tau}(t)\rangle$ 就是 $f(t)$ 的连续小波变换。

伸缩因子 a 的作用是对母小波 $\Psi(t)$ 作伸缩，a 越大，则 $\Psi\left(\dfrac{t}{a}\right)$ 越宽，而在相应的频率域 $\Psi(a\omega)$ 带宽越窄。也就是说，当 a 值较小时，时轴上观察范围小，而在频率域上相当于用较高频率作分辨率较高的分析；当 a 值较大时，时轴上观察范围大，而在频率域上相当于用较低频率作概貌观察。所以，小波变换是一种变分辨率的时频联合分析方法。系数 $\dfrac{1}{\sqrt{a}}$ 的作用是使拉伸变形后函数的能量保持不变[5,6]。

连续小波变换是一种线性变换，具有叠加性、时移不变性，可进行尺度转换，且符合内积定理。

可以证明，若采用的小波满足容许条件，则小波变换存在着逆变换，其逆变换（inverse continuous wavelet transform, ICWT）表达式为

$$f(t)=\frac{1}{C_\Psi}\int_{-\infty}^{+\infty}\frac{\mathrm{d}a}{a^2}\int_{-\infty}^{+\infty}WT_f(a,\tau)\Psi_{a,\tau}(t)\mathrm{d}\tau$$

$$=\frac{1}{C_\Psi}\int_{-\infty}^{+\infty}\frac{\mathrm{d}a}{a^2}\int_{-\infty}^{+\infty}WT_f(a,\tau)\frac{1}{\sqrt{a}}\Psi\left(\frac{t-\tau}{a}\right)\mathrm{d}\tau \quad (2.4)$$

其中，$C_\Psi=\int_{\mathbf{R}}\dfrac{|\hat{\Psi}(\omega)|^2}{|\omega|}\mathrm{d}\omega<\infty$ 为对 $\Psi(t)$ 提出的容许条件。可以看出，$WT_f(a,\tau)$ 是将 $f(t)$ 从一维时域投影分解为二维时频域，因此逆变换是对于尺度和位移进行二维积分变换[5,7]。

2.1.3 离散小波变换

在实际应用中常常要将连续的小波变换离散化，以适合于数字计算机的处理。离散化的重要原因还在于连续小波变换系数是高度冗余的，要试图通过离散化，最大程度上消除和降低冗余性。

离散小波变换（discrete wavelet transform, DWT）是相对于连续小波变换的变换方法，本质上是对伸缩因子 a 和平移因子 τ 作任意方式的离散。其中，一种通用的离散方法是：对尺度按幂级数进行离散化，取 $a=a_0^j$（$j>0$，$j\in\mathbf{Z}$；a_0 是大于 1 的固定伸缩步长）；再对平移因子进行离散化，取 $\tau=kT_sa_0^j$（T_s 为时间采样间隔，$k\in\mathbf{Z}$）。出于计算的方便，常取 $a_0=2$。此时，小波函数序列 $\Psi_{j,k}(t)$ 可表示为

$$\frac{1}{\sqrt{2^j}}\Psi\left(\frac{t-2^jkT_s}{2^j}\right)=\frac{1}{\sqrt{2^j}}\Psi\left(\frac{t}{2^j}-kT_s\right) \quad (2.5)$$

为简便起见,往往把时间轴用 T_s 归一化,即 $T_s=1$,则式(2.5)变为

$$\Psi_{j,k}(t) = 2^{-\frac{j}{2}}\Psi(2^{-j}t-k) \qquad (2.6)$$

任意函数 $f(t)$ 的离散小波变换为

$$WT_f(j,k) = \langle f(t), \Psi_{j,k}(t)\rangle = 2^{-\frac{j}{2}}\int_{\mathbf{R}} f(t)\overline{\Psi(2^{-j}t-k)}\mathrm{d}t \qquad (2.7)$$

如果离散小波序列 $\{\Psi_{j,k}\}_{j,k\in\mathbf{Z}}$ 构成一个框架,上、下界为 A 和 B,根据函数框架重建原理[2,7],当 $A=B$ 时(此时为紧框架),离散小波变换的逆变换(inverse discrete wavelet transform,IDWT)表达式为

$$f(t) = \sum_{j,k}\langle f(t), \Psi_{j,k}\rangle \cdot \widetilde{\Psi}_{j,k}(t) = \frac{1}{A}\sum_{j,k}WT_f(j,k) \cdot \Psi_{j,k}(t) \qquad (2.8)$$

当 $A=B=1$ 时,离散小波序列 $\{\Psi_{j,k}\}_{j,k\in\mathbf{Z}}$ 为一正交基,此时离散小波变换的逆变换表达式为

$$f(t) = \sum_{j,k}\langle f(t), \Psi_{j,k}\rangle \cdot \widetilde{\Psi}_{j,k}(t) = \sum_{j,k}WT_f(j,k) \cdot \Psi_{j,k}(t) \qquad (2.9)$$

式(2.7)和式(2.9)是对一维信息的小波变换与重构,处理图像信号需要二维小波变换,因此将一维小波变换进行拓展,即可得到二维离散小波变换与重建公式[5,8]。

2.1.4 二维离散小波变换

从滤波器的观点看,不同尺度下的小波函数可看作高通滤波器,尺度函数可看作是低通滤波器,由此构成滤波器组。信号的小波分解就是将信号通过一组分析滤波器组,从而将信号分解成低频和高频两个部分。信号的细节信息大部分集中在高频区域,而分解得到的低频部分又将被分解成低频和高频两个部分,此过程反复进行直至满足信息分析的需求。这样,信号各精度级的不同频率特性被分别保存,而且各频率分量之间是不重复的。小波综合就是将信号通过一组综合滤波器组。小波分解后的系数又可以重构原始信号,而重构原始信号的过程称为小波反变换。

依据滤波器族的理论,满足一定条件的离散低通滤波器脉冲响应能够产生一个尺度函数。对于二维离散小波变换,则考虑二维尺度函数可分离的情况,即 $\Phi(x,y)=\Phi(x)\Phi(y)$,其中 $\Phi(x)$ 是一个一维的尺度函数。若 $\Psi(x)$ 是一个小波,那么有下面三个二维基本小波:

$$\begin{aligned}\Psi^{\mathrm{H}}(x,y) &= \Psi(x)\Phi(y)\\ \Psi^{\mathrm{V}}(x,y) &= \Phi(x)\Phi(y)\\ \Psi^{\mathrm{D}}(x,y) &= \Psi(x)\Psi(y)\end{aligned} \qquad (2.10)$$

沿着不同的方向小波函数会有变化,Ψ^{H} 度量沿着列的变化(如水平边缘),

Ψ^V 度量沿着行的变化(如垂直边缘),Ψ^D 则对应于对角线方向的变化。每个小波上的 H 表示水平方向、V 表示垂直方向、D 表示对角线方向[5,9]。

2.2 快速小波分解和重构算法——Mallat算法

利用信号的多分辨分析,可以得到信号的快速小波分解和重构算法——Mallat算法[1],这种算法是由法国学者 Mallat 最先提出来的。Mallat 算法是一种快速小波算法,它在小波分析中的地位相当于快速傅里叶变换(fast Fourier transform,FFT)在傅里叶分析中的地位。该算法的核心是一组滤波器,滤波器系数与所选的小波函数有紧密联系。设 h 为低通滤波器,g 为高通滤波器,且认为原始信号 $x(t)$ 在 V_0 空间投影的逼近系数 $c_{0,k}$ 正好等于 $x(k)$,则信号分解是一个迭代过程,对于第 $j+1$ 级细节系数 $d_{j+1,k}$、逼近系数 $c_{j+1,k}$ 与第 j 级逼近系数 $c_{j,k}$ 之间有下列关系[5,10]:

$$c_{j+1,k} = \sum_m h(m-2k)c_{j,m} \qquad (2.11)$$

$$d_{j+1,k} = \sum_m g(m-2k)c_{j,m} \qquad (2.12)$$

相应的系数重建快速算法为

$$c_{j-1,m} = \sum_k c_{j,k}h(m-2k) + \sum_k d_{j,k}g(m-2k) \qquad (2.13)$$

2.3 图像的小波分解与小波重构

2.3.1 图像的小波分解

图像是二维信号,因此首先应该将小波分解从一维推广到二维。图像的二维 Mallat 算法采用了可分离的滤波器设计,实质上相当于分别对图像数据的行和列做一维小波变换。图像数据的每一级小波分解总是将上一级低频数据划分为更精细的高频数据,如图 2.1 所示。左上角(LL_2)是最低频段滤波后的低尺度逼近,同级分辨率下,HL_2 块包含的是水平方向高通、垂直方向低通滤波后所保留的细节信息;LH_2 块包含的是水平方向低通、垂直方向高通滤波后所保留的细节信息;HH_2 块包含的是水平和垂直方向都经过高通滤波后的细节信息。基于小波变换的图像多分辨率分解的特点,分解后的图像具有良好的空间方向选择性,与人的视觉特性十分吻合。

从数学上来说,若原图像为 $f(x,y)$,对第一层分解,则有

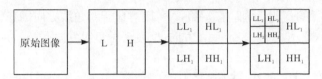

图 2.1　图像的二级小波分解示意图

$$\begin{aligned}
LL_1(m,n) &= \langle f(x,y), \Psi^0(x-2m, y-2n) \rangle \\
LH_1(m,n) &= \langle f(x,y), \Psi^1(x-2m, y-2n) \rangle \\
HL_1(m,n) &= \langle f(x,y), \Psi^2(x-2m, y-2n) \rangle \\
HH_1(m,n) &= \langle f(x,y), \Psi^3(x-2m, y-2n) \rangle
\end{aligned} \tag{2.14}$$

对于多层分解,过程类似。

从滤波器的观点看,小波分解就是将原图像 $f(x,y)$ 分别沿行和列经由低通分解滤波器 Lo_D 和高通分解滤波器 Hi_D 滤波,并抽取偶数下标的滤波结果,如图 2.2 所示[2,11]。

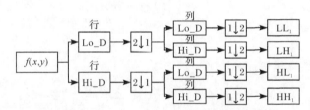

图 2.2　图像的小波分解数据流示意图

图中,2↓1 表示列抽样,保留偶数列;1↓2 表示行抽样,保留偶数行;上方有"行"字样的方框为与滤波器 X 进行行卷积;上方有"列"字样的方框为与滤波器 X 进行列卷积。

以对二值图像 Lena_B.bmp(256×256)做二维离散小波分解为示例,采用 Haar 小波实现,如图 2.3 和图 2.4 所示。

图 2.3　原始二值图像 Lena_B.bmp

图 2.4 对图 2.3 做二维离散小波分解示意图

2.3.2 图像的小波重构

小波重构与小波分解过程基本相反,只是分解部分是二取一的抽取行和列,重构部分则是对相邻两列(或行)插入一列(或行)零元素,如图 2.5 所示。

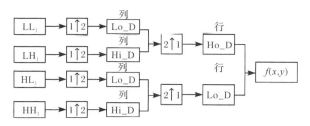

图 2.5 图像的小波重构数据流示意图

图中,2↑1 表示列插值,在奇数列插入 0;1↑2 表示行插值,在奇数行插入 0。其他内容含义同图2.2[5]。

2.4 小波域图像水印算法

基于小波变换的图像水印算法相对于 DCT 和 DFT 有许多独特的、适合于图像水印的特性[6]。小波变换的时频局部化特性为分析图像的局部特征提供了很好的定位,这些局部特性往往可以通过不同分辨率下对应的系数推导出来,从而可以利用小波系数的局部特性来嵌入水印。基于小波变换的图像水印算法也很容易与人类视觉系统相适应。人眼对不同空间频率、不同方向上的敏感度是不同的，一般对低频变化的敏感度高于高频，对水平方向和垂直方向的敏感度高于对角线方向，而小波分解正是把图像分解成不同空间分辨率、频率特性和方向特性的子图像。因此，可以根据人类视觉掩蔽特性设计不同的水印嵌入方式，以提高水印在视觉上的不可感知性和抗攻击能力[8]。

在小波域图像水印算法中，有多种小波基可供选择，可以根据具体的应用选择最适合的小波基。图像的小波分解级数也可以根据需要来选择，这些选择都和密钥一样是保密的，有利于提高算法的安全性。

小波域水印也和其他域的水印技术一样分为水印添加、提取（检测）两部分。小波基的类型、水印的选取、水印嵌入强度和水印嵌入位置都会影响水印系统的性能，包括水印的不可感知性和鲁棒性。

在小波域嵌入和提取水印中，小波基的选择、边界处理、小波分解级数和小波系数的量化等因素都影响数字图像处理的效果。小波分解级数越多，产生的子带越多，对频带的划分越细，越有利于编码和图像处理，但级数的增加意味着滤波器的级联次数增多，造成的信号移位也增大；另外，由于每次分解都要进行边界延拓，级数越多引起的边界失真也越大。因此，在实际应用中，确定小波分解级数要兼顾不同方面的影响[5,12]。

2.5 小　　结

本章首先介绍了小波变换理论的相关概念，从小波变换理论的发展、应用、定义和特征几个方面进行概述；然后阐述了图像的二维离散小波分解和重构原理，分析了在小波域实现水印的优势；最后介绍了小波变换理论在数字水印技术中的应用。本章的工作为后面算法中对原始载体图像的处理奠定了基础。

参 考 文 献

[1] 王丽娜,张焕国,叶登攀.信息隐藏技术与应用[M].2版.武汉:武汉大学出版社,2009.

[2] 熊祥光,杨锦尊,崔巍,等.基于小波变换的图像自适应水印算法[J].武汉理工大学学报,2010,32(19):137—140,167.

[3] 孙圣和,陆哲明,牛夏牧.数字水印技术及应用[M].北京:科学出版社,2004.

[4] 朱新山,陈砚鸣,董宏辉,等.基于双域信息融合的鲁棒二值文本图像水印[J].计算机学报,2014,37(6):1352—1364.

[5] 王理,蒋天发.基于小波的二值图像盲数字水印的研究[D].武汉:中南民族大学硕士学位论

文,2008.

[6] 周熠,蒋天发.小波域中的图像自适应水印算法[J].武汉大学学报(工学版),2005,38(2):137—140.

[7] 彭川,蒋天发.一种基于三维小波变换的视频水印算法[J].武汉大学学报(工学版),2007,40(6):135—138.

[8] 熊祥光,蒋天发,蒋巍.基于整数小波变换和SVD的视频水印算法[J].计算机工程与应用,2014,50(1):78—82,194.

[9] 周立,蒋天发.彩色图像中基于几何不变性的数字水印[J].武汉理工大学学报(交通科学与工程版),2009,33(2):398—401.

[10] Wang Q,Jiang T F. A study of watermarking in JPEG2000 domain[J]. Journal of Wuhan University of Technology (Transportation Science & Engineering),2004,28(5):795—798.

[11] 蒋天发,王理,蒋巍,等.基于小波的二值图像盲数字水印系统的研究[J].信息网络安全,2009,(7):24—27.

[12] 周立,柳春华,蒋天发.基于小波变换和奇异值分解的图像水印算法[J].武汉大学学报(工学版),2011,44(1):120—123.

第 3 章　二值图像数字水印技术

3.1　二值图像数字水印技术概述

现在已有大量数字水印方面的文献涉及灰度图像、彩色图像以及视频、音频水印技术研究,而二值图像因只有两个亮度等级,水印实施困难,相关文献较少。但随着全球信息数字化进程的日益加快,数字二值图像已被广泛应用于人们的日常生活。在电子商务、网上政务等领域将有大量的二值图像文件在互联网上流动,如果这类文件被篡改,将会产生严重的后果。二值图像数字水印技术正是试图提供一种对于篡改或伪造的鉴别方法[1]。

如今用于图像、视频方面的水印嵌入方法有很多,并且很多方法是比较有效的,但由于二值图像的特殊性,这些方法无论是基于空间域的还是基于变换域的,都不能直接用于二值图像。为此,近年来一些学者进行了诸多探索,设计出了一些可行的数字水印算法。典型算法主要有游程修改信息嵌入法、基于图像特征修改法、结构微调法、图像分块嵌入法、半色调图像信息嵌入法和基于频率域水印嵌入法等[2]。

3.1.1　游程修改信息嵌入法

对于传真文档,较好的方法是 Matsui 等[3]提出的一种基于像素游程的水印信息嵌入方法。根据国际电信联盟(ITU)建议,传真图像用游程(RL)编码和霍夫曼编码进行混合编码,RL 方法是对颜色开始变化的位置和持续同种颜色的像素个数进行编码。Matsui 等提出的嵌入方案采用修改游程边缘的像素,即修改游程的长度,使游程加 1 或减 1,最终用游程的奇偶性来携带信息。该嵌入策略简单实用,信息隐藏效果良好。尽管所讨论的图像载体只涉及传真文件,但实际上该嵌入算法可以推广应用到所有的二值图像中。游程修改嵌入法虽然不影响文字的可读性,但是在短游程较多时会出现较大的失真,容易引起视觉上的察觉,如在文字的笔画处不如原图光滑、有明显的凸凹破缺、影响图像的视觉效果[1,2]。

3.1.2　基于图像特征修改法

对于文本、图纸等多是利用图像特征修改法,Amano 等[4]提出了该方法的具体实现过程。首先分析字体图像的笔画连接,根据分析结果将笔画分块后,再分为4个子块;然后用游程来计算每个笔画的平均宽度;最后将4个子块分成两组,通过将一组笔画变粗(嵌入1)、一组笔画变细(嵌入0)来完成水印信息的嵌入。提取时同样将图像按前面的方法分块,比较笔画粗细就可以提取出水印信息。该方法具有较好的视觉效果,能够经受一定的二次量化的攻击;但是该方法并不适用于所有二值图像。在要求对水印信息进行盲提取和不可感知的前提下,除特殊的二值图像类型外,其在信息隐藏量、鲁棒性以及图像的失真度等方面是极为有限的[1,2]。

3.1.3 结构微调法

结构微调法是一种适用于文本内容的二值图像信息嵌入方法。它通过将文本图像的一行字符、一个字符或一个字符群做微小的整体移位来嵌入水印信息。Low等在一系列文章[5~7]中对这类方法做了详细的研究,通过修改字符间距、行间距等来嵌入水印信息,主要有以下两种方法。

1. 行移编码方法

行移编码方法通过将文本的某一整行垂直移动来嵌入水印。通常,当一行被上移或下移时,与其相邻的两行或其中的一行保持不动。不动的相邻行作为解码过程的参考位置。嵌入策略非常简单,如向上移动嵌入"0"、向下移动则嵌入"1"。实验表明,人眼无法察觉小于等于$1/300$in(1in$=2.54$cm)的垂直位移量,所以图像的隐蔽性较好。如果文本最初的行间距是均匀的,可以通过分析可疑文本的行间距是否均匀来判断水印的有无,这个过程不需要原始文本参与。

2. 字移编码方法

字移编码方法通过将文本某一行中的某些单词进行水平移位来嵌入水印。通常在编码过程中,将某一个单词左移或右移,而与其相邻的单词并不移动。这些不移动的单词作为解码过程的参考位置。由于字间距不是唯一的,判定文本是否含有水印时需要原始的先验知识。字间距的移动不超过$1/150$in时可不被觉察。

两种方法中,前者对典型的文档有很强的鲁棒性,但嵌入信息能力有限;后者则有更大的嵌入能力,但适用性受到文字类型的限制,对中文、日文这类不存在英文意义下的字间距和基线的文字使用效果并不理想。总体来说,这两种典型方案都有一定的鲁棒性,可以经受如打印、扫描等二次量化攻击。

结构微调法在文本图像水印嵌入中可以实现较强的鲁棒性和一定的嵌入容量,但由于该方法涉及的二值图像范围较窄,不能适用于所有二值图像,且由于文本图像格式各有不同,难以一一对应实现[1,2]。

3.1.4 图像分块信息嵌入法

图像分块信息嵌入法是较为典型的二值图像数字水印嵌入方法,相对于其他方法具有嵌入和提取算法简单、嵌入容量大、隐蔽性好等优点,所以得到了广泛的应用。这里的图像分块是指按相同大小分块,而不是以单词为单位。该方法将图像等分为 $M\times N$ 大小的子块,然后对所分的子块进行分析,选定可用的图像块根据某种算法修改适合的黑白像素,实现水印信息的嵌入。

目前基于图像分块信息嵌入法的二值图像水印算法大体有以下几种:一是修改块内黑白像素个数的奇偶性;二是修改黑白像素比例;三是在离散余弦变换(discrete cosine transform,DCT)域内对二值图像嵌入水印信息。

Wu 等[8]提出了一种基于图像块的光滑度和连续度的方法。该方法就是通过修改块内黑白像素个数的奇偶性来实现的。具体过程是:先将图像分为 $M\times M$ 大小的图像块,再通过计算图像块的水平、垂直、对角和反对角连续相同像素个数来综合衡量,计算可翻转像素值;然后将水印信息置乱后嵌入这些可翻转像素位置,可以获得很好的隐蔽性和嵌入信息量。该方法可以很方便地应用于各类二值图像,同时采用了水印信息置乱方法,增强了水印信息的安全性,尤其是通过计算图像块像素特征值来定位可翻转像素的方法非常值得借鉴。另外,水印提取不需要原始图像的参与,可用于内容认证和篡改提示。

Chen 等[9]提出了另一种图像块信息隐藏方案。该方法首先将图像分块为 4×4 大小的图像块,再将每一图像块分为 4 个 3×3 大小的子块;然后根据预先定义的图像块和子块特性计算其特征值,再根据其特征值将所有图像块升序排列;最后根据同一图像块的不同子块的比较,找到适宜修改像素的位置并对其像素进行修改,达到嵌入水印信息的目的。这种图像块再分子块的方法,将图像块的特性通过块的特征值体现出来,然后比较子块翻转像素。实验结果表明,该方法能保证一定的水印信息嵌入量和鲁棒性,且图像在水印嵌入后的失真度较小,可以满足不可察觉的要求[1,2]。

Yang 等[10]提出了滑动窗口的概念。将原始图像分成大小相等的方块,利用 3×3 的滑动窗口判断出符合"连接保存"条件的可嵌入块,然后修改可嵌入块中黑白像素的奇偶特性,从而嵌入信息。这种方法能保证嵌入信息后图像的视觉质量。

3.1.5 半色调图像信息嵌入法

半色调技术就是利用单一的黑白颜色模仿出百余种连续灰度等级,其核心技术为数字抖动(dither)技术,即用数字空间分辨率来换取亮度幅度分辨率,从而模仿出不同的灰度级。该技术被广泛应用到图像传真、书报刊物的印刷、打印输出等领域。半色调图像信息嵌入法一般都具有很好的透明性,且对于任意涂改攻击具有较强的抵抗能力。但在实际应用中,图像在经过打印机输出和用扫描仪输入的过程中,会产生平移、旋转、缩放等失真,导致像素移位,破坏了水印的同步性,而使水印提取难以实现,因此如何解决打印、扫描带来的同步问题将是今后研究的一个重点[1,2]。

3.1.6 基于频率域水印嵌入法

频率域水印嵌入法在灰度、彩色图像以及音频和视频等多媒体产品的保护和鉴定中取得了很大的成功。因此,许多专家学者正在致力于频率域二值图像算法的研究,但由于二值图像纹理的分布比较均匀,呈现小区域边缘特性,利用常规的频率域技术难以达到满意的水印嵌入效果。文献[11]提出一种在二值图像 DCT 域的直流分量中嵌入水印的方法。该方法首先将原始二值文本图像做模糊化预处理,再进行 8×8 分块 DCT 变换,然后将随机序列作为水印信号嵌入二值文本 DCT 域的直流分量中。虽然该方法是在 DCT 域中进行水印嵌入,但改变直流分量等价于在二值文本的空间域上对所有像素施加了一个相等的常量,其实质还是一种空间域的方法。

闫晓涛等[12]提出了一种基于 DCT-DWT 的二值文本频率域数字水印算法。该二值文本水印算法结合了 DCT 和 DWT 二者的特点,将原始水印信号进行 DCT 变换,在 DCT 域中将其系数按照所代表能量的大小(频率的高低)进行重新排列后嵌入文本 DWT 变换的细节子图中。嵌入顺序从第一层的对角细节子图开始,之后是第一层的水平细节子图,第一层的垂直细节子图;然后是第二层的对角细节子图,第二层水平细节子图,第二层垂直细节子图;以此类推,直到将 $M \times M$ 个水印图像的 DCT 系数全部嵌入完毕。这样操作的结果是将图像水印各块的主要能量部分尽可能地隐藏于原始文本的纹理细节中,有利于其不可感知性。从实验结果可以看出,该算法针对二值图像纹理复杂、每个像素都有特定含义、信息隐藏免疫力差的特点,取得了良好的水印嵌入效果,水印信息的隐蔽性和鲁棒性较好。但由于该算法不是一种盲水印算法,同时算法较为复杂,使其在实际应用中受到限制。

文献[13]提出一种针对二值文本图像的水印算法。该算法基于 DWT,将小波变换、量化和加密技术结合,对原始图像做 L 级小波分解后,用叠加的方法将水印嵌入逼近子图的小波系数,然后利用 Hash 函数生成与水印相关的二值逻辑表。水印提取时,先求出待测二值文本图像的逼近子图系数及逼近子图的小波系数,然后根据嵌入水印时生成的逻辑表和含水印信息的逼近子图系数,获得嵌入的相应水印。该算法在提取水印时不需要原始图像,是一种盲水印算法;同时,对于噪声攻击、JPEG 压缩、几何剪切具有较好的鲁棒性。但该算法对于其他的攻击,如图像移动、旋转、扭曲、缩放等不具有很好的鲁棒性;同时,嵌入的水印容量受到限制[14]。

3.2 二值图像数字水印技术分析与展望

前文介绍了目前针对二值图像的各种数字水印算法,并指出了其各自的优缺点,本节从鲁棒性、嵌入容量等角度对比总结以上方法的各种技术特点。图像分块信息嵌入法、半色调图像信息嵌入法和游程修改信息嵌入法的鲁棒性较低,但嵌入容量较高;结构微调法和基于图像特征修改法的鲁棒性中等,但嵌入容量偏低;基于频率域水印嵌入法则在鲁棒性和嵌入容量方面都处于中等。对于适用范围而言,结构微调法只限于二值文本图像,半色调图像信息嵌入法只限于半色调图像,图像分块信息嵌入法、游程修改信息嵌入法和基于频率域水印嵌入法则适用于所有二值图像。

从以上分析可以看出,二值图像数字水印算法的一个重要特点是水印的鲁棒性和嵌入容量是相互制约的。如果要增强鲁棒性,就应将水印信息嵌在经过合理适用统计、覆盖图像大部分像素的位置上,而不能将其嵌在某些特定的位置上,即必然以牺牲嵌入容量作为代价;而如果要增加嵌入容量,最好将图像分块,分析每个图像块的特性,将水印信息嵌在适用的黑白像素交接处,而不能大范围地嵌入,否则会影响水印的鲁棒性。因此,应在二者之间找到一个平衡点,根据其应用要求的不同来做权衡。由于二值图像具有像素单一、存储结构简单及纹理丰富等特点,在空间幅度上没有多少冗余,对图像的随意修改将可能造成图像的严重失真,所以研究的重点应该是保证水印的不可感知性,即保证图像不能有明显的质量下降而失去它的真正使用价值[15]。

二值图像数字水印技术因难度较大,研究人员较少,所以与其他多媒体数字水印技术相比,其发展尚处于起始阶段,在理论和技术方面还需进行深入分析和探讨。另外,未来的二值图像数字水印还要在水印攻击算法以及水印技术的标准等方面深入研究[16]。

3.3 小　　结

本章首先介绍了二值图像数字水印技术的现状;然后重点分析了目前已有的二值图像数字水印算法,典型算法包括游程修改信息嵌入法、基于图像特征修改法、结构微调法、图像分块信息嵌入法、半色调图像信息嵌入法和基于频率域水印嵌入法,并指出了其各自的优缺点;最后对二值图像数字水印技术未来的发展前景进行了探讨。

参 考 文 献

[1] 蒋天发,王理,蒋巍,等. 基于小波的二值图像盲数字水印系统的研究[J]. 信息网络安全, 2009,(7):24-27.
[2] 王理,蒋天发. 基于小波的二值图像盲数字水印的研究[D]. 武汉:中南民族大学硕士学位论文,2008.
[3] Matsui K,Tanaka K. Video-steganography:How to secretly embed a signature in a picture [C]. Proceedings of IMA Intellectual Property Project,1994,1:187-206.
[4] Amano T,Misaki D. Feature calibration method of watermarking of document images[C]. International Conference on Document Analysis and Recognition,1999:91-94.
[5] Low S H,Maxemchuk N F,Lapone A M. Document identification for copyright protection using centroid detection[J]. IEEE Transactions on Communication,1998,46(3):372-383.
[6] Brassil J T,Low S H,Maxemchuk N F. Copyright protection for the electronic distribution of text documents[C]. Proceedings of IEEE,1999,87:1181-1196.
[7] Maxemchuk N F,Low S H. Marking text documents[C]. Proceedings of IEEE International Conference on Image Processing,1997:16-23.
[8] Wu M,Tang E,Liu B. Data hiding in digital binary image[C]. IEEE International Conference on Multimedia and Expo,2000,1:393-396.
[9] Chen J,Chen T S. A new data hiding method in binary image[C]. Proceedings of 5th International Symposium on Multimedia Software Engineering,2003:88-93.
[10] Yang H,Alex C. Data hiding for text document image authentication by connectivity-preserving[C]. IEEE International Conference on Acoustics,Speech & Signal Processing,2005:505-508.
[11] 刘艮,蒋天发,蒋巍. 一种基于Zigzag变换的彩色图像置乱算法[J]. 计算机工程与科学, 2013,(5):106-111.
[12] 闫晓涛,刘宏伟,谢维信,等. 基于DWT和DCT域的二值图像数字水印算法[J]. 计算机与数字工程,2007,35(3):5-7.
[13] 李京兵,黄席樾,周亚洲. 一种鲁棒的二值文本图像数字水印算法及仿真[J]. 计算机工程, 2006,11:23-25.
[14] 王理,蒋天发. 数字媒体中增加可见水印的VLSI可行性模型[J]. 武汉大学学报(工学版), 2007,40(4):130-133.
[15] 蒋天发,周熠,何秉娇,等. 基于感知数字水印对音频信息稳健性影响的研究[J]. 武汉大学学报(工学版),2004,37(6):93-96.
[16] 朱新山,陈砚鸣,董宏辉,等. 基于双域信息融合的鲁棒二值文本图像水印[J]. 计算机学报,2014,37(6):1352-1364.

第4章 基于小波变换的二值图像盲数字水印算法

通过第3章对二值图像数字水印技术的分析可知,由于二值图像所具有的特点,对图像的随意修改将可能造成图像的严重失真;另外,二值图像数字水印算法的一个重要特点是水印的鲁棒性和嵌入容量是相互制约的,如果要增强鲁棒性,就应将水印信息嵌在合理的位置上,而不能将其嵌在某些特定的位置上,即必然以牺牲嵌入容量作为代价。针对以上几点问题,本章提出了一种基于小波的二值图像盲水印算法。该算法首先对水印图像进行置乱,将水印变成看似杂乱无章的信号,这一方面可以防止对水印系统的攻击,增强系统的安全性,另一方面使含水印图像部分被破坏时可以尽可能地分散错误比特;其次在水印嵌入过程中采取了基于小波变换域的方法,很好地保证了水印的不可感知性和鲁棒性。并且,在提取水印的过程中不需要原始图像,实现了盲水印功能[1]。

4.1 水印的生成

4.1.1 水印的选择

水印的选择通常有两种:一种是向专门的版权保护部门登记并申请得到一个版权ID号,该版权ID号是一个有足够长度的数字码,并保证该ID号在全世界是唯一的。另一种是采用一幅小的有意义的图像,该图像的内容表明原始图像的版权信息。与前者相比,采用一幅有意义的图像作为水印信号具有很好的鲁棒性,由于图像的可感知性,我们可以很直观地检测是否含有水印。另外,由于人眼的分辨率有限,即使出现多个比特错误也不会影响水印的识别。因此,本章嵌入的水印信号是一幅 32×32 的有意义的二值图像[1]。

4.1.2 水印的置乱预处理

如果将水印直接嵌入图像当中,当攻击者从载体数据中获得了水印数据,就可以了解水印内容,对水印的攻击就会变得非常容易,所以本章在将水印嵌入图像之前首先进行置乱预处理。置乱是运用一定的规则搅乱图像中像素的位置或颜色,使之变成一幅杂乱无章的图像,达到无法辨认出原图像的目的。在水印图像的预处理中,可以通过置乱去除水印图像像素间的相关性、分散错误比特的分布,使水印呈现出类似白噪声的特性,从而提高水印系统的鲁棒性[2]。

在图像加密中,置乱技术主要关心的是加密强度或解密难度。而在水印技术中,重点考虑的是置乱效果以及置乱时间和复原时间的开销。目前,人们使用比较多的置乱技术有 Arnold 变换、幻方变换、分形 Hilbert 曲线、Gray 码变换、混沌序列等方法[3]。其中,Arnold 变换算法简单且置乱效果显著,在数字水印方面得到了很好的应用。

Arnold 变换是 Arnold 在遍历理论的研究中提出的一种变换,俗称猫脸变换(cat mapping),是一种传统的混沌系统,其定义如下[4,5]:

$$\begin{bmatrix} x' \\ y' \end{bmatrix} = \begin{bmatrix} 1 & 1 \\ 1 & 2 \end{bmatrix} \begin{bmatrix} x \\ y \end{bmatrix} (\mathrm{mod}\ N), \quad x, y \in \{0, 1, \cdots, N-1\} \quad (4.1)$$

其中,(x, y) 是像素在原图像的坐标;(x', y') 是变换后该像素在新图像的坐标;N 是数字图像矩阵的阶数,即图像的大小,一般考虑正方形图像。

对一个图像进行 Arnold 变换,就是把图像的像素点位置按式(4.1)进行移动,得到一个相对原图像混乱的图像。对一幅图像进行一次 Arnold 变换,就相当于对该图像进行了一次置乱,通常这一过程需要反复迭代多次才能达到满意的效果。

利用 Arnold 变换对图像进行置乱使有意义的数字图像变成像白噪声一样无意义的图像,实现了信息的初步隐藏,并且置乱次数可以为水印系统提供密钥,从而增强系统的安全性和保密性。

Arnold 变换可以看作裁剪和拼接的过程,通过这一过程将数字图像矩阵中的像素重新排列,达到置乱的目的。由于离散数字图像是有限点集,对图像反复进行 Arnold 变换,迭代到一定步数时,必然会恢复原图,即 Arnold 变换具有周期性。Dyson 和 Falk 给出了对于任意 $N>2$,Arnold 变换的周期 $T_N \leqslant N^2/2$ 的结论[6],这虽然是比较粗略的估计,但也许是迄今最好的结果[1,2]。

文献[7]给出了一种计算周期的方法,对于给定的自然数 $N>2$,Arnold 变换的周期 m 是使得下式成立的最小自然数 n:

$$\begin{bmatrix} 1 & 1 \\ 1 & 2 \end{bmatrix}^n (\mathrm{mod}\ N) = \begin{bmatrix} 1 & 0 \\ 0 & 1 \end{bmatrix} \quad (4.2)$$

通过式(4.2)计算周期 m 可以很方便地在 MATLAB 中通过编程来实现。具体如下:

```
function Period=ArnoldPeriod(N)
if(N<2)
    Period=0;
    return;
end
% 初始位置
```

```
n=1;
x=1;
y=1;
% 通过循环寻找周期
while (n~=0)
    xn=x+y;
    yn=x+2*y;
    % 再次回到原来的位置,完成一次的周期
    if(mod(xn,N)==1 & mod(yn,N)==1)
        Period=n;
        return;
    end
    x=mod(xn,N);
    y=mod(yn,N);
    n=n+1;
end
```

本章对水印进行的置乱变换就是通过式(4.1)进行的,MATLAB 编程实现如下:

```
function M = Arnold(Q,Frequency,crypt)
M = Q;
Size_Q = size(Q);
n = 0;
K = Size_Q(1);
M1_t = Q;
M2_t = Q;
% 解密
if crypt==1
% 周期减去迭代的次数,用此数据作为新的迭代次数,可以达到解密的目的
    Frequency=ArnoldPeriod(Size_Q(1))-Frequency;
end
% 以下间隔的用到了 M1_t,M2_t 作为临时的储存空间
% 以下是加密算法
for s = 1:Frequency
    n = n + 1;
    if (mod(n,2) == 0)
        for i = 1:K
            for j = 1:K
                c = M2_t(i,j);
```

```
                    M1_t(mod(i+j−2,K)+1,mod(i+2*j−3,K)+1) = c;
                end
            end
        else
            for i = 1:K
                for j = 1:K
                    c = M1_t(i,j);
                    M2_t(mod(i+j−2,K)+1,mod(i+2*j−3,K)+1) = c;
                end
            end
        end
end
% 根据迭代次数,确定此时的图像信息
if (mod(Frequency,2) == 0)
    M = M1_t;
else
    M = M2_t;
end
```

本章选用的水印图像是 32×32 的具有"W"标志的二值图像。因此,$N=32$,对水印置乱的次数 $k=6$(图 4.1)。将 k 作为密钥,可明显看出,置乱 6 次的效果比置乱 3 次要好,置乱度更强[8]。通过上面的程序可以算出 $N=32$ 时,周期 $m=24$。所以,如果开始时对水印置乱了 6 次,那么在水印提取出来以后只需对水印再置乱 24−6=18 次即得到原来的水印图像[2]。

(a) 原始水印　　(b) 置乱 3 次后的水印　　(c) 置乱 6 次后的水印　　(d) 恢复后水印

图 4.1　水印图像的 Arnold 置乱效果示意图

4.2　小波基、分解级数及小波系数的选择

设计小波域水印算法一个很重要的问题是小波基的选择,基于不同小波基的水印鲁棒性不同。小波分正交和双正交两类,都适用于水印算法。

已有研究表明,正交小波基的正则性、消失矩阶数、支撑长度以及小波图像能量在低频带的集中程度对水印鲁棒性影响极小。在 Daubechies 小波中,Haar 小波在数字水印算法中体现出了优良的性能[9],而且 Haar 小波的支撑长度最短,分解和重构计算复杂度低于其他小波。同时，Mallat 算法是针对无限信号的，而实际中的图像是有限的，需要延拓，但对 Haar 小波而言边界不需要延拓。因此，本算法采用了 Haar 小波基。

小波分解是每级以 2 加权，并且低通滤波器系数和为 1，从而随着小波分解级数的增加，低频系数的幅值以近似 2 的倍数增长。而水印的嵌入可以看作在强背景（原始图像）下叠加了一个弱信号（水印），只要叠加的信号低于对比度门限，视觉系统就无法感觉到信号的存在。根据 Weber 定律[10]，对比度门限与背景信号的幅值成比例，因此随着小波分解级数的增加，嵌入水印的强度就可以以近似 2 的倍数增加，从而可以增加水印的鲁棒性，同时水印信号也能更好地扩散。因此，在水印算法中，应根据原始图像的大小和水印数据量的多少，尽可能提高小波分解的级数，但同时也要考虑小波分解和重构需要的时间是否太长。本算法中，原始二值图像大小为 256×256，水印二值图像大小为 32×32，小波分解级数为 2。

在小波域水印算法中，为了使水印的鲁棒性较好，用来嵌入水印的小波系数应满足两个条件：一是经过常见的信号处理和噪声干扰后仍能被很好地保留，即小波系数不应过多地为信号处理和噪声干扰所改变；二是应具有较大的感觉容量，即嵌入一定强度的水印后不会引起原始图像视觉质量的明显改变。当前研究认为，水印应放在视觉系统感觉上最重要的分量上，因为感觉上重要的分量是图像信号的主要成分，携带较多的信号能量，在图像有一定失真的情况下，仍能保留主要成分，满足了第一个条件。根据 Weber 定律，对比度门限和背景信号的幅值成比例，由于低频系数的幅值一般远大于高频系数，从而具有较大的感觉容量，满足了第二个条件。因此，水印应当首先嵌入小波图像低频系数。本算法把水印嵌入小波分解后低频最重要的系数上[2]。

4.3 水印的嵌入

本章采用的嵌入算法基于小波域，在嵌入水印前，先对水印图像进行 Arnold 置乱处理，同时对读入的原始二值图像进行二级 Haar 小波分解，选择逼近子图系数 cA2，对其进行修改，嵌入水印信息；然后进行二级小波重构及二值化得到含水印的二值图像，完成水印的嵌入。水印嵌入流程图如图 4.2 所示。

具体步骤如下[2]：

(1) 将原始图像 I(Mc×Nc) 进行二级小波分解，得到不同分辨率级别下的细节子图 HL_j、LH_j、HH_j ($j=1,2$) 和一个逼近子图 LL_2，其低频子图系数为 $cA2'$。

(2) 读取二值水印图像的各个像素值，记录水印图像的尺寸 Mm×Nm（本实验中为 32×32），构成水印图像矩阵，并通过调用 Arnold(I,6,0) 函数来获得置乱 6 次后的图像。顺序读取置乱预处理后的图像矩阵各像素值，得到二维序列 W。

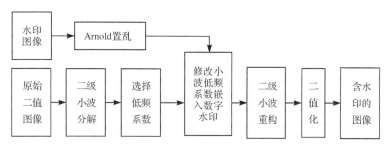

图 4.2 水印嵌入流程图

(3) 选择小波变换后的低频子图系数 cA2′，对逼近子图系数修改以进行水印嵌入处理，并生成与水印相关的二值逻辑表 key(i,j)。先用叠加的方法将水印嵌入逼近子图系数 cA2 中，具体公式为 cA2′ = cA2 + αW，其中 α 为水印嵌入强度，本章取为 0.1。为了使得嵌入的水印有较好的鲁棒性和不可感知性，根据逼近子图系数的大小，量化系数 d 的取值范围为 $0 < d \leqslant 0.5$，考虑到鲁棒性和不可感知性，这里量化系数折中取为 0.25。经过水印嵌入处理和量化处理后的逼近子图系数为 cA2(i,j)。保存 key(i,j)，在后面提取相应的水印时要用到，可将 key(i,j) 作为密钥向第三方申请，以获得原作品的版权[11]。

(4) 对嵌入后的图像进行二级 Haar 小波重构。由于对近似系数做了修改，小波逆变换后的系数可能不再是整数，为此，使用 round 函数取整，生成嵌入水印后的图像 I′。

(5) 对嵌入水印后的灰度图像 I′ 二值化，得到含水印的二值图像 X。本算法选用较易实现的全局阈值法，选取的阈值为 0.4。

主要源代码如下(.m 文件)：

```
% 对原始图像 I 进行二级 Haar 小波分解
[cA1,cH1,cV1,cD1] = dwt2(cover_image,'haar');
[cA2,cH2,cV2,cD2] = dwt2(cA1,'haar');
% 修改低频子图系数 cA2′，并生成与水印相关的二值逻辑表 key(i,j)
for i = 1:Mm
    for j = 1:Nm
        cA2_1(i,j) = cA2(i,j)+0.1*W(i,j);
        cA2_2(i,j) = round(cA2_1(i,j)/0.25);
        cA2(i,j) = cA2_2(i,j)*0.25;
        kk(i,j) = mod(cA2(i,j),2);
        key(i,j) = xor(kk(i,j),W(i,j));
    end
end
```

```
save('key');
% 二级 Haar 小波重构
cA1 = idwt2(cA2,cH2,cV2,cD2,'haar',[Mc/2,Nc/2]);
watermarked_image = idwt2(cA1,cH1,cV1,cD1,'haar',[Mc,Nc]);
watermarked_image_round = round(watermarked_image);
% 二值化
watermarked_image_B = im2bw(watermarked_image_round,0.4);
```

4.4 水印的提取

本算法中的水印提取过程不需要用到原始图像,属于盲水印算法。水印提取流程图如图 4.3 所示[12]。

图 4.3 水印提取流程图

具体步骤如下[2,13]:

(1) 对含有水印的二值图像 X 进行二级小波分解,得到不同分辨率级别下的细节子图和逼近子图,设逼近子图为 LL_2^1,其低频近似系数为 $cA2'$。

(2) 根据嵌入水印时生成的逻辑表 $key(i,j)$ 和含水印信息的逼近子图系数,求出嵌入的置乱后的水印 $W(i,j)$。水印的提取不需要原始二值图像,有利于保护原始二值图像的安全。

(3) 利用 Arnold 变换迭代 $T-t$ 次,完成水印图像的恢复。其中 t 为嵌入时 Arnold 变换的迭代次数,T 为 Arnold 变换的周期。本实验中水印均选择置乱 6 次,因此对提取出的信息置乱 18 次即可恢复为原水印图像。

主要源代码如下(.m 文件):

```
% 对待检测图像进行二级 Haar 小波分解并提取出嵌入水印时保存的二值逻辑表 key(i,j)
load('key');
[cA1,cH1,cV1,cD1] = dwt2(watermarked_image,'haar');
[cA2,cH2,cV2,cD2] = dwt2(cA1,'haar');
% 水印图像大小为 32×32
for i = 1:32
    for j = 1:32
        cA2(i,j) = round(cA2(i,j)/0.25);
        cA2(i,j) = cA2(i,j) * 0.25;
```

```
        kk(i,j) = mod(cA2(i,j),2);
        W(i,j) = xor(kk(i,j),key(i,j));
    end
end
% 逆置乱
W=reshape(W,32,32);
Jiemi_image=Arnold(w,6,1);
```

4.5 实验结果

为了验证算法的有效性和可靠性,所做仿真实验如下。原始图像是 256×256 的二值 Lena 图像,如图 2.3 所示。水印图像采用 32×32 的具有"W"标志的二值图像,如图 4.1(a)所示。采用峰值信噪比(PSNR)衡量水印嵌入后图像的质量,采用主观视觉评价提取水印与原始水印的相似性。图 4.4(c)是嵌入水印后的图像(PSNR=42.83),水印的不可感知性良好,很难察觉水印的存在。图 4.4(d)是提取的水印,在未受到任何攻击时,水印可以完全恢复。由于水印嵌入过程需要进行二值化,此操作在本实验中对水印信息没有产生影响[14]。

(a) 原始图像　　(b) 嵌入水印后的图像　　(c) 二值化后的图像(PSNR=42.83)　　(d) 提取和恢复的水印(等级:5)

图 4.4　原始图像实验结果(未受到任何攻击时)

下面从几个方面验证水印算法的鲁棒性。

(1) 剪切处理:考察水印图像遭到部分破坏后对水印检测的影响。图 4.5 是经过随机剪切和左上角 1/4 剪切后的水印图像及相应的水印检测结果。可见,算法对几何破坏有较好的鲁棒性,可以从部分图像中恢复出嵌入的水印。

(2) 加噪处理:对含有水印的图像分别加入椒盐噪声和高斯噪声。图 4.6 是加噪声后的水印图像及检测结果[15]。实验表明,高强度的噪声对水印的恢复干扰较为明显,并且对于一定功率下的噪声,高斯噪声的干扰效果是最为严重的,但算法仍能较可靠地检测出嵌入的水印。

(a) 随机剪切后的图像(PSNR=20.12)　　(b) 左上角1/4剪切后的图像(PSNR=14.55)

(c) 提取的水印(等级:4)　　　　　　(d) 提取的水印(等级:2)

图 4.5　经剪切处理的图像实验结果

(a) 椒盐噪声(PSNR=23.01)　　　　(b) 高斯噪声(PSNR=19.95)

(c) 提取的水印(等级:4)　　　　　　(d) 提取的水印(等级:2)

图 4.6　经加噪处理的图像实验结果

(3) JPEG 有损压缩:对嵌入水印后的图像进行品质百分数从 20% 到 60% 的有损压缩,然后进行水印信息的检测,实验结果如图 4.7 所示。可以看出,算法对 JPEG 图像压缩有很好的鲁棒性[16]。

(a) JPEG 压缩(20%)(PSNR=17.69)　　(b) JPEG 压缩(30%)(PSNR=17.71)

(c) 提取的水印(等级:3)　　(d) 提取的水印(等级:3)

(e) JPEG 压缩(40%)(PSNR=17.68)　　(f) JPEG 压缩(60%)(PSNR=17.67)

(g) 提取的水印(等级:3)　　(h) 提取的水印(等级:3)

图 4.7　不同 JPEG 压缩比下的图像实验结果

以上实验表明,本章提出的基于小波的二值图像盲数字水印算法基本能保证水印系统的不可感知性、鲁棒性和安全性,并实现了盲检测功能,且本算法简单易行[2]。

4.6 小　　结

本章在前面章节的基础上提出了一种基于小波的二值图像盲数字水印算法，详细介绍了水印的预处理过程和嵌入、提取水印过程，并附有关键源代码。通过对嵌入水印后的图像进行若干种攻击的实验，表明该算法具有较好不可感知性、鲁棒性和安全性。

参 考 文 献

[1] 蒋天发,王理,蒋巍,等.基于小波的二值图像盲数字水印系统的研究[J].信息网络安全,2009,(7):24−27.

[2] 王理,蒋天发.基于小波的二值图像盲数字水印的研究[D].武汉:中南民族大学硕士学位论文,2008.

[3] 刘芳,贾云得.一种新的Arnold反变换在数字水印中的应用[C].第十二届全国图像图形学学术会议论文集,北京:中国图像图形学学会,2005:172−175.

[4] 孙新德,路玲.Arnold变换在数字图像水印中的应用研究[J].信息技术,2006,10:129−132.

[5] 丁玮,闫伟齐,齐东旭.基于Arnold变换的数字图像置乱技术[J].计算机辅助设计与图形学学报,2001,13(4):338−341.

[6] 齐东旭.分形及其计算机生成[M].北京:科学出版社,1994.

[7] 邹建成,铁小匀.数字图像的二维Arnold变换及其周期性[J].北方工业大学学报,2000,12(1):10−14.

[8] 张华熊,仇佩亮.置乱技术在数字水印中的应用[J].电路与系统学报,2001,6(3):32−36.

[9] 刘九芬,黄达人,胡军全.数字水印中的正交小波基[J].电子与信息学报,2003,25(4):453−459.

[10] Gonzalez C, Wintz P. Digital Image Processing[M]. 2nd Edition. New York: Addition Wesley Publishing Co. /IEEE Press,1987.

[11] 王炳锡.数字水印技术[M].西安:西安电子科技大学出版社,2003.

[12] 蒋天发,牟群刚,周爽.基于完全互补码与量子进化算法的数字水印方案[J].中南民族大学学报(自然科学版),2014,33(1):95−99.

[13] 金聪,叶俊民,许凯华,等.具有抗几何攻击能力的盲数字图像水印算法[J].计算机学报,2007,30(3):475−482.

[14] 黄芳,蒋天发.用于防止图像非法传播的认证水印技术[J].武汉理工大学学报(交通科学与工程版),2008,32(1):164−167.

[15] 熊祥光,杨锦尊,崔巍,等.基于小波变换的图像自适应水印算法[J].武汉理工大学学报,2010,32(19):137−140,167.

[16] 熊志勇,蒋天发.一种基于块的彩色图像认证水印方法[J].武汉理工大学学报(交通科学与工程版),2005,29(1):144—146.

第5章　基于小波变换的图像自适应水印算法

随着信息技术和多媒体技术的快速发展，对数字多媒体资源进行版权保护的问题变得异常迫切，而数字水印技术就可以被用于解决这一问题。数字水印的实质是用信号处理的方法在多媒体数据中嵌入标记的信息（水印），来证实数据的所有权归属（鲁棒水印）或保证数据的完整性（脆弱水印）。对数字图像水印技术而言，按照嵌入方法的不同，可将数字水印分为时空域水印和变换域水印两大类。时空域水印算法是直接对时空域数据进行操作，变换域水印算法则是在变换域中进行水印的嵌入和提取，如离散傅里叶变换、离散小波变换等。变换域水印算法较时空域水印算法具有更好的鲁棒性，故现有的变换域水印算法数量更多。在变换域理论中，由于离散小波变换（discrete wavelet transform，DWT）具有良好的多分辨率表示和时频局部分析特性，基于 DWT 的数字图像水印算法的研究得到了广泛青睐[1]。

为了使嵌入的水印满足不可感知性，同时又满足在有损压缩过程中的鲁棒性，嵌入方法均采用基于离散小波变换的多分辨率分解。文献[1]将一个二值图像嵌入原始图像经小波多分辨率分解后的低频子带中，根据低频系数和高频系数的特点以及树结构的关系，由图像的局部亮度和纹理特性对水印嵌入强度做自适应调节。文献[2]结合人类视觉系统和图像的 DWT 多分辨率特性，将水印嵌入图像小波分解的各中高频带中，频带的选择和嵌入的水印由密钥确定。文献[3]提出一种基于中心系数与邻域系数均值关系的水印算法。该算法对原始图像作两层小波分解，将水印嵌入 LH_2 子带中。文献[4]选取一幅有实际意义的二值图像作为水印，在对原始图像进行多级小波分解后，通过修改中频系数来进行水印嵌入。然而，以上文献都不是完全意义上的多分辨率嵌入方法，因为它们只是将水印嵌入低频子带或中频子带或其中的部分子带中，不是在除低频子带外的所有子带中均按多分辨率的方式进行嵌入。

该算法利用离散小波变换的多分辨率技术，将相同分辨率层次的数字水印信息嵌入相应的相同分辨率层次的原始图像中，使嵌入的水印对原始图像具有自适应性。对于小波系数的修改方法，采用基于关系的嵌入规则，并根据人类视觉系统对图像亮度、纹理和频率的掩蔽特性对嵌入强度做自适应调节，以保证水印的鲁棒性和不可感知性[5]。

5.1 人类视觉系统的掩蔽特性及嵌入子带的选择

5.1.1 人类视觉系统概述

在实际应用中,多媒体信息(如图像和视频等)质量的好坏除了用定量度量的评估方法外,还可以采用主观的测试方法,而人作为主观测试方法的主体,嵌入水印后的宿主载体质量的好坏主要由人眼来评定。因此,在设计数字水印算法时,为达到鲁棒性和不可感知性的最佳折中,可考虑人类视觉系统的一些特性,使嵌入的水印在具有不可感知性的前提下具有较强的鲁棒性。

从信号处理的角度来看,数字水印技术可理解为在强背景(宿主载体)下叠加一个弱信号(水印),只要叠加的水印信号强度适当,人类的感知系统将无法感知到水印信号的存在,即水印信号具有良好的透明性[6]。然而,水印的嵌入量、不可感知性和鲁棒性是对立统一的。嵌入量越多,鲁棒性越好,但不可感知性越差;反之,鲁棒性越差,但不可感知性越好。为了调和这三者之间的矛盾,大量的生理学和心理学实验研究表明,可充分利用人类的生理模型,在满足不可感知性的前提下,最大地增加水印的嵌入量,从而提高水印的鲁棒性。人类的生理模型主要包括人类听觉系统(human audio system,HAS)和人类视觉系统(human visual system,HVS)两大类,且都是非线性系统[7]。下面简要介绍本章用到的人类视觉系统的频率敏感特性、对比度掩蔽特性和多通道特性等。

1) 频率敏感特性

人类视觉系统的频率敏感度主要是利用调制变换函数(modulation transfer function,MTF)来描述的[7~9]。该函数定义了人类视觉系统在不同频率下的敏感门限和临界可感知误差(just noticeable difference,JND)。当频率敏感度小于相应的 JND 时,人眼是无法觉察到的。

2) 对比度掩蔽特性

人类视觉系统的对比度门限受背景特性、纹理特性和频率特性的影响。根据 Weber-Fechner 等对对比度的定义,在均匀背景下,人眼能分辨的照度为 $I+\Delta I$,其中 I 为背景照度,且 $\Delta I \approx 0.02I$。然而,Michelson 等则认为,图像的视觉效果主要是由颜色和频率等决定的,一般需用对比度敏感函数(contrast sensitivity function,CSF)来刻画[9]。文献[9]给出的对比度定义为

$$C_M = \frac{L_{\max} - L_{\min}}{L_{\max} + L_{\min}} \tag{5.1}$$

其中,$L_{\max}$、$L_{\min}$ 分别为目标的最大、最小亮度。

随着视觉领域的广泛研究,目前已提出多种更为精确的对比度敏感函数。常

见的有以下几种[8]：

$$H(p) = k(e^{-2\pi\alpha p} - e^{-2\pi\beta p}) \tag{5.2}$$

其中，$\alpha = 0.012, \beta = 0.046$。

$$H(p) = a(b+cp)\exp[-(cp)^d] \tag{5.3}$$

其中，$a = 2.6, b = 0.0192, c = 0.114, d = 1.1$。

$$H(p) = \exp\left(\frac{-p}{c\lg L + d}\right) \tag{5.4}$$

其中，$c = 0.525, d = 3.91, L = 11$。

$$H(p) = \begin{cases} a(b+cp)\exp[-(cp)^d], & p > p_{\max} \\ 1, & 其他 \end{cases} \tag{5.5}$$

其中，$a = 2.2, b = 0.192, c = 0.114, d = 1.1, p_{\max} = 6.6$。

3) 多通道特性

通过对人类视觉的研究表明，视觉皮层的细胞对不同的颜色、频率和方向的敏感度不同，且具有多通道的特性。虽然不同的颜色、频率等是在不同的通道上进行处理的，但它们之间是相互联系的。人类视觉系统的多通道特性与多分辨率滤波器组或小波的多分辨率分解是相匹配的。对图像来说，多通道特性主要表现为空间频率性和方向性；对视频来说，多通道特性主要表现为时间频率性、空间频率性和方向性等。因此，在设计水印方案时，只要选择合适的频带，嵌入的水印信号就可能被视觉皮层的细胞所掩蔽。

总的来说，数字水印技术可能用到的人类视觉系统特性如下：

(1) 背景越亮、纹理越复杂或边缘越丰富，人类视觉系统的对比度门限值就越高，人眼就无法感知到其他信号的存在，嵌入的水印信号强度就越大；反之，嵌入的水印信号强度就越小。

(2) 人眼对不同频率具有不同的敏感度。频率越高，人眼的分辨能力就越低；反之，则越高。对图像而言，人眼对中频分量最敏感，对低频和高频分量次之。

(3) 人眼对不同方向的敏感度不同，其水平和垂直方向的敏感度要高于对角方向的敏感度。

(4) 人眼对静止和运动的物体的空间敏感度不同。当物体发生运动时，空间敏感度会降低，从而可在运动区域嵌入较高强度的水印信号，这在视频水印中尤其重要[5]。

5.1.2 嵌入子带的选择

对于数字图像来说，人类视觉系统的掩蔽特性主要表现为亮度特性、频率特性和图像类型特性[2]。一般地，人眼对高亮度区域所附加的噪声敏感性较小，即亮度越高，所能嵌入的水印信息就越多。对于频率特性，频率越高，人眼的分辨能力就越低,即人眼对高频的敏感性较低。也就是说,频率越高,所能嵌入的信息就越多。对于图像类型特性来说,人类视觉系统对平滑区域的敏感性要高于纹理密集区域,即图像的纹理越密集,所能嵌入的信息就越多。

(1) 人眼对纹理复杂的区域不敏感,而对平滑区域较敏感。设 $I_k^\theta(i,j)$ 为载体图像经离散小波变换后不同层、不同子带小波图像相应位置 (i,j) 的像素值,$E_k^\theta = \sum_{i=0}^{M_k-1}\sum_{j=0}^{N_k-1} I_k^\theta(i,j)/(MN)$ 和 $\phi(k,\theta,i,j)(k=1,2,3;\theta \in \{LH_k, HL_k\})$,其中 LH_k 和 HL_k 分别表示离散小波变换后的低高频子带和高低频子带;M_k 和 N_k 分别表示不同层子带的宽和高,其不同层的大小不同)分别表示不同层、不同子带的能量和纹理掩蔽因子,则可用式(5.6)来近似表示图像的纹理复杂性:

$$\phi(k,\theta,i,j) = a + \frac{|I_k^\theta(i,j) - E_k^\theta|}{I_{k\max}^\theta(i,j) - I_{k\min}^\theta(i,j)}(b-a) \tag{5.6}$$

其中,a、b 是归一化参数,根据不同层、不同子带由实验确定。

(2) 人眼对不同亮度的区域所附加的噪声敏感性不同,对中等亮度最为敏感,而对高、低亮度不敏感,因此可用式(5.7)近似表示不同层 $k(k=1,2,3)$、不同方向 $\theta(\theta \in \{LH, HL\})$ 子带的像素值 $I_k^\theta(i,j)$ 的亮度敏感特性:

$$\Psi_k^\theta(i,j) = \begin{cases} 1 - \dfrac{I_k^\theta(i,j)}{256}, & I_k^\theta(i,j) < 128 \\ \dfrac{I_k^\theta(i,j)}{256}, & I_k^\theta(i,j) \geqslant 128 \end{cases} \tag{5.7}$$

(3) 人眼对不同频率的敏感性不同,频率越高,人眼的分辨率越低;反之,则越高。设不同层 $k(k=1,2,3)$、不同方向 $\theta(\theta \subset \{LH, HL\})$ 子带对频率的掩盖因子为 $\varphi(k,\theta)$,则可用式(5.8)来近似描述子带的频率掩蔽特性:

$$\varphi(k,\theta) = \begin{cases} \sqrt{2}, & \theta = LH_1(HL_1) \\ 1, & 其他 \end{cases} \cdot \begin{cases} 1.00 & k=1 \\ 0.32 & k=2 \\ 0.16 & k=3 \end{cases} \tag{5.8}$$

设原始图像的大小为 $M \times N$,对其进行 L 级二维离散小波分解,则可以得到 $3L+1$ 个具有不同分辨率构成的子图,如图 5.1 所示。图像经过离散小波变换后生成的小波图像的数据总量和原图像的数据量相等,但生成的小波图像具有与原图像不同的特性,能量主要集中于低频子带,而水平、垂直和对角线子带的能量则较少。若在低频子带嵌入水印,则具有较强的鲁棒性,但人眼对于低频子带嵌入水印的敏感性要远高于中频子带。为了增强数字水印的鲁棒性和不可感知性,选择各层的中频子带作为嵌入数字水印的宿主信号[5]。

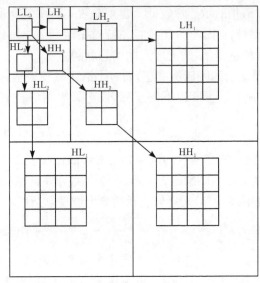

图 5.1 基于小波变换的多分辨率分解

5.2 水印算法

5.2.1 水印信号的选择及预处理

在设计数字水印系统时,对水印信号的选择是数字水印处理过程的第一个关键步骤。被选做水印信号的数据信息一般要求具有无二义性、不可预测性和伪随机性。数字水印技术按水印的内容,可分为无意义水印和有意义水印两类。无意义水印信号通常是一个序列号或随机数,可将伪随机实数序列、伪随机二值序列和混沌序列等作为水印信号;而有意义水印是具有一定意义的文本、图像等多媒体数据。与无意义水印相比,有意义水印的优势在于可充分利用人体的生理模型,这样即使提取的水印信号发生部分失真,也可对提取的水印信号进行鉴别,而不需要再利用原始的水印信号作相关统计计算也能识别所提取的水印信号。

目前,人们采用的有意义水印主要有两类。一是需向版权保护部门申请的、代表作品版权的 ID 号,该版权 ID 号具有唯一性;二是选择标识版权信息的、有意义的灰度图像(二值图像)作为水印信号。从信息量和人眼的视觉特性来看,后者比前者具有更多的待嵌入量和更强的鲁棒性。因此,本节选择有意义的、标识"中南民大"的二值图像作为水印信号。

如果将水印图像直接嵌入宿主数据中,当攻击者从嵌入水印后的数据中获得了水印数据,就可以了解水印内容,对水印的攻击就会变得非常容易。在水印图像的预处理中,可以通过置乱技术去除水印图像像素间的相关性,分散错误比特的分布,使水印呈现出类似白噪声的特性,从而提高水印信息的安全性,增强水印抵抗恶意攻击的能力。

置乱技术有很多有效的方法,如 Arnold 变换、仿射变换、幻方变换、混沌置乱等。其中,基于 Arnold 变换的算法具有实现简单、计算量较小且置乱效果显著等特性;基于混沌置乱的加密技术具有较高的复杂度、伪随机性和对初值的极度敏感性等特性,已成为水印置乱技术的研究热点。本章先采用混沌序列修改原始像素的像素值,再用 Arnold 变换进行空间置乱,进而提高水印信息的安全性和增强恶意攻击的能力。

Arnold 变换通过改变像素坐标的位置来改变原始图像灰度值的布局,达到图像置乱加密的目的。该变换的定义如下:

$$\begin{bmatrix} x' \\ y' \end{bmatrix} = \begin{bmatrix} 1 & 1 \\ 1 & 2 \end{bmatrix} \begin{bmatrix} x \\ y \end{bmatrix} (\mathrm{mod}\ N), \quad x, y \in \{0, 1, 2, \cdots, N-1\} \quad (5.9)$$

其中,$\begin{bmatrix} x \\ y \end{bmatrix}$ 和 $\begin{bmatrix} x' \\ y' \end{bmatrix}$ 分别是该像素在原始图像和新图像下的坐标;N 是原始图像的大小。该变换简单,易于实现,但只能处理原始图像是方阵的情形。

当前,用于图像混沌加密的典型混沌模型是一维的 Logistic 映射,该映射定义为

$$x_{k+1} = \mu x_k (1 - x_k), \quad 0 \leqslant \mu \leqslant 4, 0 < x_k < 1, k = 0, 1, 2, 3, \cdots \quad (5.10)$$

其中,μ 称为分支参数。当 $3.5699456\cdots < \mu \leqslant 4$ 时,Logistic 映射处于混沌状态,即由式(5.10)生成的混沌序列既非周期也不相关和收敛,且对初值具有极度的敏感性。初始值不同,经过一定的迭代后,混沌序列会变成完全不同的状态。图 5.2 为初始值 $x_0 = 0.15$(图 5.2(a))和初始值 $x_0 = 0.150001$(图 5.2(b))的映射关系。从图中可以看出,虽然 x_0 只相差 0.000001,但大约迭代 20 次之后,生成的混沌序列再也没相关性;同时,为了增加算法的随机性,进而提高算法的安全性,混沌序列的初始段部分不使用作为待加密的混沌序列[5,10]。

在实际应用中,常用的是零均值 Logistic 映射,其定义为

$$x_{k+1} = 1 - 2x_k^2, \quad -1 \leqslant x_k \leqslant 1, k = 0, 1, 2, 3, \cdots \quad (5.11)$$

当初始值 x_0 分别为 0.15 和 0.150001 时,生成的混沌序列如图 5.3 所示。

为了使生成的混沌序列能很好地应用到加密解密算法中,需对生成的混沌序列(不使用初始段部分)作二值化处理,并对二值图像的像素值作相应的处理。令初始值为 x_0,则 Logistic 混沌二值序列可定义为

$$a_k = \begin{cases} -1, & -1 \leqslant x_k < 0 \\ 1, & 0 \leqslant x_k \leqslant 1 \end{cases}, \quad k = 0, 1, 2, 3, \cdots \quad (5.12)$$

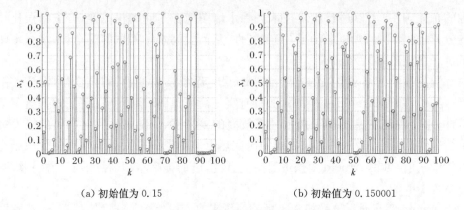

(a) 初始值为 0.15　　　　　　　(b) 初始值为 0.150001

图 5.2　Logistic 混沌映射在不同初值下的映射关系

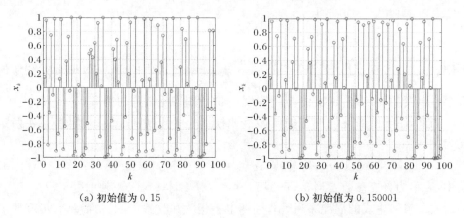

(a) 初始值为 0.15　　　　　　　(b) 初始值为 0.150001

图 5.3　零均值 Logistic 混沌映射在不同初值下的映射关系

而对于二值图像的像素值 0 和 1，相应的处理如下：

$$b_k = \begin{cases} -1, & \text{像素值} = 0 \\ 1, & \text{像素值} = 1 \end{cases}, \quad k = 0,1,2,3,\cdots \quad (5.13)$$

其逆处理如下：

$$c_k = \begin{cases} 0, & b(k) = -1 \\ 1, & b(k) = 1 \end{cases}, \quad k = 0,1,2,3,\cdots \quad (5.14)$$

设向量 $a = \{a_0, a_1, a_2, \cdots, a_{k-1}\}$，向量 $b = \{b_0, b_1, b_2, \cdots, b_{k-1}\}$，$k = 0,1,2,3,\cdots,N-1$，定义加密运算运算符为"$\otimes$"，其相应的运算规则如下：

$$a \otimes b = \{a_0 b_0, a_1 b_1, a_2 b_2, \cdots, a_{k-1} b_{k-1}\} \quad (5.15)$$

其中，N 为向量元素的数量；$a_i, b_i \in \{-1, 1\}$，表示在实数域中 a_i 与 b_i 的乘积。则不难证明式(5.16)的正确性：

$$a \otimes b \otimes a = a \quad (5.16)$$

综上,具体的加密和解密算法设计如下:

(1) 选取初值 x_0,先利用式(5.11)计算得到 $x_k(k=0,1,2,3,\cdots)$,再利用式(5.12)计算得到混沌的二值序列 $a_k(k=0,1,2,3,\cdots)$。为增强算法的安全性,舍去混沌序列的初始部分。

(2) 先将二维的二值图像 $W(i,j)$ 转换为一维,再利用式(5.13)将一维的二值序列 $\{0,1\}$ 转换为新的二值序列 $b_k(b_k \in \{-1,1\}, k=0,1,2,3,\cdots,M^2-1, M$ 为水印图像的宽或高)。

(3) 先利用 a_k 和 b_k 序列,通过式(5.15)计算得到新的二值序列$\{-1,1\}$,再利用式(5.14)对其进行转换和升维处理,即得到加密后的二值图像 $W'(i,j)$。

(4) 利用 Arnold 变换对 $W(i,j)$ 进行置乱,得到待嵌入宿主载体的水印图像 $W''(i,j)$。

(5) 利用式(5.16),重复操作步骤(1)~(4),即可恢复原始的二值图像。

加密算法和解密算法极为相似,在加密置乱算法中,Arnold 变换是最后一步;而在解密逆置乱中,Arnold 变换应是第一步。将混沌序列的初始值 x_0、用于加密的混沌序列的开始位置 i 和 Arnold 变换的迭代次数 t 选作密钥。这样,除非攻击者知道全部三个参数,否则不能恢复原始的水印图像。

对二值图像"中南民大"进行混沌加密置乱操作,实验结果如图 5.4 所示。

(a) 原始图像　　　(b) 加密图像　　　(c) 正确解密　　　(d) 错误解密

图 5.4　混沌加密和解密

从图 5.4 可以看出,对原始图像作混沌加密后,得到一幅面目全非的图像且对初始值非常敏感。图 5.4(c)和(d)分别是开始位置 i 和迭代次数 t 都正确的情况下,初始值 $x_0=0.15$ 和 0.150001 的解密图像。从图 5.4(c)和(d)可以看出,即使初始值只相差 0.000001,加密后的图像也不能恢复为原始的图像。这样,即使非法截获此图像,在不知道初始值情况下,也无法恢复原始图像,从而增强了图像的安全性[5,10]。

5.2.2　水印的嵌入

(1) 对预处理后的水印图像(需转换为灰度图像)用二维离散小波变换进行三层多分辨率金字塔分解,生成高频水印信息(W_H)(包含 W 的高频信息)、中频水印信息(W_M)(包含 W 的中频信息)和低频水印信息(W_L)(包含 W 的低频信息),如图 5.5 所示(为了使水印的多分辨率金字塔分解直观可见,这里选用原始的水印图像)。

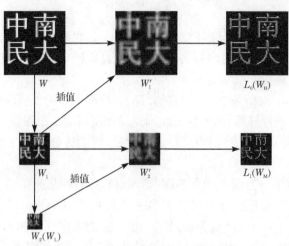

图 5.5 水印图像的金字塔分解

其中,W 是金字塔结构的第 0 层,W_H 是金字塔结构的第 2 层,W_M 是金字塔结构的第 1 层,W_L 是金字塔结构的第 0 层。W_1、W_2 分别由 W、W_1 作分辨率衰减得到;W_1'、W_2' 分别由 W_1、W_2 作插值运算得到;L_0、L_1 分别由 W、W_1' 和 W_1、W_2' 作差值运算得到。对原始载体图像用二维离散小波变换进行三层多分辨率分解,嵌入时,相同分辨率的水印嵌入相同分辨率的图像中,使水印对原始图像具有自适应性。低频水印(W_L)嵌入原始图像的 LH_3 和 HL_3 层,中频水印(W_M)嵌入原始图像的 LH_2 和 HL_2 层,高频水印(W_H)嵌入原始图像的 LH_1 和 HL_1 层,如图 5.6 所示。设水印图像 W 的大小为 $N_x \times N_y$,经三级小波分解后,W_H 的大小为 $N_x \times N_y$,W_M 的大小为 $2^{-1}N_x \times 2^{-1}N_y$,$W_L$ 的大小为 $2^{-2}N_x \times 2^{-2}N_y$。设原始图像的大小为 $2^3M_x \times 2^3M_y$,经三级小波分解后,$LH_1(HL_1)$ 的大小为 $2^2M_x \times 2^2M_y$,$LH_2(HL_2)$ 的大小为 $2^1M_x \times 2^1M_y$,$LH_3(HL_3)$ 的大小为 $2^0M_x \times 2^0M_y$。

(2) 对 LH_k 和 HL_k 子带($k=1,2,3$),随机选择 N_k(N_k 的大小与待嵌入的水印大小相同)个嵌入位置,并保证 LH_k 和 HL_k 子带中任何两个嵌入位置至少隔一个系数,以确保每个位置的嵌入过程互不干扰。对选中的每个位置(i,j),设相应的系数为 $I_k^\theta(i,j)$,以该位置为中心,计算周围四个邻近系数的均值如下:

$$I_{k\text{mean}}^\theta(i,j) = \frac{1}{4}(I_k^\theta(i-1,j) + I_k^\theta(i+1,j) + I_k^\theta(i,j-1) + I_k^\theta(i,j+1)) \quad (5.17)$$

若 $I_k^\theta(i,j) \geqslant I_{k\text{mean}}^\theta(i,j)$,则 $W_k^\theta(i,j)=1$,利用式(5.6)、式(5.7)和式(5.8),按下式修改系数:

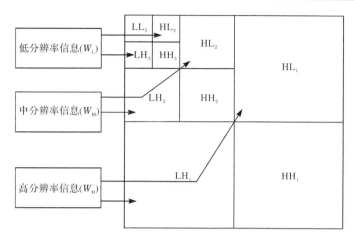

图 5.6 多分辨率数字水印嵌入示意图

$$I_k^\theta(i,j) = I_k^\theta(i,j)(1+\alpha \times \phi(k,\theta,i,j) \times \varphi(k,\theta) \times \Psi_k^\theta(i,j) \times |I_k^\theta(i,j)|) \quad (5.18)$$

若 $I_k^\theta(i,j) < I_{k\text{mean}}^\theta(i,j)$,则 $W_k^\theta(i,j)=0$,利用式(5.6)、式(5.7)和式(5.8),按下式修改系数:

$$I_k^\theta(i,j) = I_k^\theta(i,j)(1-\alpha \times \phi(k,\theta,i,j) \times \varphi(k,\theta) \times \Psi_k^\theta(i,j) \times |I_k^\theta(i,j)|) \quad (5.19)$$

图像经过小波变换后,相同级别的细节子图的能量和均值大体相同,因此可考虑以其中之一来确定嵌入强度因子。式(5.18)和式(5.19)中,α 是针对不同层自适应选取的,影响水印的鲁棒性和不可感知性。一般地讲,α 取值越大,鲁棒性越好,不可感知性越差;反之,不可感知性越好,鲁棒性越差。实验中,对 LH_1(HL_1)、LH_2(HL_2)、LH_3(HL_3)中的 α 分别取 0.12、0.08、0.03,这样既能保证不可感知性,又具有较强的鲁棒性。

(3) 对嵌入水印后的图像进行三级小波重构,得到嵌入水印后的图像 I'。

5.2.3 水印的提取

水印的提取是水印嵌入的逆过程,具体的提取算法如下:

(1) 将嵌入水印后的图像 I' 进行三层离散小波多分辨率分解,对每一层的 LH_k 和 HL_k 子带($k=1,2,3$),按下式提取水印序列:

$$W_k^{\theta'}(i,j) = \begin{cases} 0, & I_k^{\theta'}(i,j) < \frac{1}{4}(I_k^{\theta'}(i-1,j)+I_k^{\theta'}(i+1,j)+I_k^{\theta'}(i,j-1)+I_k^{\theta'}(i,j+1)) \\ 1, & I_k^{\theta'}(i,j) \geq \frac{1}{4}(I_k^{\theta'}(i-1,j)+I_k^{\theta'}(i+1,j)+I_k^{\theta'}(i,j-1)+I_k^{\theta'}(i,j+1)) \end{cases}$$

(5.20)

根据提取的水印序列,分别恢复水印图像 W_H、W_M、W_L。

(2) 利用二维离散小波对 W_L、W_M、W_H 进行三级多分辨率金字塔重构,将

W_L、W_M、W_H 重构为水印 W'。

(3) 利用相应的密钥对 W' 进行混沌解密和 Arnold 逆置乱,完成水印图像 W 的恢复[5,11]。

5.3 仿真实验结果

5.3.1 不可感知性实验验证

为了验证该算法的性能,本节在 Windows XP 操作系统和 MATLAB 环境下进行仿真实验。实验采用的原始图像为 512×512 的灰度级标准 Lena 图像,如图 5.7(a)所示。原始水印图像采用了 64×64 带有"中南民大"标志的二值图像,如图 5.8(a)所示。图 5.7(b)是嵌入水印后的图像(PSNR=42.56)。可以看出,嵌入水印后的图像与原始载体图像在主观视觉效果上,两者几乎没有差异,水印的不可感知性良好,很难察觉到水印信号的存在,满足不可感知性的基本要求。图 5.8(d)是解密后的水印图像(NC=1.0000)。

(a) 原始图像　　　　　　　　(b) 嵌入水印后的图像

图 5.7　原始图像和嵌入水印后的图像比较

(a) 原始水印图像　(b) 预处理后的水印图像　(c) 提取的水印图像　(d) 解密后的水印图像

图 5.8　原始的水印图像和提取的水印图像比较

为了定量分析该水印算法的性能,采用峰值信噪比(PSNR)来衡量水印嵌入后图像的质量,采用归一化互相关(NC)系数来定量分析提取的水印图像与原始水印图像的相似性。PSNR 和 NC 的计算公式分别定义如下：

$$\text{PSNR} = 10\lg(\max(X^2(i,j))/\text{MSE}) \tag{5.21}$$

$$\text{MSE} = (1/N^2) \sum_{i,j} | X(i,j) - X'(i,j) | \tag{5.22}$$

$$\text{NC} = \sum_{i,j}(W(i,j) \cdot W'(i,j))/\sum_{i,j} W^2(i,j) \tag{5.23}$$

其中，$X(i,j)$ 为原始载体图像的像素值；$X'(i,j)$ 为嵌入水印后图像的像素值；$W(i,j)$ 为原始水印图像的像素值；$W'(i,j)$ 为提取的水印图像的像素值；MSE (mean square error)为均方误差；N 表示图像的宽或高。

5.3.2 鲁棒性实验验证

为了考察该算法的鲁棒性，实验中对嵌入水印后的图像分别进行滤波、加噪、剪切、JPEG 压缩等攻击处理，具体的攻击实验如下。

1) 滤波处理

对嵌入水印后的图像分别进行均值滤波(5×5)、高斯滤波(5×5)攻击，滤波后的含水印图像和提取的水印图像分别如图 5.9(a)(PSNR=26.64)和(b)(NC=0.9213)、图 5.9(c)(PSNR=31.15)和(d)(NC=0.9572)所示。从图 5.9可见，受到滤波处理后的含水印图像有一定程度的模糊，但嵌入水印仍能被检测出来。

(a) 均值滤波(5×5)　　(b) 恢复的水印　　(c) 高斯滤波(5×5)　　(d) 恢复的水印

图 5.9　滤波处理后的水印检测结果

2) 加噪处理

对嵌入水印后的图像分别加入一定功率的高斯噪声、椒盐噪声攻击，加噪后的水印图像和提取的水印图像分别如图 5.10(a)(PSNR=30.43)和(b)(NC=0.9325)、图 5.10(c)(PSNR=28.59)和(d)(NC=0.8357)所示。实验结果表明，高强度的噪声对水印的恢复干扰较为明显，虽然加噪后的水印图像的主、客观质量已退化，但是算法仍能提取出嵌入的水印信号。

(a) 高斯噪声　　　(b) 恢复的水印　　　(c) 椒盐噪声　　　(d) 恢复的水印

图 5.10　加噪处理后的水印检测结果

3) 剪切处理

对嵌入水印后的图像分别进行左上角 1/4 剪切、中心 1/4 剪切处理,剪切处理后的水印图像和提取的水印图像分别如图 5.11(a)(PSNR=22.41) 和 (b)(NC=0.9238)、图 5.11(c)(PSNR=13.97) 和 (d)(NC=0.8467) 所示。从图 5.11 可见,该算法对剪切处理具有较好的鲁棒性,图像的部分破坏不影响水印信号的恢复。

(a) 左上角 1/4 剪切　　(b) 恢复的水印　　(c) 中心 1/4 剪切　　(d) 恢复的水印

图 5.11　剪切处理后的水印检测结果

4) JPEG2000 有损压缩处理

对嵌入水印后的图像分别进行品质百分数为 10%、20%、30%、40%、50%、60%、70%、80% 的有损压缩处理。图 5.12 是 JPEG 压缩(品质百分数分别为 30%、60%)处理后的水印检测结果。从图 5.12 可以看出,算法对 JPEG 有损压缩有较好的鲁棒性。

(a) JPEG 有损压缩(30%)　　(b) 恢复的水印　　(c) JPEG 有损压缩(60%)　　(d) 恢复的水印

图 5.12　JPEG 压缩处理后的部分水印检测结果

第5章 基于小波变换的图像自适应水印算法

为了进一步验证本章算法的性能,将本章提出的算法(算法1)与文献[3](算法2)、文献[1](算法3)和传统的基于低频子带的算法(算法4)进行对比实验。算法1的嵌入方式与算法2的嵌入方式相同,都是基于中心系数与邻域系数的均值关系,但算法2只对原始图像作两层离散小波多分辨率分解,只将水印嵌入LH_2子带中,而不是在除低频子带外的所有子带中均按多分辨率的方式进行嵌入,并且未考虑人类视觉系统对图像亮度、纹理和频率的掩蔽特性对水印信号的嵌入强度的自适应调节。算法3将水印信号嵌入原始图像经小波多分辨率分解后的低频子带中,根据低频系数和高频系数的特点及树结构的关系,并由图像的局部亮度和纹理特性,使嵌入的水印具有自适应性,但算法3只将水印嵌入LH_3子带中,在保证不可感知性的同时,嵌入的水印能量有限,影响其鲁棒性。算法4采用加性或乘性的嵌入规则,将水印信号嵌入经离散小波分解后的低频子带中,但未考虑人类视觉系统的掩蔽特性对水印的自适应调节。本章将相同分辨率层次的水印信号自适应地嵌入相应的分辨率层次的宿主载体图像中,并且充分考虑了人类视觉系统对图像亮度、纹理和频率的掩蔽特性。因此,在理论上,本章提出的算法性能应优于算法2、算法3和算法4。为验证理论分析的合理性,在相同条件下,对水印图像分别作滤波攻击、噪声攻击、剪切攻击和JPEG有损压缩攻击等实验验证,实验结果见表5.1。从表中可以看出,本章算法优于文献[1]、[3]和传统的基于低频子带的算法,进而验证了理论分析的合理性[5,12]。

表 5.1 算法比较结果

攻击类型		NC				PSNR			
		算法1	算法2	算法3	算法4	算法1	算法2	算法3	算法4
滤波攻击	均值滤波	0.9213	0.9105	0.9012	0.8948	26.64	24.32	23.57	22.49
	高斯滤波	0.9572	0.9527	0.9348	0.9015	31.15	29.18	28.51	28.36
噪声攻击	高斯噪声	0.9325	0.9249	0.9085	0.8849	30.43	29.94	28.58	25.46
	椒盐噪声	0.8357	0.8308	0.8107	0.8032	28.59	28.02	27.14	24.68
剪切攻击	随机剪切	0.9238	0.9203	0.9154	0.9016	22.41	21.99	20.83	19.89
	1/4剪切	0.8467	0.8386	0.8294	0.8117	13.97	13.52	12.54	12.05
JPEG 2000 压缩 (品质百分数)	10%	0.8213	0.8101	0.8064	0.8011	30.15	29.87	27.38	26.83
	20%	0.8458	0.8398	0.8236	0.8129	32.06	31.52	29.21	28.69
	30%	0.9296	0.9198	0.9091	0.9027	33.74	33.28	30.59	29.61
	40%	0.9852	0.9759	0.9653	0.9562	35.61	35.39	32.88	31.23
	50%	1.0000	0.9978	0.9894	0.9782	36.23	36.11	33.47	32.56
	60%	1.0000	1.0000	0.9978	0.9924	36.52	36.47	34.16	33.91
	70%	1.0000	1.0000	1.0000	1.0000	36.63	36.59	34.72	34.28
	80%	1.0000	1.0000	1.0000	1.0000	36.65	36.62	34.98	34.54

5.4 小　　结

为了解决数字图像的版权保护问题,本章给出一种基于离散小波变换的数字图像自适应水印算法。该算法具有的特点如下:

(1) 选择有意义的二值图像作为水印信号,首先根据密钥对二值水印图像进行混沌加密和 Arnold 置乱处理,使加载了水印的图像具有抗剪切攻击的能力,并增强了水印算法的安全性。

(2) 将置乱后的水印图像和原始图像分别进行基于离散小波变换的三层多分辨率分解,嵌入时将相同分辨率层次的数字水印嵌入相应的原始图像之中,使水印对原始图像具有自适应性。

(3) 对小波系数的修改,采用基于关系的嵌入方式,并依据人类视觉系统的掩蔽特性对水印嵌入强度作自适应调节。实验表明,本章提出的算法具有良好的透明性及抗攻击的能力,与文献[1]、[3]和传统的基于低频子带的算法相比,具有更好的性能。

参 考 文 献

[1] 周熠,蒋天发. 小波域中的图像自适应水印算法[J]. 武汉大学学报(工学版),2005,38(2): 138—140.

[2] 周四清,余英林. 基于多分辨率和 HVS 的盲图像水印隐藏方法[J]. 计算机工程与应用, 2001,37(13):71—73.

[3] Hong I, Kim I, Han S S. A blind watermarking technique using wavelet transform[J]. IEEE International Symposium on Industrial Electronics, 2001, 3:1946—1950.

[4] 董彬,林小竹,徐凤. 基于人类视觉系统的小波域数字水印算法[J]. 计算机工程,2006, 32(24):138—140.

[5] 熊祥光,蒋天发. 基于小波变换和 HVS 的图像与视频水印算法研究[D]. 武汉:中南民族大学硕士学位论文,2010.

[6] 王炳锡,陈琦,邓峰森. 数字水印技术[M]. 西安:西安电子科技大学出版社,2003.

[7] Huang K Q, Wang Q, Wu Z Y. Natural color image enhancement and evaluation algorithm based on human visual system[J]. Computer Vision and Image Understanding, 2006, (103): 52—63.

[8] Kim S H, Allebach J P. Impact of HVS models on model-based halftoning[J]. IEEE Transactions on Image Processing, 2002, 11(3):258—269.

[9] Delaigle J F, De Vleeschouwer C, Macq B. Watermarking algorithm based on a human visual model[J]. Signal Processing, 1998, 66(3):319—335.

[10] 彭欢,蒋天发.混沌映射在彩色图像水印中的应用[J].武汉理工大学学报(交通科学与工程版),2009,33(4):776-778.

[11] 熊祥光,蒋天发,蒋巍.基于整数小波变换的视频水印算法[J].计算机工程与应用,2014,50(1):78-82,194.

[12] 李珊珊,蒋天发.基于压缩感知的图像数字水印算法的研究[D].武汉:中南民族大学硕士学位论文,2014.

第6章 基于三维小波变换和人类视觉系统的视频水印算法

随着数字多媒体技术与计算机网络技术的飞速发展,近十年来,越来越多的数字多媒体数据可在线无限制地被复制并大规模地迅速传播。随之而来的是,多媒体数字产品的版权急需一种更有效的方法进行保护。当人们意识到传统的保护措施(如密码技术)已不再能满足需求时,版权保护问题已引起了学术界、工业界、政府及版权所有者的普遍关注。密码技术是应用相应的算法将需要传递的秘密信息进行特殊的编码,使未授权的第三方不能正确读取秘密的信息,是传统的保密技术之一。但随着计算机处理能力的提高,一般的密码技术只能保护传输中的秘密信息,因为数字内容迟早会被解密并被未授权的第三方所使用,其保护作用也随之消失。所以,密码技术再也不能为内容所有者提供版权保护。可喜的是,新兴的数字水印技术弥补了这一技术缺陷,为多媒体信息的版权保护及合法使用提供了一种新的解决思路,目前已成为多媒体信息安全领域的研究热点[1]。

视频水印顾名思义就是在视频数据中嵌入水印信号,其目的是对多媒体数字视频作品进行版权保护,从而确保版权所有者的合法权益[2]。由于视频序列是由一系列连续且等时间间隔的静态图像组成,从这个角度来说,视频水印与图像水印非常相似,较成熟的图像水印技术可直接应用于视频序列。然而,图像和视频序列之间还是存在较大差别,如可用的信号空间等。对数字图像而言,可用于嵌入水印信号的空间十分有限,这使得研究人员不得不利用人类视觉系统的掩蔽特性,在不牺牲图像质量的情况下尽可能嵌入更大能量的水印,以达到不可感知性和鲁棒性的最佳折中。而对于视频序列,可用的信号空间(如像素数量)要大得多。此外,视频水印往往有实时或近实时的时间限制。因此,在设计视频水印方案时,要充分考虑视频序列的特点及人类视觉系统对运动和静止区域的不同敏感特性,尽量降低算法的复杂性。

6.1 视频水印概述

6.1.1 视频水印的特点

视频序列由一系列静态图像帧组成,其帧内与帧之间存在大量的数据冗余,使得视频水印技术会遭受特殊的攻击方式,如帧平均、帧丢弃、帧交换及共谋攻击等。因此,数字视频水印除了具有一般数字水印技术的特征外,还应具有特殊的要求。总的来说,数字视频水印技术应具有的特征如下[3~5]。

1) 水印容量

视频水印的水印容量是指单位时间内嵌入水印信号的数据量或一帧中嵌入的数据量,往往要求在单位时间内或一帧中应尽可能嵌入更多的水印信号。

2) 安全性

一般来说,若要使嵌入的水印数据安全,在水印的嵌入和提取过程中应使用一个或几个密钥。对大多数的水印系统来说,一般设有两个密级,其作用是:第一,未经授权的用户不但不能读取或解密嵌入的水印,而且即使具有嵌入水印后的数据集,也不能检测到水印的存在;第二,允许未经授权的用户检测是否有水印存在,但因没有相应的密钥,所以不能正确读取嵌入的水印信号。对于这样的设计方案,可同时嵌入两个水印信号,一个与公钥相对应,另一个与私钥相对应。当设计一个数字水印版权保护系统时,如密钥的生成、分发和管理(可由信任的第三方管理)的安全性都是需要慎重考虑的。

3) 鲁棒性

设计数字水印方案的主要挑战之一就是嵌入的水印应具有较强的鲁棒性,往往通过对嵌入水印后的数据进行有意或无意的处理或攻击来对其评价。对高鲁棒水印系统来说,无论嵌入水印后的数据遭受所有可能的信号处理、非恶意或恶意的攻击(如滤波、剪切、编码、回放、帧平均、帧丢弃、帧交换等),都应能从嵌入水印后的数据中提取出水印信号,这在版权保护应用中至关重要。

4) 不可感知性

数字水印的基本要求之一即是不可感知性,它要求嵌入视频数据中的水印信号应无法被视觉和听觉所感知,水印的嵌入应对视频质量及商业价值不造成破坏性的影响,否则该水印方案就是失败的。一方面,为满足不可感知性的要求,嵌入的水印容量应尽可能小;另一方面,为满足鲁棒性的要求,嵌入的水印容量应尽可能大。因此,两者之间是相互制约的。水印方案的设计总会涉及不可感知性与鲁棒性的折中问题,嵌入略低于感知阈值的水印容量应是最佳的方案。然而,对于现实世界中的图像、视频和音频信号而言,这样的感知阈值难以确定。

5) 盲检测性

一般来说,若水印的恢复需要原始数据,则鲁棒性可能更高。然而,并不是在所有的情况下都能获得原始数据,如数据监视或跟踪应用等。对于视频水印来说,即使原始视频可用,由于视频数据的容量很大,也使得在实际应用中利用原始视频来检测水印是不切合实际的,因此检测水印应尽量不使用未嵌入水印时的视频数据。

6) 实时性

视频水印的嵌入和提取算法的计算复杂度都不能过高,在保证水印达到应用要求的高鲁棒性的前提下,应充分考虑算法的实时性要求。为了满足实时性要求,只有降低嵌入和提取算法的计算复杂度,这时在压缩域嵌入水印信号可能是较明智的方法。

7) 可靠性

水印的检测应是可靠和可证明的,虚警概率(在未嵌入水印的数据中错误检测出水印的概率)和漏警概率(在嵌入水印的数据中未检测出水印的概率)应尽可能低且提取的水印应具有无二义性。

8) 随机检测性

随机检测性即要求在短时间内在视频序列的任何位置都能检测出水印,其要求比实时性更高。

9) 视频速率的恒定性

视频速率的恒定性即嵌入水印后的视频不能改变原始视频流的比特率,应服从传输信道的带宽限制。若嵌入水印后增加了码率,则有可能使解码后的音频信号和视频信号不同步,从而降低视频质量。

10) 与通用的视频编码标准相结合

为便于存储和传输,一般的视频数据都是以压缩的形式存储。因此,对于视频水印而言,无论是在压缩域还是在未压缩域中嵌入水印,都应考虑与视频编码标准相结合。若嵌入在原始视频中的水印未与视频标准相结合,则在编码过程中嵌入的水印可能完全消失[1]。

6.1.2 视频水印的系统模型及几种典型的算法

根据嵌入位置的不同,可将视频水印算法分为在原始视频序列中嵌入水印、在变换域的量化系数中嵌入水印和在压缩的比特流中嵌入水印三类[4],如图 6.1 所示。每一种嵌入和提取方案都有各自的优点及缺点,如表 6.1 所示。

图 6.1 不同的视频水印系统模型图

表6.1 不同的视频水印系统模型的优缺点

方案	定义	优点	缺点
一	在原始视频序列中嵌入水印	・水印算法较成熟 ・结合视频序列的特点,许多图像水印算法都可用于此	・增加视频流的数据比特率 ・编码压缩后水印可能丢失 ・对于已压缩的视频,须经解码、嵌入水印、再重新编码的过程 ・降低视频质量
二	在变换域的量化系数中嵌入水印	・嵌入过程简单 ・不会增加视频流的数据比特率 ・可设计出多种抗攻击的水印算法	・降低视频的质量 ・须经解码、嵌入水印、再重新编码的过程
三	在压缩的比特流中嵌入水印	・没有方案一、二的解码编码过程 ・计算复杂度较低,不会造成视频质量下降	・嵌入的水印容量一般较小 ・受视频压缩算法及编码的码标影响

下面简要介绍几种典型的视频水印算法。

文献[6]提出一种基于三维离散小波变换和遗传算法的视频水印算法。该算法首先对视频流进行场景分割,对每一场景作三维 DWT 变换,选择低频子带作为水印嵌入区域;然后利用 Arnold 置乱算法对水印图像进行置乱处理,使用遗传算法对低频子带选择待嵌入水印的位置,并将预处理后的水印信号嵌入该位置。该算法实现了盲提取功能,对加噪、MPEG 压缩、帧丢弃与帧交换等攻击具有良好的抵抗能力,但文献[6]中未考虑视频水印的实时性要求且未对诸如同步攻击、共谋攻击、几何攻击等测试算法的性能。

文献[7]提出一种基于场景切换分析及纠错编码的视频水印方案。该方案将水印的不同成分嵌入不同的视频场景中,应用混合的方法形成超水印,以抵抗大多数的攻击。为提高该方案的鲁棒性,采用纠错编码技术对水印重新编码,并将纠错码作为水印信号嵌入音频通道中。该方案具有较强的鲁棒性,但未对时域同步攻击作测试。

文献[8]提出一种基于小波变换的非压缩域盲视频水印方案。该方案选择可视的有意义的二值图像作为水印信号,选择在 DWT 变换后的高频子带中嵌入水印。首先应用二维自守变换(2-D automorphic transform)和 BCH 纠错编码对水印图像预处理,对待嵌入水印的系数作基于密钥的伪随机三维交错;然后将帧编号作为同步信息嵌入。该方案具有较好的透明性且对帧丢弃、帧插入、帧平均等攻击都具有较强的鲁棒性。

文献[9]针对视频媒体的版权保护应用,提出一种有效的视频水印算法。首先对两个水印信号进行融合和伪随机置乱预处理;其次将视频序列分割为一个个的镜头,并对每一个镜头作三维 DWT 变换。采用有意义的二值图像作为水印,将预处理后的水印信号嵌入三维 DWT 变换的系数中。该算法具有良好的不可感知性,能抵抗滤波、帧丢弃和 MPEG 编码等攻击。

文献[10]提出一种基于平衡多小波的鲁棒水印算法,根据平衡多小波系数的特点将水印嵌入低频子带中,并利用人类视觉系统的特性、视频帧的运动特性及纹理特性自适应调节水印嵌入强度,使得在不可感知的前提下,具有较强的鲁棒性。

文献[11]提出一种新的视频水印算法,将水印嵌入三维 Gabor 变换系数的幅度上。该算法具有较好的透明性及鲁棒性,但复杂度较高,嵌入和提取水印时需解码,不能满足视频水印实时性的要求。

文献[12]提出一种基于小波变换域的自适应视频水印算法。根据物体的运动信息和帧内纹理复杂性的不同分类,将水印自适应嵌入低频子带的小波系数中。该方案具有较好的不可感知性及对多种攻击的鲁棒性,但检测时需原始视频序列,未能摆脱非盲检测的缺点。

下面对上述提到的几种视频水印方案总结如下:

(1) 上述方案中,既有复杂度较低能满足实时性要求的方案,也有考虑了三维 DWT 变换、HVS 系统特性、三维 DFT 变换等具有较高复杂度的方案。但总的来说,复杂度越高的方案嵌入的水印具有越高的鲁棒性。

(2) 多数方案是在未压缩的视频中嵌入水印,只有少数方案可以直接在压缩的视频中嵌入。对于压缩域中的视频,水印可嵌入 DCT 系数、运动矢量中;而对于原始视频,嵌入方案较多,水印可嵌入 DCT、DWT、DFT 等变换的系数中。

(3) 每一种方案都有优缺点,都是针对特定的应用而设计的。纵观已有的文献,还未设计出一种能满足所有要求的"全能"水印方案,这是由视频固有的特点决定的[1]。

6.1.3 视频水印面临的挑战

分析现有的视频水印文献,视频水印技术面临的挑战主要有如下几个方面:

(1) 与图像水印技术相比,视频水印方案需具备更强的鲁棒性。虽然视频流是由一系列静态图像帧构成,但与图像相比,视频遭到恶意与非恶意攻击的可能性更高,如帧重组、帧丢弃、帧共谋、时域攻击等都是专门针对视频水印的。因此,一个可行的视频水印方案应具有抵抗这些攻击的能力。

(2) 视频水印方案需满足实时性。实时性是视频水印区别于其他水印技术的重要特征之一。在静态图像中嵌入或提取水印时,几秒的延时是可接受的,但这样的延时对于视频水印而言是不现实的,因为它会降低视频的质量。为能满足实时性的要求,可采取降低算法的计算复杂度、将水印直接嵌入压缩流中、在编码过程中嵌入水印等措施。

（3）视频水印方案需满足盲检测性。使用原始视频有利于检测水印，但视频数据量庞大，使用它会增加算法的复杂度，从而不具备实时性的特性。因此，盲检测是目前主要的研究方向。

（4）视频水印方案需具备随机检测性。检测水印时，若需从第一帧开始按顺序检测水印，则该方案不具有随机检测性；反之，则具有随机检测性。视频数据量巨大，若不满足随机检测性，在实际应用中是不现实的，它比视频水印实时性的要求更高[1,2]。

6.2 基于三维小波变换与人类视觉系统的视频水印算法

从表 6.1 可以看出，视频水印技术按嵌入位置不同可分为三类：一是将水印信息直接嵌入原始视频序列中；二是将水印在压缩编码过程中嵌入；三是将水印嵌入压缩域中。由于后两类都会受到改变压缩编码方式的致命攻击，本节介绍一种在原始视频序列中嵌入水印的视频水印算法。

对视频序列作三维变换是有深层次的原因的。首先，视频序列本身是三维信号，因此先对其进行三维变换，再进行嵌入水印是很自然的，这也是未压缩域视频水印相对于压缩域视频水印的一个优势所在。其次，进行三维变换主要是利用时域上的相关性，低频对应场景中的静态部分，高频对应场景中的动态部分。一般来说，只有保证对同一个场景中的视频序列进行三维变换，才能充分利用三维变换的优势。然而，三维变换的一个缺点是时间复杂度问题，需要进行三维运算，若对所有的帧都进行三维变换，则可能满足不了视频水印实时性的要求。

本节给出的视频水印算法的嵌入过程和提取过程如图 6.2 所示。该算法首先将视频序列分割成若干个场景，利用密钥 K 从中随机选取若干场景，并将各场

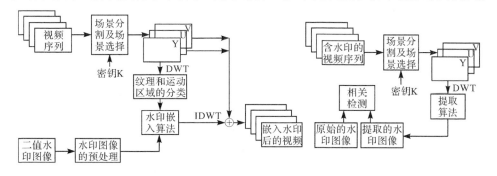

(a) 嵌入过程　　　　　　　　　　　　　(b) 提取过程

图 6.2　算法总体流程图

景中的若干视频帧的 Y 分量进行三维小波变换,将水印嵌入低频子带的重要系数中。在嵌入过程中,充分考虑人类视觉系统的掩蔽特性,利用人类视觉系统对视频帧间运动信息和帧内纹理复杂性的不同敏感度对水印嵌入强度进行自适应调节,使得水印的嵌入强度具有自适应性。实验结果表明,算法对诸如 MPEG 压缩、帧丢弃、高斯噪声、帧平均等攻击都具有较强的鲁棒性。

6.2.1 水印图像的预处理

这里选择有意义的标识"中南民大"的二值图像作为水印信号,这样即使提取的水印信号损失一部分,由于人类视觉系统的掩蔽特性,水印信息仍能被正确识别。如果将水印图像直接嵌入原始视频中,当攻击者从载体数据中获得了水印数据,就可以了解水印内容,对水印的攻击就会变得非常容易。为了保证水印的安全性,在将水印 W 嵌入视频之前,先用密钥 K_1 进行混沌加密,然后用密钥 K_2 将混沌加密后的水印信号进行 Arnold 置乱,由此得到待嵌入的水印信号,不仅使加载了水印的视频具有抗剪切攻击的能力,还增强了水印算法的保密性。混沌置乱后的效果如图 6.3 所示。在嵌入中,实际使用的是预处理后的水印图像[1]。

(a) 原始水印　　　　　　(b) 置乱后的水印

图 6.3　原始和置乱后的水印图像

6.2.2 视频流场景的分割

视频序列是由一系列连续且等时间间隔的静态图像帧组成,从这个意义上说,视频水印与静态图像水印极为相似,目前较成熟的静态图像水印技术可直接移植到视频水印上来。然而,视频序列并不是大量帧的简单组成,其帧与帧之间存在大量的数据冗余且具有高度的相关性。若在每一帧中都嵌入水印,则在嵌入和提取阶段不仅会因耗时而无法满足视频水印实时性的基本要求,而且会使水印受到诸如帧平均、帧丢弃、帧交换及共谋攻击等特殊的攻击方式。

随着 MPEG-4、MPEG-7 和 H.264 等编码标准的推出,视频流场景的分割技术已成为当前视频领域的研究热点。视频分割技术是指将视频流按一定的方法分为若干个场景(镜头)的技术,分割后的视频镜头由一系列相互关联的静态图像帧组成,是视频流的最小单元,代表一个连续的动作。一般地,镜头的切换方式可分为突变和渐变两大类。突变是后一镜头迅速替代前一镜头,一般没有延迟或延迟非常小;而渐变又可分为淡入与淡出、隐现等。下面简要介绍几种常见的视频流场景分割方法。

1) 基于像素比较的方法

基于像素比较的方法是场景分割技术中最简单的方法,但它对局部运动、全局运动和光照突变较为敏感,且算法复杂度高、计算量较大,因此目前已很少使用该方法用于视频场景的分割。该方法计算相连两帧对应像素的亮度(色度)间差值的绝对值之和,并与设定的阈值相比较,若该值大于设定的阈值,则认为是场景的切换,否则继续比较后续相连的两帧,直至视频流结束。

2) 基于直方图的方法

基于直方图的方法通常认为场景内的帧具有相似的全局视觉性质。该方法首先将相连帧每一个像素的亮度(灰度)作等分,然后对每个等级中的像素数进行统计并做成直方图进行比较。但基于直方图的方法可能会造成误检或漏检镜头变换。

3) 基于块的方法

基于块的方法是针对基于直方图的方法易造成误检或漏检而提出的,但对局部和全局运动及光照突变都较为敏感,也易造成误检或漏检。

4) 基于方向 EMD 的方法

基于像素、直方图及块的方法对场景内的光照突变都很敏感,易造成误检等。为了解决这个问题,文献[13]在二维 EMD(empirical mode decomposition)的基础上,采用基于方向 EMD(directional EMD, DEMD)的分解方法对视频流进行场景分割,有效地解决了光照突变引起的误检问题。本章选用基于方向 EMD 的方法对视频流进行场景分割。

EMD 是一种信号处理方法,最初由 Huang 等在 1998 年提出[14]。该方法将信号中具有不同尺度的波动或趋势逐级分解为一系列具有不同特征尺度的数据序列,这样的每一个序列被称为一个固有模态函数(intrinsic mode function, IMF),且该函数必须具备如下两个条件:一是在所有的数据集合中,极点和过零点的数目要么相同,要么差值只能为 1;二是对该数据集合中的任意一点,由局部最大值和最小值所形成的包络的均值都为 0。对一维信号 $F(t)$ 的 EMD 可表示为

$$F(t) = \sum_{i=1}^{n} imf_i(t) + r_n(t) \tag{6.1}$$

其中,$imf_i(t)$ 是所得的一系列 IMF;$r_n(t)$ 为单调的残差函数。对于 $\theta \in [0, \frac{\pi}{2})$、$a \in \mathbf{R}$ 及相应的二维信号 $F(x,y)$,若式(6.2)和式(6.3)都满足一维 IMF 的两个条件,则称之为相应 θ 角的二维 IMF 的 EMD 分解:

$$F_{1,a}^{\theta}(x) = F(x, [\tan\theta]x + a), \quad 0 \leqslant \theta < \frac{\pi}{2} \tag{6.2}$$

$$F_{2,a}^{\theta}(x) = \begin{cases} F(x, [\tan(\theta + \frac{\pi}{2})]x + a), & 0 < \theta < \frac{\pi}{2} \\ F(\cdot, x), & \theta = 0 \end{cases} \tag{6.3}$$

相应 θ 的 DEMD 分解可表示为

$$F(x,y) = \sum_{i=1}^{N} imF_i^\theta(x,y) + r_N^\theta(x,y) \tag{6.4}$$

其中，$imF_i^\theta(x,y)$ 是相应 θ 角的二维 IMF；$r_N^\theta(x,y)$ 对于式(6.2)和式(6.3)至少存在一个单调一维采样。具体的 DEMD 过程如下[12]：

(1) 当 $i=1$ 时，将 $F(x,y)$ 顺时针旋转 θ 得到 $F^\theta(x,y)$，并令 $r_{i-1}(x,y) = F^\theta(x,y)$。

(2) 按如下方法抽取 $imF_i(x,y)$ 中的第 i 个 IMF：

(2-1) 当 $j=1$ 时，令 $H_0(x,y) = r_{i-1}(x,y)$。

(2-2) 通过下面的计算得到 $H_{j-1}(x,y)$ 的平均包络：

① 抽取 $H_{j-1}(x,y)$ 每行的最大值和最小值，并对抽取得到的最大值和最小值作三次样条插值，得到相应的一维采样的上、下包络 $H_{up}(x,y)$ 和 $H_{low}(x,y)$，则平均包络 $M_{mid}(x,y) = (H_{up}(x,y) + H_{low}(x,y))/2$。

② 对 $M_{j-1}(x,y)$ 每列提取极值点和插值得到相应的上、下包络 $H_{midup}(x,y)$ 和 $H_{midlow}(x,y)$，则平均包络 $M_{j-1}(x,y) = (H_{midup}(x,y) + H_{midlow}(x,y))/2$。

(2-3) $H_j(x,y) = H_{j-1}(x,y) - M_{j-1}(x,y)$，$j=j+1$。

(2-4) 当终止条件 SD（$SD = \sum_{x=0}^{X} \sum_{y=0}^{Y} [\frac{|H_{1(k-1)}(x,y) - H_{1k}(x,y)|^2}{H_{1(k-1)}^2(x,y)}] < r$）满足或开始增大时，令 $imF_i(x,y) = H_j(x,y)$，否则令 $j = j+1$，转向步骤(2-2)。

(3) 令 $r_i(x,y) = r_{i-1}(x,y) - imF_i(x,y)$。

(4) 若存在 $r_i(x,y)$ 沿水平和垂直方向的单调一维采样，分解过程结束，否则令 $i = i+1$，转到步骤(2)。

(5) $imF_i(x,y)(j=1,2,\cdots,N(=i))$ 和 $r_N(x,y)$ 逆时针旋转 θ 得到 $r_N^\theta(x,y)$ 和 $imF_i^\theta(x,y)(j=1,2,\cdots,N(=i))$。至此，整个 DEMD 过程结束。

在视频分割应用中，采用 DEMD 主要是解决场景内光照突变引起的误检问题。具体的步骤如下[13]：

(1) 对长度为 l 的视频集 $C = \{F_i | F_i 表示第 i 帧图像, i \in [1,l]\}$ 中的每一帧 F_i 进行 DEMD（假设从第一帧开始），得到一系列图像组 $imF_j^{i,\theta}(j=1,2,\cdots,N-1)$ 和残差图像 $r_N^{i,\theta}(x,y)$。

(2) 以图像组 $imF_j^{i,\theta}(j=1,2,\cdots,N-1)$ 和相应的残差图像 $r_N^{i,\theta}(x,y)$ 叠加生成相应的新图像 F_i'，并用 F_i' 作为相应 F_i 的替代帧，作相连帧的帧间差异度计算。若相连帧的帧间差异值大于给定的阈值，则认为发生了场景切变；否则认为未发生场景切变。

利用上述步骤可以把视频序列划分为 L 个场景，利用密钥 K_3 从 L 个场景中随机选择 R 个场景作为待嵌入水印的场景，将水印嵌入这 R 个镜头帧图像的 Y 分量中[1,15]。

6.2.3 视频序列的三维离散小波变换

为描述方便,设随机选择的 R 个场景中每个场景都包含 r 帧图像,选择适当的小波基对 R 个场景中的视频序列帧图像的 Y 分量进行三级三维小波分解。对于三维离散小波变换来说,依据实现顺序的不同,可将三维离散小波变换分为两种:一是先进行空间的二维离散小波变换,再进行时间的一维离散小波变换;二是先进行时间的一维离散小波变换,再进行空间的二维离散小波变换。本章选择先进行空间二维离散小波变换,再进行时间一维离散小波变换,如图 6.4 所示。

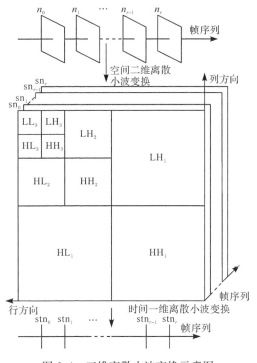

图 6.4 三维离散小波变换示意图

若 $n_0, n_1, \cdots, n_{r-1}, n_r$ 分别表示一个场景内的 r 帧图像,作三维小波变换后,一个场景内的帧图像序列被分解为具有不同频率和特性的子带图像 $stn_0, stn_1, \cdots, stn_{r-1}, stn_r$。从帧序列的方向和相对于原始的第 n_0 帧来说,snt_0 这一帧小波图像体现了帧图像序列中变化相对较慢的部分,即与第 n_0 帧是最相似的,是视觉上最重要的帧,允许失真的范围较小。$stn_1, \cdots, stn_{r-1}, stn_r$ 体现了帧图像序列中变化相对较快的部分,与 snt_0 相比,允许失真的范围大一些[1]。

6.2.4 纹理区域与运动区域的划分

水印嵌入可理解为在强背景下叠加一个弱信号,只要叠加的信号强度适当,人类视觉系统就无法感知到叠加信号的存在。根据人类视觉系统的对比度特性,背景越亮,纹理越复杂,该门限值就越高;人眼在物体发生运动时的空间敏感度有所下降,可以在运动区域嵌入较高强度的水印分量。因此,结合人类视觉系统特性,把经三维小波变换后的小波帧图像划分为四种不同的区域块,即简单纹理区域、复杂纹理区域、静态区域和动态区域。对不同的区域将嵌入不同强度的水印,从而使水印自适应于视频信号的内容。

在标准测试视频序列中,标准帧大小为 352×288,经过三级小波变换后,低频子带 LLL_3 的大小为 44×36,把低频子带 LLL_3 按其相应位置处纹理的强弱和运动的快慢分为四类区域集,把复杂纹理区域记为 S_1、简单纹理区域记为 S_2、动态区域记为 S_3、静态区域记为 S_4。对 S_1 和 S_2 区域集,高频系数绝对值越大,表明相应位置的纹理越强,因此可通过比较高频系数的绝对值大于某个门限 T 来度量。若该位置高频系数的绝对值大于门限 T,则该位置属于 S_1 集,否则该位置属于 S_2 集。对 S_3 和 S_4 区域集,可通过计算该位置沿时间轴方向的变化率和设定的区域阈值 T_v 得到。设 $X(x_i, y_j)$ 是位置 (i,j) 处的一个小波系数值,$V(x_i, y_j)$ 是其沿时间轴 t 的变化率,则有 $V(x_i, y_j) \approx \dfrac{X(x_{i+1}, y_{j+1}) - X(x_i, y_j)}{t_{k+1} - t_k}$,该位置沿时间轴的最大变化率为 $V_{\max}(x,y) = \max\limits_{i,j}\{|V(x_i, y_j)|\}$($1 \leqslant i \leqslant 44, 1 \leqslant j \leqslant 36, k+1$ 为当前场景中的当前帧,k 为上一帧)。若 $V_{\max}(x,y) \geqslant T_v$,则该位置属于 S_3 集,否则该位置属于 S_4 集。T 和 T_v 为预先设定的阈值,影响水印的不可感知性和鲁棒性。本章取 T 为最大系数绝对值的一半,T_v 为所有位置最大变化率的平均值,也可选取不同的值[1,16]。

6.2.5 水印的嵌入

为了保证嵌入的水印具有不可感知性和极大的鲁棒性,该算法选择低频子带 LLL_3 作为水印嵌入区域,并对不同的区域嵌入不同强度因子的水印。设处理后的水印为 $w(x,y) = \{w(x,y) \mid w(x,y) \in \{0,1\}, 1 \leqslant x \leqslant 32, 1 \leqslant y \leqslant 32\}$,采用如下公式进行水印嵌入:

$$X'(x,y) = \begin{cases} X(x,y) - X(x,y) \bmod \Delta + T_1, & w(x,y)=1, X(x,y) \geqslant 0, X(x,y) \notin S_2 \text{ 或 } X(x,y) \notin S_4 \\ X(x,y) - X(x,y) \bmod \Delta + T_2, & w(x,y)=0, X(x,y) \geqslant 0, X(x,y) \notin S_1 \text{ 或 } X(x,y) \notin S_3 \\ X(x,y) + X(x,y) \bmod \Delta - T_1, & w(x,y)=1, X(x,y) < 0, X(x,y) \notin S_2 \text{ 或 } X(x,y) \notin S_4 \\ X(x,y) + X(x,y) \bmod \Delta - T_2, & w(x,y)=0, X(x,y) < 0, X(x,y) \notin S_1 \text{ 或 } X(x,y) \notin S_3 \end{cases}$$

(6.5)

其中，Δ 为模，对不同的区域 S_1, S_2, S_3, S_4 组合，Δ 的取值不同。$X(x,y) \notin S_1$ 或 $X(x,y) \notin S_3$，说明 $X(x,y)$ 可能属于 S_2 或 S_4，也有可能同属于 S_2 和 S_4，这里只需要满足其一即可；同理，$X(x,y) \notin S_2$ 或 $X(x,y) \notin S_4$，说明 $X(x,y)$ 可能属于 S_1 或 S_3，也有可能同属于 S_1 和 S_3。T_1 和 T_2 为阈值，实验中取 $T_1 = 0.25\Delta$，$T_2 = 0.75\Delta$。

然后，对视频镜头帧图像的 Y 分量作三维离散小波逆变换，并返回到原视频场景中，得到嵌入水印信号后的视频场景，再把嵌入了水印信号的视频场景返回到原视频序列中，即得到嵌入水印信号后的视频序列[1,17]。

6.2.6 水印的提取

水印的提取是水印嵌入的逆过程，具体的算法如下：

(1) 对待测视频采用与嵌入时相同的算法进行场景分割，利用密钥 K_3 从 L 个场景中随机选取 R 个场景，提取这 R 个场景帧图像的 Y 分量。采用与嵌入时相同的小波基对 R 个场景中的视频序列帧图像的 Y 分量进行三级三维离散小波变换。这里先进行空间二维离散小波变换，再进行时间一维离散小波变换。

(2) 选择低频子带 LLL_3 作为水印提取区域，采用如下公式提取水印：

$$w'(x,y) = \begin{cases} 0, & |X'(x,y) \bmod \Delta| < (T_1 + T_2)/2 \\ 1, & |X'(x,y) \bmod \Delta| \geq (T_1 + T_2)/2 \end{cases} \quad (6.6)$$

(3) 对提取的水印序列进行重构，用密钥 K_1 混沌解密、用密钥 K_2 反 Arnold 置乱，得到提取的二值水印图像[1,16]。

6.3 仿真实验结果

为了验证该算法的性能，本节在 Windows XP 操作系统和 MATLAB 环境下进行仿真实验。实验中选取标准 CIF 格式的测试序列 bridge、waterfall、news 和 stefan 作为原始视频序列，帧数分别为 2101、260、300 和 90，帧率均为 30fps，采用 YUV 彩色空间，每帧视频图像的大小为 352×288。水印信号为一幅二值图像，大小为 32×32，如图 6.3(a)所示。对每一段视频序列，按 6.2.2 节所介绍的视频分割方法将其划分为若干个场景，并利用密钥 K_3 选取待嵌入水印的场景。图 6.5 分别给出了每段视频序列被选中的某个场景的一帧图像。

为了定量分析水印算法的性能，采用峰值信噪比(PSNR)来衡量水印嵌入后帧图像的质量，采用归一化互相关(NC)来定量分析提取的水印与原始水印的相似性。PSNR 和 NC 分别定义如下：

$$\text{PSNR} = 10\lg(\max(X^2(i,j))/\text{MSE}) \quad (6.7)$$

(a) bridge.cif　　　(b) waterfall.cif　　　(c) news.cif　　　(d) stefan.cif

图 6.5　每段视频序列被选中场景中的一帧图像

$$\text{MSE} = (1/(MN))\sum_{i,j} | X(i,j) - X'(i,j) | \tag{6.8}$$

$$\text{NC} = \sum_{i,j}(W(i,j) \cdot W'(i,j))/\sum_{i,j} W^2(i,j) \tag{6.9}$$

其中,$X(i,j)$为原始的帧图像的像素值;$X'(i,j)$为嵌入水印后的帧图像的像素值;$W(i,j)$为原始水印图像的像素值;$W'(i,j)$为提取的水印图像的像素值;MSE为均方误差;M和N分别表示图像的宽和高[1,17]。

6.3.1　不可感知性实验验证

不可感知性是不可感知水印的基本特征之一,要求视频序列嵌入水印后在视觉上无法感知到水印的存在。使用该算法将水印图像嵌入视频中,嵌入水印后的帧图像如图 6.6 所示。与图 6.5 相比,从主观上判断,图像质量几乎没有下降。对 bridge、waterfall、news 和 stefan 视频序列分别提取的水印如图 6.7(a)~(d)所示。从图 6.7 可以看出,提取的水印图像与原始的水印图像并无区别,嵌入水印后相应帧图像的 PSNR 值(设一个镜头由 8 帧图像组成)和提取水印的 NC 值如表 6.2 所示[16]。

(a) bridge.cif　　　(b) waterfall.cif　　　(c) news.cif　　　(d) stefan.cif

图 6.6　嵌入水印后的视频帧图像

(a)　　　(b)　　　(c)　　　(d)

图 6.7　对每一段视频序列提取的水印图像

表 6.2 嵌入水印后相应帧图像的 PSNR 值和提取水印的 NC 值

视频序列	PSNR								NC
	第1帧	第2帧	第3帧	第4帧	第5帧	第6帧	第7帧	第8帧	
bridge	43.07	42.34	41.96	42.12	42.73	42.39	41.79	42.81	1.000
waterfall	42.92	42.50	42.05	42.83	41.98	42.35	42.68	42.57	1.000
news	42.63	42.29	42.18	42.64	42.12	41.99	42.36	42.52	1.000
stefan	42.68	41.69	42.21	41.94	42.29	42.11	42.54	42.20	1.000

6.3.2 安全性实验验证

安全性是数字水印技术的基本要求之一,要求嵌入视频序列帧图像中的水印信息应是难以被篡改或伪造的,未经授权的非法用户无法检测到水印的存在和提取水印。在一般的数字水印系统中,常采用密钥来加强水印信息的安全性。该算法先用密钥 K_1 控制的伪随机序列对其进行混沌调制,然后用密钥 K_2 将水印进行 Arnold 置乱,使得非法用户很难读取水印信息,从而保证了算法的安全性。以 bridge 视频序列为例,图 6.8 为未遭受攻击时密钥 K_1 及 K_2 都正确和至少有一个不正确时提取的水印图像[1,18]。

(a) 提取的水印　　(b) 密钥正确时恢复的水印　　(c) 密钥不正确时恢复的水印

图 6.8　密钥正确和不正确时提取的水印图像

6.3.3 鲁棒性实验验证

对于鲁棒水印技术而言,鲁棒性是衡量一个水印算法成败的关键要素之一。为了考察该算法的鲁棒性,对含水印的视频序列进行诸如亮度改变、中值滤波、帧平均、加噪、MPEG 压缩、帧丢弃和帧置换等处理,具体的攻击实验如下。

1. 亮度改变

对嵌入水印后的 bridge、waterfall、news 和 stefan 视频序列的亮度 Y 分量系数整体加 10%,对攻击后的 bridge、waterfall、news 和 stefan 视频提取的水印图像分别如图 6.9(a)~(d)所示,NC 值分别为:0.9815、0.9788、0.9802 和 0.9749。

(a)　　(b)　　(c)　　(d)

图 6.9　亮度增加 10%攻击后提取的水印图像

2. 中值滤波

对嵌入水印后的 bridge、waterfall、news 和 stefan 视频序列分别进行 5×5 中值滤波攻击,遭受攻击后的 bridge、waterfall、news 和 stefan 视频帧图像分别如图 6.10(a)~(d)所示,提取的水印图像分别如图 6.11(a)~(d)所示。攻击后的 bridge、waterfall、news 和 stefan 视频相应帧图像的 PSNR 值和提取水印的 NC 值如表 6.3 所示。

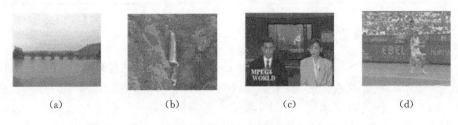

(a) (b) (c) (d)

图 6.10 中值滤波攻击后的视频帧图像

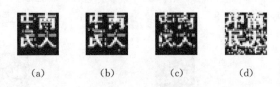

(a) (b) (c) (d)

图 6.11 中值滤波攻击后提取的水印图像

表 6.3 中值滤波攻击后相应帧图像的 PSNR 值和提取的水印的 NC 值

视频序列	PSNR								NC
	第1帧	第2帧	第3帧	第4帧	第5帧	第6帧	第7帧	第8帧	
bridge	31.12	30.99	31.05	30.52	30.78	31.01	30.49	31.08	0.8536
waterfall	30.33	30.10	29.75	30.43	30.01	30.19	29.14	30.21	0.8429
news	29.61	29.09	30.13	29.44	29.46	30.00	29.28	39.30	0.8131
stefan	29.73	29.59	29.31	29.84	30.06	29.50	29.34	29.26	0.8020

3. 帧平均

帧平均是针对视频水印的一种特殊攻击。仿真实验中,分别对嵌入水印后的 bridge、waterfall、news 和 stefan 视频序列每 5 帧随机抽出 1 帧,再用与它相邻 2 帧的平均替代被抽出的帧。对攻击后的 bridge、waterfall、news 和 stefan 视频提取的水印图像分别如图 6.12(a)~(d)所示,NC 值分别为:0.9521、0.9453、0.9506 和 0.9487。

图 6.12 帧平均攻击后提取的水印图像

4. 加噪

对嵌入水印后的 bridge、waterfall、news 和 stefan 视频序列分别用一定强度的高斯噪声和椒盐噪声进行攻击。遭受高斯噪声攻击后的 bridge、waterfall、news 和 stefan 视频帧图像分别如图 6.13(a)~(d)所示,提取的水印图像分别如图 6.14(a)~(d)所示。遭受椒盐噪声攻击后的 bridge、waterfall、news 和 stefan 视频帧图像分别如图 6.15(a)~(d)所示,提取的水印图像分别如图 6.16(a)~(d)所示。攻击后的 bridge、waterfall、news 和 stefan 视频相应帧图像的 PSNR 值和提取水印的 NC 值如表 6.4 所示[1,19]。

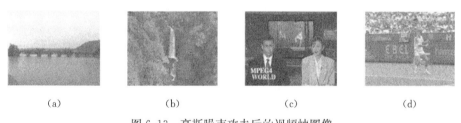

图 6.13 高斯噪声攻击后的视频帧图像

图 6.14 高斯噪声攻击后提取的水印图像

图 6.15 椒盐噪声攻击后的视频帧图像

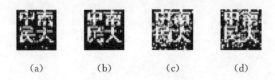

(a)　　　　(b)　　　　(c)　　　　(d)

图 6.16　椒盐噪声攻击后提取的水印图像

表 6.4　加噪攻击后相应帧图像的 PSNR 值和提取水印的 NC 值

视频序列	攻击类型	PSNR								NC
		第1帧	第2帧	第3帧	第4帧	第5帧	第6帧	第7帧	第8帧	
bridge	高斯噪声	30.26	30.20	30.21	30.00	29.98	30.04	30.13	29.96	0.8475
	椒盐噪声	29.13	29.11	29.09	29.08	29.10	29.05	29.08	29.01	0.8129
waterfall	高斯噪声	30.15	30.02	30.08	29.99	30.10	30.04	30.02	30.05	0.8326
	椒盐噪声	29.02	28.91	28.96	29.10	29.04	29.08	29.05	29.02	0.8011
news	高斯噪声	30.12	30.08	30.11	30.09	30.01	29.99	30.13	29.95	0.8296
	椒盐噪声	29.01	29.04	28.94	29.03	29.00	29.09	28.92	28.90	0.7963
stefan	高斯噪声	29.97	30.14	29.96	29.99	30.12	30.08	30.01	29.92	0.8304
	椒盐噪声	29.16	29.22	29.35	28.72	29.01	28.96	28.88	29.03	0.8009

5. MPEG 压缩

对嵌入水印后的 bridge、waterfall、news 和 stefan 视频序列分别进行 MPEG 压缩(压缩比为 10∶1),遭受 MPEG 压缩攻击后的视频帧图像分别如图 6.17(a)~(d)所示,解压后提取的水印图像分别如图 6.18(a)~(d)所示。攻击后 bridge、waterfall、news 和 stefan 视频相应帧图像的 PSNR 值和提取水印的 NC 值如表 6.5所示。

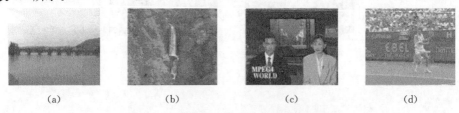

(a)　　　　(b)　　　　(c)　　　　(d)

图 6.17　MPEG 压缩攻击后的视频帧图像

(a)　　　　(b)　　　　(c)　　　　(d)

图 6.18　MPEG 压缩攻击后提取的水印图像

表 6.5 MPEG 压缩攻击后相应帧图像的 PSNR 值和提取水印的 NC 值

视频序列	PSNR								NC
	第1帧	第2帧	第3帧	第4帧	第5帧	第6帧	第7帧	第8帧	
bridge	30.17	30.10	30.09	30.20	30.15	30.11	30.10	30.13	0.8779
waterfall	30.12	30.10	30.05	30.13	30.18	30.15	30.18	30.10	0.8726
news	30.13	30.09	30.11	30.14	30.12	29.99	30.06	30.12	0.8734
stefan	30.12	30.09	30.08	30.11	30.09	30.12	30.02	30.05	0.8691

6. 帧丢弃

帧丢弃也是针对视频水印的一种特殊攻击方式。由于视频帧间存在大量的数据冗余,相连帧与帧之间的数据变化很微小,因而丢失部分帧的视频序列不会显著影响人们的视觉效果。仿真实验中,帧丢弃即随机删除 2 帧,再随机插入 2 帧。对攻击后的 bridge、waterfall、news 和 stefan 视频提取的水印图像分别如图 6.19(a)~(d)所示,NC 值分别为:0.9852、0.9538、0.9592 和 0.9586。

(a)　　　　(b)　　　　(c)　　　　(d)

图 6.19　帧丢弃攻击后提取的水印图像

7. 帧置换

帧置换也是针对视频水印的一种特殊攻击方式。仿真实验中,将每 10 帧中随机置换 2 帧。对攻击后的 bridge、waterfall、news 和 stefan 视频提取的水印图像分别如图 6.20(a)~(d)所示,NC 值分别为:0.9637、0.9239、0.9564 和 0.9241。

(a)　　　　(b)　　　　(c)　　　　(d)

图 6.20　帧置换攻击后提取的水印图像

以上实验测试结果表明,本章提出的算法在满足不可感知性的前提下具有较强的安全性和鲁棒性[1,20]。

6.3.4 与非自适应算法的比较

非自适应算法即未进行纹理区域和运动区域的划分。相同条件下,对 bridge、waterfall、news 和 stefan 视频进行实验提取的水印图像分别如图 6.21 和图 6.22 所示。图 6.21(a)~(d)为本章算法提取的水印图像,图 6.22(a)~(d)为非自适应算法提取的水印图像。从提取的水印图像可以看出,本章算法与非自适应算法相比,性能得到一定程度的提高[1]。

(a)　　　(b)　　　(c)　　　(d)

图 6.21　本章算法提取的水印图像

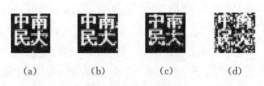

(a)　　　(b)　　　(c)　　　(d)

图 6.22　非自适应算法提取的水印图像

6.4　小　　结

本章首先简要概述了视频水印的特点、系统模型及面临的挑战;然后针对数字视频的版权保护,介绍了一种基于三维离散小波变换和人类视觉系统特性的数字视频水印算法。该算法具有的特点如下:

(1) 为了提高数字水印算法的安全性和抵抗攻击的能力,先将水印图像进行混沌加密和 Arnold 空间置乱预处理,然后将混沌置乱后的水印图像嵌入视频序列中,进而提高了算法的安全性和鲁棒性。

(2) 针对视频数据量大和帧间具有高度冗余性的特点,采用 DEMD 的视频分割方法把视频序列划分为不同的场景,利用密钥从中选出若干场景,对场景中帧图像的 Y 分量进行三维离散小波变换。

(3) 通过对三维离散小波变换后的低频子带 LLL_3 进行区域划分,对不同的区域嵌入不同强度的水印,使水印自适应于视频数据;并且采用量化的方法嵌入,水印的提取过程不需要原始视频序列的参与,属于盲水印技术。实验结果表明,该算法具有良好的不可感知性和鲁棒性,与非自适应算法相比,该算法性能得到一定程度的提高。

参 考 文 献

[1] 熊祥光,蒋天发.基于小波变换和 HVS 的图像与视频水印算法研究[D].武汉:中南民族大学硕士学位论文,2010.
[2] 彭川,蒋天发.一种基于三维小波变换的视频水印算法[J].武汉大学学报(工学版),2007, 40(6):135-138.
[3] 孙圣和,陆哲明,牛夏牧.数字水印技术及应用[M].北京:科学出版社,2004.
[4] 王炳锡,陈琦,邓峰森.数字水印技术[M].西安:西安电子科技大学出版社,2003.
[5] Cox I J, Miller M L, Bloom J A. Watermarking applications and their properties[J]. Information Technology:Coding and Computing,2000:4-6.
[6] Zhang L J, Li A H. A study on video watermark based-on discrete wavelet transform and genetic algorithm[C]. First International Workshop on Education Technology and Computer Science,2009,3:374-377.
[7] Chan P W, Lyu M R, Chin R T. A novel scheme for hybrid digital video watermarking: Approach, evaluation and experimentation[J]. IEEE Transactions on Circuits and Systems for Video Technology,2005,15(12):1638-1650.
[8] Rathore S A, Gilani S A M, Mumtaz A, et al. Enhancing invisibility and robustness of DWT based video watermarking scheme for copyright protection[C]. Information and Emerging Technologies,2007:1-5.
[9] Kim S J, Lee S H, Moon K S, et al. A new digital video watermarking using the dual watermark images and 3D DWT[C]. TENCON IEEE Region 10 Conference,2004,1:291-294.
[10] 肖尚勤,卢正鼎,邹复好,等.基于平衡多小波的视频水印算法[J].计算机研究与发展, 2006,43(增刊):304-309.
[11] 张立和,伍宏涛,胡昌利.基于三维 Gabor 变换的视频水印算法[J].软件学报,2004,15(8): 1252-1258.
[12] 刘红梅,黄继武,肖自美.一种小波变换域的自适应视频水印算法[J].电子学报,2001, 29(12):1656-1660.
[13] 孟宇,李文辉,彭涛.基于 DEMD 的视频分割方法及其在视频水印中的应用[J].计算机研究与发展,2007,45(8):1386-1394.
[14] Huang N E, Shen Z, Long S R, et al. The empirical mode decomposition and the Hilbert spectrum for nonlinear and non-stationary time series analysis[C]. Proceedings of the Royal Society A,London,1998,454:903-995.
[15] 熊祥光,蒋天发,蒋巍.基于整数小波变换和的视频水印算法[J].计算机工程与应用, 2014,50(1):78-82,194.
[16] 李珊珊,蒋天发.基于压缩感知的图像数字水印算法的研究[D].武汉:中南民族大学硕士学位论文,2014.
[17] 蒋天发,祝颂,熊志勇,等.利用 FPGA 实现图像数字水印鉴别数码相机硬件设计与探讨

[J].青海师范大学学报(自然科学版),2006,(1):46-49.
[18] 蒋巍,熊祥光,蒋天发.奇异值分解视频水印嵌入与检测及安全性测试[J].信息网络安全,2011,(12):43-45.
[19] 熊志勇,蒋天发.一种DCT域数字图像半脆弱水印方法[J].武汉大学学报(工学版),2005,38(4):97-108.
[20] 蒋天发,牟群刚,周爽.基于完全互补码与量子进化算法的数字水印方案[J].中南民族大学学报(自然科学版),2014,33(1):95-99.

第7章 混沌理论及其在数字水印中的应用

7.1 混沌理论基础

7.1.1 混沌理论的发展

简单来说,混沌(chaos)是指发生在确定性系统中貌似随机的不规则运动。一个确定性理论描述的系统,其行为却表现了不确定性,即不可重复、不可预测,这就是混沌现象。第一次国际混沌会议主持人之一的物理学家 Ford 指出,相对论消除了关于绝对空间与时间的幻想,量子力学消除了关于可控制测量过程的牛顿式的梦,而混沌则消除了拉普拉斯关于决定论式可预测性的幻想[1]。

混沌理论的出现最早可追溯到 19 世纪末 20 世纪初法国科学家庞加莱(Poincare)所做的一系列关于太阳系中三体问题的研究。他在研究能否从数学上证明太阳系的稳定性问题时,发现即使只有三个星体的模型,仍会产生明显的随机结果。1903 年,他在《科学与方法》一书中提出了庞加莱猜想。他将动力学系统和拓扑学两大领域结合起来,运用相图、拓扑学以及相空间截面的方法,分析了一类简化的三体问题解的复杂性和高度不稳定性,指出了混沌存在的可能性,成为世界上最先了解存在混沌可能性的人。

直到 20 世纪五六十年代,混沌理论才在天体力学领域里取得了第一个突破性进展,提出了 KAM 定理。该定理被公认为是创建混沌学理论的历史性标志。这个定理是以苏联概率论大师 Kolmogorov 和他的学生 Arnold 以及瑞士数学家 Moser 三人名字的首字母命名的,这是一个多世纪以来人们用微扰动方法处理不可积系统得到的最成功的结果,成为现代混沌学的开端。1963 年,美国气象学家 Lorenz 取得了混沌理论研究的第二个突破性进展。他在大气对流模型的计算机数值计算中发现了"蝴蝶效应",即系统长期行为对初值微小变化的高度敏感依赖性(即"差之毫厘,失之千里"),产生确定性系统的非周期性和长期行为的不可预测性等混沌特性,从而为耗散系统中的混沌研究开辟了崭新的道路。1971 年,法国学者 Ruelle 和荷兰学者 Takenes 联名发表了著名论文"论湍流的本质",在学术界第一次提出用混沌描述湍流形成机理的新观点,并证明了 Laudau 关于湍流发生机制的权威理论的不正确性。生物学家特别是种群生态学家,对建立混沌学有着特殊贡献,他们在研究种群演化过程的种群增长率中建立的 Logistic 方程的数学模型,是 20 世纪 70 年代研究混沌理论时十分理想的典型"标本"。1973 年,法国数学家 Mandelbrot 正式提出了分形与分形几何的概念,他的工作为混沌探索者描绘出种种不规则的、回转曲折的相空间,以理想的工具强有力地推动混沌走向高潮。1975 年,中国学者李天岩及其导师美国数学家 Yorke 在 America Mathematics 杂志上联名发表了一篇论文"周期 3 意味着混沌"。著名的 Li-Yorke 定理描述了混沌的数学特征,深刻揭示了从有序到混沌的演变过程,并把"Chaos(混沌)"一词引入现代科学词汇中。这篇论文以其通俗性和趣味性在数学物理学界引起了广泛兴趣,在混沌学的研究中独树一帜。同时,在 70 年代,美国物理学家 Feigenbaum 发现了著名的 Feigenbaum 常数,把混沌学研究从定性分析推进到了定量计算的阶段,成为现代混沌学研究一个重要的里程碑。1977 年,第一届国际混沌会议在意大利召开,标志着混沌科学的诞生[2]。

20 世纪 80 年代以来,混沌学研究出现了更大的热潮,《科学美国人》《科学》、《新科学家》《自然》等杂志纷纷介绍混沌理论,专业学术刊物包括我国的《物理学报》《物理学进展》等也大量地刊登混沌学研究的论文。20 多年来,混沌研究的论文发表了 7000 多篇,专著和文集出版了近 300 部,其中也包括了以郝柏林院士为代表的一大批我国学者的研究成果。如今,对混沌现象的认识,是非线性科学最重要的成就之一,混沌概念与分形、孤立子、元细胞自动机等概念并行,成为探索复杂性的重要范畴[1]。

7.1.2 混沌的应用

混沌科学自诞生后,就开始不断地与其他科学相互渗透,无论在生物学、生理学、心理学、数学、物理学、化学、电子学、信息科学,还是天文学、气象学、经济学,甚至音乐、艺术等领域,都得到了广泛的应用,在现代科学技术中起着十分重要的作用。

混沌应用可分为混沌综合和混沌分析。前者利用人工产生的混沌从混沌动力学系统中获得可能的功能,如人工神经网络的联想记忆等;后者由复杂的人工和自然系统中获得混沌信号并寻找隐藏的确定性规则,如时间序列数据的非线性确定性预测等。混沌的主要应用可概括为如下几个方面[3,4]。

(1) 优化:利用混沌运动的随机性、遍历性和规律性寻找最优点,可用于系统辨识、最优参数设计等众多方面。

(2) 图像数据压缩:把复杂的图像数据用一组能产生混沌吸引子的简单动力学方程代替,这样只需记忆存储这一组动力学方程的参数,其数据量比原始图像数据大大减少,从而实现了图像数据压缩。

(3) 模式识别:利用混沌轨迹对初始条件的敏感性,有可能使系统识别出只有微小区别的不同模式。

(4) 高速检索:利用混沌的遍历性可以进行检索,即在改变初值的同时,将要检索的数据和刚进入混沌状态的值相比较,检索出接近于待检索数据的状态。这种方法比随机检索或遗传算法具有更高的检索速度。

(5) 混沌加密:利用混沌序列的非周期性和伪随机特性,将混沌序列作为密钥流和原始明文序列进行逐位异或而得到加密密文。

(6) 混沌保密通信:利用混沌信号的编码和解码技术实现混沌信号的保密通信。此研究已经列入了美国国防的研究计划,正在加紧研制中。

(7) 非线性时间序列的预测:任何一个时间序列都可以看成一个由非线性机制确定的输入输出系统,如果不规则的运动现象是一种混沌现象,则通过利用混沌现象的决策论非线性技术就能高精度地进行短期预测。

(8) 神经网络:将混沌与神经网络相融合,使神经网络由最初的混沌状态逐渐退化到一般的神经网络,利用中间过程混沌状态的动力学特性使神经网络逃离局部极小点,从而保证全局最优,可用于联想记忆、机器人的路径规划等。

(9) 故障诊断:根据由时间序列重构成的吸引子的集合特征和采样时间序列数据相比较,可以进行故障诊断。

混沌学是一门新兴的科学,随着国际上混沌控制与同步的突破性进展,混沌的应用范围已涉及混沌通信、混沌信息技术、混沌制导、医学生物工程、混沌工业控制等多个方面,甚至对经济、政治等领域也产生了强大的冲击。可以预言,混沌将在国防和工农业等各个领域有广泛的应用,具有极其诱人的发展前景。

7.1.3 混沌的定义

由于混沌现象的复杂性,目前人们对混沌本身的各种特性还没有完全掌握,所以迄今为止,学术界对"混沌"还没有统一的定义。通过对混沌历史的研究,人们把在某些确定性非线性系统中不需要附加任何随机因素,其系统内部存在着非线性的相互作用所产生的类随机现象称为"混沌"、"自发混沌"、"动力学随机性"、"内在随机性"等。虽然混沌的定义有很多种,但本质上是一致的。下面介绍几个常见的定义。

定义 7.1[4] 若一个非线性系统的行为对初始条件的微小变化具有高度敏感的依赖性,则称为混沌运动。

该定义描述了混沌运动局部的极度不稳定性,常常被形容为"蝴蝶效应"。这种高度的不稳定性是指在相关空间中初始值极其接近的两条轨道,随着时间的演进,轨道间的距离以指数形式迅速分离。这种行为显示了混沌系统局部的不稳定性,但整个混沌系统本身并不会随着轨道间的指数分离特性而变得发散或不稳定,混沌运动总是在一个有限的空间内反复折叠、伸缩,逐渐分布于整个相空间,形成奇异吸引子。当两条轨道间的距离大到可以与混沌运动的空间相比拟时,轨道在相空间中呈现出近似随机的特性,这是确定性系统本身表现出的一种内在的随机性。

定义 7.2[5,6] (它是基于 Li-Yorke 定理的严格定义。Li-Yorke 定理为:设 $f(x)$ 是 $[a,b]$ 上的连续自映射,若 $f(x)$ 有 3 个周期点,则对任何正整数 n, $f^n(x)$ 有 n 个周期点) 闭区间 I 上的连续自映射 $f(x)$(下面简记为 f)若满足下列条件,则一定出现混沌现象。

(1) f 周期点的周期无上界;

(2) 闭区间 I 上存在不可数子集 S,满足:

① 对任意 $x,y \in S$,当 $x \neq y$ 时,有
$$\limsup_{n \to \infty} | f^n(x) - f^n(y) | > 0 \qquad (7.1)$$

② 对任意 $x,y \in S$,则有
$$\liminf_{n \to \infty} | f^n(x) - f^n(y) | > 0 \qquad (7.2)$$

③ 对任意 $x,y \in S$,其中 y 是 f 的任一周期点,则有
$$\limsup_{n \to \infty} | f^n(x) - f^n(y) | > 0 \qquad (7.3)$$

该定义表明,在区间映射中,对于集合 S 中的任意两个初值,经过迭代,两序列之间距离的上限可以为大于零的正数,下限等于零。即迭代次数趋于无穷时,序列间的距离可以在正数和零之间"飘荡"。这表明系统的长期行为具有不确定性,即混沌运动。

根据该定义,1983 年 Day 认为一个混沌系统应具有如下三种性质:第一,存在所有阶的周期轨道;第二,存在一个不可数集合,该集合只含有混沌轨道,且任意两个轨道既不趋向远离也不趋向接近,而是两种状态交替出现,同时任一轨道不趋于任一周期轨道,即该集合不存在渐近周期轨道;第三,混沌轨道具有高度的不稳定性。

定义 7.3(1989 年 Devaney 给出的一种混沌的定义) 设 X 是一个度量空间,一个连续映射 $f: X \to X$ 称为 X 的混沌,如果:

(1) f 是拓扑传递的。这说明混沌系统不能被细分或不能被分解为两个在 f 下相互影响的子系统,其轨道具有规律性的成分。

(2) f 的周期点在 X 中稠密。这说明混沌的映射具有不可分解性,即混沌行为具有稠密的周期轨道,其运动最终要落入混沌吸引子之中,使其呈现出多种看似混乱无序却又颇具规律的自相似图像。混沌吸引子中的运动能在一定的范围内按其自身的规律遍历每一条轨道,既不自我重复又不自我交叉。

(3) f 具有对初始条件的敏感依赖性。这说明混沌的映射具有不可预测性,如果初始值具有一极微小的变化,在短时间内的结果还可以预测,但通过长时间的演化后,其状态根本无法确定,这就是著名的"蝴蝶效应"[6,7]。

7.1.4 混沌的特性

从上面的定义不难看出,虽然定义有很多种,但是都有本质的特性。混沌运动具有通常确定性运动所没有的几何和统计特征,如局部不稳定而整体稳定、无限相似、连续的功率谱、奇异吸引子、分维、正的测度熵等。为了与其他复杂现象区别,一般认为混沌应具有以下几个方面的特征[8]:

(1) 对初始条件的敏感依赖性。初值的微小变化,经过很长的时间后,运动可能相差甚远。随着时间的推移,任意靠近的各个初始条件将表现出各自独立的时间演化,即存在对初始条件的敏感依赖性。

(2) 具有内在随机性。内在随机性是确定性系统内部随机性的反映,它不同于外在的随机性。系统是由完全确定性的方程描述,无须附加任何随机因素,但系统仍会表现出类似随机性的行为。混沌信号的相关函数类似于随机信号的相关函数,具有类似于冲激函数的特性。

(3) 具有拓扑传递性。也就是说,任意一点的邻域在 f 作用下将"扩散"到整个度量空间,即 f 不能被细分或不能分解为两个在 f 下不相互影响的子系统。

(4) 具有分形的性质。各种奇异吸引子都具有分形结构,由分形维数来描述其特征。维数是对吸引子几何结构复杂度的一种定量描述。在欧氏空间中,空间被看成三维,平面或球面被看成二维,而直线或曲线被看成一维。

正是混沌的这些特性决定了它可以被用作密码系统,这也是混沌在数字水印中得到广泛应用的原因。

7.2 Lyapunov 指数及常见的混沌序列

7.2.1 **Lyapunov 指数**

李雅普诺夫(Lyapunov)指数是一种定量描述动力系统轨道局部稳定性的方法[9]。Lyapunov 指数是否大于零,通常作为判断系统是否存在混沌运动的重要判据。正的 Lyapunov 指数是刻画混沌系统的主要特征。

对于一维映射

$$x_{n+1} = f(x_n) \tag{7.4}$$

只有一个拉伸或折叠,因此考虑初值 x_0 及其近邻值 $x_0 + \delta x_0$。由映射式(7.4)作一次迭代后,这两点之间的距离为

$$\delta x_1 = |f(x_0 + \delta x_0) - f(x_0)| = \frac{\mathrm{d}f(x_0)}{\mathrm{d}x} \cdot \delta x_0 \tag{7.5}$$

n 次迭代后,这两点之间的距离则变为

$$\delta x_n = \mid f^{(n)}(x_0 + \delta x_0) - f^{(n)}(x_0) \mid = \frac{\mathrm{d} f^{(n)}(x_0)}{\mathrm{d} x} \cdot \delta x_0 = \mathrm{e}^{\mathrm{LE} \cdot n} \delta x_0 \quad (7.6)$$

此时这两点要以指数分离,这就是敏感的初始条件。其中,LE 即 Lyapunov 指数。根据式(7.6)求得

$$\mathrm{LE} = \frac{1}{n} \ln \frac{\delta x_n}{\delta x_0} = \frac{1}{n} \ln \left| \frac{\mathrm{d} f^{(n)}(x_0)}{\mathrm{d} x} \right| \quad (7.7)$$

利用复合函数的微分规则将式(7.7)变换即得 Lyapunov 指数的标准定义:

$$\mathrm{LE} = \lim_{n \to \infty} \frac{1}{n} \sum_{i=0}^{n-1} \ln \mid f'(x_i) \mid \quad (7.8)$$

Lyapunov 指数刻画了在局部范围内系统轨道间的分离程度,当 LE>0 时,轨道间的距离随着时间呈指数分离,系统呈现出对初始状态的极度敏感性,说明系统中存在混沌行为;若 LE<0,则表示系统处于稳定状态,收敛于不动点或出现周期解;若 LE=0,则分支点处于稳定轨迹的边缘,系统处于临界状态[2]。

7.2.2 Logistic 映射

目前用于水印生成的混沌方法主要有四种,分别是 Logistic 映射、Chebyshev 映射、Reny 映射、环形自同构(toral automorphisms)。下面介绍最常用也是本章所采用的 Logistic 映射。

Logistic 模型[10,11]是混沌模型中比较简单的一种,它起源于一个经典问题——虫口问题。在生态学中,研究动植物群体与环境之间的相互作用非常重要。自然界中孤立的单一群体几乎不存在,所以群体数目的多少取决于食物来源、竞争者、捕食者等因素,即虫口问题。

Logistic 映射可定义为

$$x_{n+1} = \mu x_n (1 - x_n), \quad 0 \leqslant \mu \leqslant 4, x_n \in (0,1), n = 1,2,3,\cdots \quad (7.9)$$

研究发现,当 $0 < \mu < 1$ 时,在线段[0,1]内任选一个初值 x_0,迭代过程迅速趋向一个不动点 $x_n \to 0$,即存在稳定的不动点 O;当 $\mu = 1$ 时,发生临界分岔;当 $1 \leqslant \mu < 3$ 时,有两个不动点 O 和 A;当 $\mu = 3$ 时,发生叉型分岔;当 $3 < \mu \leqslant 1 + \sqrt{6}$ 时,又开始不稳定;直到 $\mu > 3.57 = \mu_\infty$ 时,序列才是分布在[0,1]上的类随机数。根据式(7.8)计算出 Lyapunov 指数 LE 和系统参数 μ 的关系,$\mu > 3.57$ 时,除个别峰以外,LE>0,从而说明系统处于混沌状态,称 $\mu \in (\mu_\infty, 4]$ 为混沌区。对 μ 在[0,4]取的不同值,画出 Logistic 迭代的极限形态图如图 7.1 所示,从图中可以更直观地看出上述结论。

图 7.2 为两个初值分别为 0.398 和 0.3981 的迭代相差图。两个初值相差 10^{-4},但是当迭代次数超过 10 以后,可以发现,迭代后的差值非常明显,这说明初始条件的微小变化对混沌信号会有很大的影响,即反映了 Logistic 映射的初值敏感性[12]。

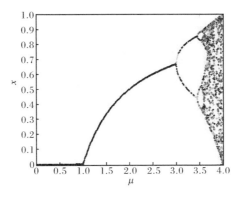

图 7.1 Logistic 迭代的极限形态图

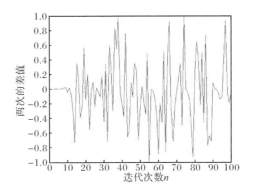

图 7.2 Logistic 迭代序列的初值敏感性

7.2.3 混沌序列的生成

从 Logistic 映射生成混沌序列的方法有以下几种:

(1) 实数值序列。即从 Logistic 映射中选定初值 x_0 和 μ,直接代入方程(7.9)中计算,得到一系列值 $\{x_n, n=1,2,3,\cdots\}$,使混沌映射的 $\{b_i(x_n), i=0,1,2,\cdots,L-1; n=1,2,3,\cdots\}$ 轨迹点形成一个实数值序列。

(2) 二值序列。可以通过定义一个阈值函数 sign,由上述的实数值混沌序列得到。例如,以下两种常用的情况:

$$\text{sign}(x_n) = \begin{cases} 0, & 0 \leqslant x_n < 0.5 \\ 1, & 0.5 \leqslant x_n \leqslant 1 \end{cases} \quad (7.10)$$

和

$$\text{sign}(x_n) = \begin{cases} -1, & 0 \leqslant x_n < 0.5 \\ 1, & 0.5 \leqslant x_n \leqslant 1 \end{cases} \quad (7.11)$$

所得的二值序列也具有混沌特性。

(3) 比特序列。同样由实数值混沌序列得到,所不同的是比特序列是通过将 $\{x_n, n=1,2,3,\cdots\}$ 中的 x_n 改写为 L-bit 的浮点数形式得到:

$$|x_n| = b_0(x_n)b_1(x_n)\cdots b_i(x_n)\cdots b_{L-1}(x_n) \qquad (7.12)$$

其中, $b_i(x_n)$ 是 x_n 的第 i 位,所得到的序列即为

$$\{b_i(x_n), i=0,1,2,\cdots,L-1; n=1,2,3,\cdots\} \qquad (7.13)$$

同样也具有混沌特性。

通过上述方法产生的混沌序列具有以下优点:形式简单,只需要混沌映射参数和初始条件就可方便生成混沌序列;具有初始条件敏感性,一般不同的初始值迭代得到的混沌轨迹序列都不相同,很难从一段有限长度推断混沌序列的初始条件;具有确定性,相同初始值的混沌动力系统的相应轨迹必然相同;具有白噪声的统计特性,可用于需要噪声调制的众多应用场合[2,13]。

7.3 混沌在数字水印中的应用

混沌是确定性系统中因内在随机性而产生的外在复杂表现,是一种貌似随机的非随机运动。这种过程非周期、不收敛但有界,并且对初值具有极其敏感的依赖性。混沌系统可以方便地产生具有良好的随机性、相关性和复杂性的伪随机序列信号。由于混沌系统的以上特点,使其可应用于包括数字通信和多媒体数据安全等众多应用领域的噪声调制。近年来,混沌系统已成功地用于信息加密,并且将混沌的这些特性应用到数字水印技术中,实现了混沌水印序列的嵌入、随机水印序列的混沌调制、图像水印加密和置乱等处理。

混沌在数字水印中的应用一般有以下几种[14~17]:

(1) 将混沌序列直接作为水印信息嵌入。与一般的随机序列相比,混沌序列具有如下特点:形式简单,只需具备混沌映射的参数和初始条件就可以很方便地生成、复制混沌序列,而不必浪费空间来存储很长的整个序列;具有初始条件敏感性,通常不同的初始值即使相当接近,迭代得到的混沌轨迹序列也各不相同;具有确定性,给定相同的初始值,其相应的轨迹必然相同;具有安全性,一般情况下,很难由一段有限长度推断混沌序列的初始条件;保密性好,如果不知道混沌模型及相关参数,几乎不能破译。因此,混沌数字水印信号可以有效地解决实际应用中大量数字水印的产生问题。

(2) 应用混沌序列对有意义水印信息进行调制。有意义水印是指以文字、图标、图像等作为水印信息。有意义水印具有直观性,因而是数字水印技术发展的一个方向。但有意义水印数据的相关性很高,不适合嵌入操作,且隐蔽性较差。为了去除水印数据的相关性,即扩展它的频谱,可应用混沌序列对其进行调制。

使原水印信号变换为具有伪随机性质的信号,加强了水印的随机性和安全性。

(3) 水印图像加密或置乱。同样,为了提高水印信息的安全性及减小水印像素的空间相关性,需对这些二维水印信息进行加密处理。基于混沌的二维水印图像加密就是利用混沌模型对图像进行某种变换,使得变换后的图像与原始图像存在视觉差异,从而实现图像加密。这里的视觉差异可以是颜色、亮度或轮廓等定性或定量的差异[2]。

7.4 小　　结

本章首先介绍了混沌理论的相关概念,从混沌理论的发展以及混沌的应用、定义和特征几个方面进行概述;然后详细介绍了 Lyapunov 指数和 Logistic 映射,并重点介绍了 Logistic 映射混沌序列是如何生成的;最后介绍了混沌理论在数字水印技术中的应用。本章的工作为后面算法中水印的预处理奠定了基础。

参 考 文 献

[1] 王笋,关治洪.基于混沌的数字水印技术研究[D].武汉:华中科技大学硕士学位论文,2004.
[2] 曹文波,蒋天发.基于混沌的二值图像水印技术研究[D].武汉:中南民族大学硕士学位论文,2007.
[3] 彭欢,蒋天发.混沌映射在彩色图像水印中的应用[J].武汉理工大学学报(交通科学与工程版),2009,33(4):776−778.
[4] 黄润生,黄浩.混沌及其应用[M].武汉:武汉大学出版社,2005.
[5] Li T Y,Yorke J A. Period three implies chaos[J]. American Mathematical Monthly,1975,82:481−485.
[6] 陈士华,陆君安.混沌动力学初步[M].武汉:武汉水利电力大学出版社,1998.
[7] Devaney R L. An Introduction to Chaotic Dynamical systems[M]. New York:Addison-Wesley,1987.
[8] 孙亚伟,宋国森.基于小波和混沌的数字水印技术研究[D].秦皇岛:燕山大学硕士学位论文,2004.5.
[9] 罗利军,李银山,李彤,等.李雅普诺夫指数谱的研究与仿真[J].计算机仿真,2005,22(12):285−288.
[10] Yen J C. Watermark embedded in permuted domain[J]. Electronics Letters,2001,37(2):80−81.
[11] Yen J C. Watermark embedded in the permuted image[J]. The 2001 IEEE International Symposium on Circuits and Systems,2001,2:53−56.
[12] 张一帆,蒋天发.基于时域扩展回声隐藏的数字音频水印研究[J].计算机工程与应用,2008,44(31):119−120.

[13] 熊志勇,蒋天发. 基于色彩分量相关性的彩色图像可擦除水印算法[J]. 计算机应用研究, 2009,26(4):1598—1600.
[14] 吴艺杰,杨晓元,魏立线,等. 基于混沌序列的整数小波域鲁棒水印算法[J]. 计算机工程与应用,2006,42(27):40—42.
[15] Nikolaidis A, Pitas I. Comparison of different chaotic maps with application to image watermarking[C]. Proceedings of IEEE Circuits and Systems,2000,56(8):509—512.
[16] 和红杰,张家树. 基于混沌置乱的分块自嵌入水印算法[J]. 通信学报,2006,27(7):80—86.
[17] Lu W, Lu H T, Chung F L. Chaos-based spread spectrum robust watermarking in DWT domain[C]. Proceedings of the 4th International Conference on Machine Learning and Cybernetics IEEE,2005:5308—5313.

第8章 基于混沌的二值图像数字水印算法

二值图像具有像素单一、存储结构简单及纹理丰富等特点,在空间幅度上没有多少冗余,因此对图像的随意修改将可能造成图像的严重失真。另外,二值图像数字水印算法的一个重要特点就是水印的鲁棒性和嵌入容量是相互制约的,如果要增强鲁棒性,就必须将水印信息嵌在合理的位置上,而不能将其嵌在某些特定的位置上,即以牺牲嵌入容量作为代价。目前已有的二值图像数字水印算法都只是研究如何实现水印的嵌入和提取,并没有考虑水印系统的安全性[1]。针对以上几点问题,本章提出了一种基于混沌的二值图像数字水印算法。该算法首先对水印图像进行双重加密,即在二值图像数字水印算法中先运用混沌理论对水印图像进行置乱,将水印变成看似杂乱无章的信号,这一方面可以防止对水印系统的攻击,增强系统的安全性;另一方面使含水印图像部分被破坏时可以尽可能地分散错误比特。再利用混沌序列对置乱后的水印进行加密,大大增强了水印系统的安全性。其次在水印嵌入的过程中采取了基于分块和频域相结合的方法,很好地保证了水印的不可感知性和鲁棒性。

8.1 水印的生成

随着数字水印技术的发展,对于水印的安全性要求也越来越高。然而,现在大多数数字水印技术并没有采取加密措施,对于非授权者来讲,很容易获取嵌入的数字水印,并进行篡改,从而影响水印的安全性。对于二值图像数字水印技术而言,已有文献中还没有提到对水印进行加密,所以本章从水印的安全性着手,对原始的水印图像首先进行置乱变换预处理,然后用混沌技术进行加密,这样在密钥未知的前提下,非授权者无法获取嵌入的数字水印信息,从而提高了水印系统的安全性[2]。

8.1.1 水印的选择

水印的选择通常情况下有两种:一种是向专门的版权保护部门登记并申请得到一个版权 ID 号,该版权 ID 号是一个有足够长度的数字码,并保证该 ID 号在全世界是唯一的;另一种是采用一幅小的有意义的二值图像,该图像的内容表明原始图像的版权信息。与前者相比,采用一幅有意义的二值图像作为水印信号具有很好的鲁棒性;由于二值图像的可感知性,我们可以很直观地检测是否含有水印;

另外,由于人眼的分辨率有限,即使出现多个比特错误也不会影响水印的识别。因此,本章嵌入的水印信号是一幅 32×32 的有意义的二值图像。

8.1.2 水印的置乱预处理

如果将水印直接嵌入图像中,当攻击者从载体数据中获得了水印数据,就可以了解水印内容,对水印的攻击就会变得非常容易,所以本章在将水印嵌入图像之前首先进行置乱预处理。通过置乱变换可尽可能地分散错误比特的分布,提高数字水印的视觉效果,增强数字水印的鲁棒性。

图像置乱的方法很多,如基于 Arnold 变换、Hilbert 曲线、Conway 游戏、幻方、广义 Gray 码变换等方法。本章选择 Arnold 变换对水印二值图像进行置乱预处理。

Arnold 变换的定义[3]如下:

设单位正方形上的点(x,y),将点(x,y)变到另一点(x',y')的变换为

$$\begin{bmatrix} x' \\ y' \end{bmatrix} = \begin{bmatrix} 1 & 1 \\ 1 & 2 \end{bmatrix} \begin{bmatrix} x \\ y \end{bmatrix} (\bmod\ 1) \tag{8.1}$$

此变换称为二维 Arnold 变换,简称 Arnold 变换。

将 Arnold 变换应用在数字图像上,可以通过改变像素坐标而改变图像灰度值的布局。若把数字图像看作一个矩阵,则经 Arnold 变换后的图像会变得"混乱不堪",但继续进行 Arnold 变换,一定会出现一幅与原图相同的图像,从而达到图像在传输过程中隐蔽的效果。这就是 Arnold 变换的一个特点,即 Arnold 变换具有周期性。考虑到数字图像的需要,把上面的 Arnold 变换改写为

$$\begin{bmatrix} x' \\ y' \end{bmatrix} = \begin{bmatrix} 1 & 1 \\ 1 & 2 \end{bmatrix} \begin{bmatrix} x \\ y \end{bmatrix} (\bmod\ N), \quad x,y \in \{0,1,2,\cdots,N-1\} \tag{8.2}$$

其中,N 是数字图像矩阵的阶数,即本章中水印图像的宽度。那么,关于式(8.2)的 Arnold 变换周期有如下结论。

对于给定的自然数 N,式(8.2)的 Arnold 变换周期 m 是使得下式成立的最小自然数 n:

$$\begin{bmatrix} 1 & 1 \\ 1 & 2 \end{bmatrix}^n (\bmod\ N) = \begin{bmatrix} 1 & 0 \\ 0 & 1 \end{bmatrix} \tag{8.3}$$

文献[4]中给出了另一种计算周期的方法,对于给定的自然数 $N>2$,式(8.2)的 Arnold 变换周期 m 是使得下式成立的最小自然数 n:

$$\begin{bmatrix} 1 & 1 \\ 1 & 2 \end{bmatrix}^n \begin{bmatrix} 1 \\ 1 \end{bmatrix} (\bmod\ N) = \begin{bmatrix} 1 \\ 1 \end{bmatrix} \tag{8.4}$$

通过式(8.4)计算周期 m 可以很方便地通过编程来实现。具体如下:

```c
#include <stdio.h>
main()
{
    int x=1,y=1,xn,yn,n,N;
    scanf("%d",&N);
    n=1;
    for(n=1; ;n++)
    {
        xn=x+y;
        yn=x+2*y;
        if(xn%N==1&&yn%N==1)
            break;
        x=xn%N;
        y=yn%N;
    }
printf("%5d",n);
}
```

本章对水印进行的置乱变换就是通过式(8.2)进行的,这里 $N=32$,对水印置乱的次数 $k=6,k$ 即为密钥。通过上面的程序可以算出 $N=32$ 时,周期 $m=24$。因此,如果开始时对水印置乱了6次,那么在水印提取出来以后,只要对水印再置乱24－6＝18次即得到原来的水印图像[2]。

8.1.3 水印的混沌加密

通过第7章关于 Logistic 映射的分析可以知道,利用 Logistic 映射生成混沌序列具有以下优点:

(1) 形式简单,只需混沌映射参数和初始条件就可方便生成混沌序列。

(2) 具有初始条件敏感性,不同的初始值迭代得到的混沌轨迹序列都不相同,很难从一段有限长度推断混沌序列的初始条件。

(3) 具有确定性,相同初始值的混沌动力系统的相应轨迹必然相同。

因此,本章中水印加密混沌序列就是采用第7章介绍的 Logistic 映射模型生成的。具体步骤如下:

(1) 根据式(7.9)生成一串序列 $x_k(k=0,1,2,\cdots,1023)$,本章选取的参数 $\mu=3.975$,初值 $x_0=0.75$。由于这里采用的水印图像为 32×32 大小的图像,所以选取的序列长度也为 $32\times32(1024)$。由于 Logistic 映射刚开始时的混沌并不明显,所以从第100个开始向后取值,共取 $32\times32=1024$ 个。

(2) 对于生成的序列 $x_k(k=0,1,2,\cdots,1023)$,利用式(7.10)进行二值化处

理,得到二值序列 $b_k(k=0,1,2,\cdots,1023)$。

(3) 将置乱后的水印图像与上面得到的二值序列进行异或重新排成二值图像,该图像即为混沌加密后的二值水印图像。

参数 μ 和初值 x_0 为密钥,在这两个参数未知的情况下,攻击者很难获得水印的信息。

解密过程与加密类似,利用密钥按照加密过程再重新操作一遍即可[5]。

8.2 水印的嵌入与提取

8.2.1 水印的嵌入

本章采用的嵌入算法是基于 DCT 域,通过修改 DCT 域 DC 系数嵌入水印。在嵌入水印之前,先对原始图像进行模糊处理,把二值图像转换成为灰度图像,再将嵌入水印后的灰度图像二值化,保证最后嵌入水印的图像还是二值图像。

由于二值化这个环节容易引起水印信息的削弱,甚至可能使水印消失,所以采用文献[6]提到的阈值分割法。该方法已被证明在图像二值化过程中可以保证水印信息不会受到太大的影响。

水印嵌入流程图如图 8.1 所示。

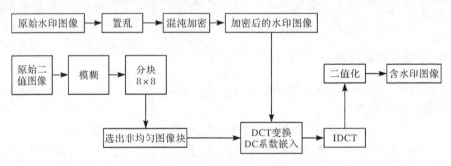

图 8.1 水印嵌入流程图

水印的具体嵌入步骤如下[7]:

(1) 将原始图像 $x=\{x(u,v)\}$ 经过一个 5×5、标准偏差为 1 的高斯窗口滤波,得到一幅灰度图像 $y=\{(u,v)\}$。

(2) 将灰度图 y 进行 8×8 分块,然后计算每一个分块是否均匀,均匀的图像块不嵌入任何信息。非均匀的 8×8 图像块用于嵌入水印信息,以保证水印的不可感知性。设非均匀图像块记为 $y_k=\{y_k(r,s)\}$,其中 $r,s=0,1,\cdots,7,k=0,1,\cdots,K-1,K$ 为 $y=\{(u,v)\}$ 中非均匀图像块的个数。

(3) 对每一非均匀图像块 y_k 进行 DCT 变换:
$$Y_k = \mathrm{DCT}(y_k)$$
选取其中的 1024 个非均匀块用于嵌入水印信息(因为所采用的水印大小为 32×32,只要用 1024 个非均匀块即可,所以选用的原始二值图像中非均匀块的个数要大于水印图像的大小),对选取的用于嵌入水印信息的非均匀块通过调整 $Y_k(0,0)$ 在每一图像块中嵌入一比特水印信息,即把水印信息嵌入非均匀块的左上角的位置。具体公式如下:

$$Y_k^w(u,v) = \begin{cases} Y_k(u,v)(1+\beta w_k), & u=v=0 \\ Y_k(u,v), & \text{其他} \end{cases} \quad (8.5)$$

其中,β 为缩放比例系数,本章取为 90;w_k 为水印信息,记水印为 $w=\{w_k\}$。

(4) 嵌入水印之后的图像经过 IDCT 变换得到对应的灰度图像块 y_k^w:
$$y_k^w = \mathrm{IDCT}(Y_k^w) \quad (8.6)$$

(5) 把嵌入水印后的灰度图像块二值化,得到含水印的二值图像块 x_k^w,阈值为 T:

$$x_k^w(r,s) = \begin{cases} 0, & y_k^w(r,s) < T \\ 1, & y_k^w(r,s) \geqslant T \end{cases} \quad (8.7)$$

其中,$T = (I_{\max k}^w + I_{\min k}^w)(0.5 - B_{bi})$,$I_{\max k}^w$ 和 $I_{\min k}^w$ 分别为对应图像块 y_k^w 中的最大亮度和最小亮度,B_{bi} 为二值化操作中的偏移量,取值范围为 $0 < B_{bi} < 0.5$,本章取为 0.0004。

(6) 按照对应关系将以均匀含水印图像块替换原始二值图像 x 中的图像块,从而得到整幅含水印图像 r^w。

8.2.2 水印的提取

本算法中水印的提取过程需要用到原始的二值图像,原始图像经过与嵌入过程相同的过程获得 y。由于在嵌入的过程中,只对其中的 1024 个非均匀块进行了嵌入水印,并且在嵌入的过程中已经将这些嵌入水印的非均匀块用一个矩阵进行标记,因而只需要将这些块与原始二值图像中的对应块进行比较,即可提取出水印信息。设 $\{Y_k'(u,v)\}(k=0,1,\cdots,1023)$ 代表相应图像块 $\{Y_k'(r,s)\}$ 的 DCT 系数,那么水印信息 w_k' 即为

$$w_k' = Y_k'(0,0) - Y_k(0,0), \quad k=0,1,\cdots,1023 \quad (8.8)$$

由于提取出来的是经过加密后的水印信息,所以需要先根据混沌密钥进行解密,再进行逆置乱,最后得到水印图像。

具体的提取与检测过程如图 8.2 所示[8]。

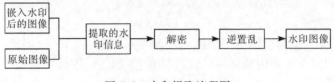

图 8.2　水印提取流程图

8.3　实验结果

这里首先通过实验来验证在水印没有被嵌入之前,能否由预处理后的水印恢复出原始水印图像。水印图像采用 32×32 具有"中南民大"标志的二值图像(图 8.3(a)),将水印图像置乱 6 次,混沌加密时选取的参数 $\mu=3.975$,初值 $x_0=0.75$。密钥正确时的实验结果如图 8.3 所示。

(a) 原始水印　　(b) 置乱后水印　　(c) 加密后水印　　(d) 解密后水印　　(e) 恢复后水印

图 8.3　密钥正确时实验结果

当密钥不正确时,这里分别对三个密钥做了测试,即在只有一个密钥不正确而其他两个都正确的情况下来验证恢复后的水印,如图 8.4 所示,图中所给的数据是错误密钥的数据。

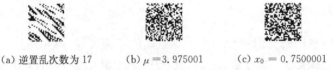

(a) 逆置乱次数为 17　　(b) $\mu=3.975001$　　(c) $x_0=0.7500001$

图 8.4　密钥不正确时的实验结果

由图 8.4 可以看出,尽管只有一个密钥错误,恢复后的水印也已经完全无法辨认,即使初值 x_0 只相差 10^{-7} 这样微小的差值,恢复后的水印也是面目全非,根本无法识别。可见,本系统在密钥未知的情况下,具有极高的安全性。

仿真实验原始图像采用 512×512 的二值图像,水印采用 32×32 具有"中南民大"标志的二值图像,分别如图 8.5(a)、图 8.3(a)所示。由于水印在感知上是可视的,所以提取的水印信息很容易辨别。为了定量分析水印系统的性能,采用归一化互相关(NC)分析提取出来的水印与原始水印的相似性;同时采用峰值信噪比(PSNR)来衡量水印嵌入后图像的质量。

With the rapid advance of the Internet and multimedia technology, multimedia data (such as digital image, audio, video etc.) has become a main way to obtain information. People can acquire a wide range of multimedia data through Internet easily. At the same time, many multimedia information security problems emerge as side effects of the above convenience, including illegal copying, forgery, tampering, etc. How to protect the copyright of the digital products becomes one of

With the rapid advance of the Internet and multimedia technology, multimedia data (such as digital image, audio, video etc.) has become a main way to obtain information. People can acquire a wide range of multimedia data through Internet easily. At the same time, many multimedia information security problems emerge as side effects of the above convenience, including illegal copying, forgery, tampering, etc. How to protect the copyright of the digital products becomes one of

(a) 原始图像 　　　　　　　　　(b) 嵌入水印后的图像(PSNR=43.72)

(c) 原始水印和预处理后的水印　　　(d) 提取水印和恢复后的水印(NC=1.0000)

图 8.5　未受到任何攻击时的图像实验结果

NC 的计算公式为

$$\text{NC} = \frac{\sum_{i=0}^{N-1} W_i W'_i}{\sqrt{\sum_{i=0}^{N-1} W_i^2 \sum_{i=0}^{N-1} W_i'^2}} \tag{8.9}$$

其中,W_i 代表原始水印的第 i 个单位度量的值;W'_i 代表提取水印的第 i 个单位度量的值;N 为水印的长度。

PSNR 的计算公式为

$$\text{PSNR} = 10\lg\left(\frac{Q^2}{\text{MSE}}\right) \tag{8.10}$$

其中,$\text{MSE} = \frac{1}{XY} \sum_{x,y} (P_{x,y} - P'_{x,y})^2$,$P_{x,y}$ 表示原图中坐标为 (x,y) 的一个像素,$P'_{x,y}$ 表示加入水印图像后图像坐标为 (x,y) 的一个像素,X、Y 分别表示行和列的像素数目;Q 表示图像数据的量化级数。

图 8.5 是在未受到任何攻击时的实验结果。图 8.5(b)是嵌入水印后的图像(PSNR=43.72)。可以看出,含水印图像质量很好,很难察觉水印的存在,完全符

合不可感知性的要求。图 8.5(d)是提取和恢复后的水印图像(NC=1.0000),可见在未受到任何攻击时,嵌入的水印可以完全恢复[2,8]。

下面从几个方面验证水印算法的鲁棒性。

1) 剪切处理

考察含水印图像遭到部分破坏后对水印检测的影响。图 8.6 是经过随机剪切和左上角 1/4 剪切后的水印图像及相应的水印检测结果。可见,算法对几何破坏有较好的鲁棒性,可以从部分图像中恢复出嵌入的水印。

(a) 随机剪切后的图像(PSNR=20.35) 　　(b) 左上角 1/4 剪切后的图像(PSNR=14.01)

(c) 提取的水印(NC=0.9457) 　　(d) 提取的水印(NC=0.8578)

图 8.6　经剪切处理的图像实验结果

2) 加噪处理

对含有水印的图像分别加入椒盐噪声和高斯噪声,对于一定功率下的噪声,高斯噪声的干扰效果是最为严重的。图 8.7 给出了加噪处理后的水印图像及检测结果。实验表明,加入噪声对水印的恢复干扰较为明显,但算法仍能可靠地检测出嵌入的水印。

3) 模糊和锐化

对含有水印的图像分别做模糊和锐化处理。图 8.8 给出了模糊和锐化后的水印图像及检测结果。可见,算法对模糊和锐化处理同样具有较强的鲁棒性[9]。

With the rapid advance of the
Internet and multimedia technology
, multimedia data (such as digital
image,audio,video etc.) has become
a main way to obtain information.
People can acquire a wide range of
multimedia data through Internet
easily. At the same time, many
multimedia information security
problems emerge as side effects of
the above convenience, including
illegal copying, forgery, tampering,
etc. How to protect the copyright of
the digital products becomes one of

With the rapid advance of the
Internet and multimedia technology
, multimedia data (such as digital
image,audio,video etc.) has become
a main way to obtain information.
People can acquire a wide range of
multimedia data through Internet
easily. At the same time, many
multimedia information security
problems emerge as side effects of
the above convenience, including
illegal copying, forgery, tampering,
etc. How to protect the copyright of
the digital products becomes one of

(a) 加椒盐噪声的图像(PSNR=27.48)　　(b) 加高斯噪声的图像(PSNR=26.08)

(c) 提取的水印(NC=0.8209)　　(d) 提取的水印(NC=0.7327)

图 8.7　经加噪处理的图像实验结果

With the rapid advance of the
Internet and multimedia technology
, multimedia data (such as digital
image,audio,video etc.) has become
a main way to obtain information.
People can acquire a wide range of
multimedia data through Internet
easily. At the same time, many
multimedia information security
problems emerge as side effects of
the above convenience, including
illegal copying, forgery, tampering,
etc. How to protect the copyright of
the digital products becomes one of

With the rapid advance of the
Internet and multimedia technology
, multimedia data (such as digital
image,audio,video etc.) has become
a main way to obtain information.
People can acquire a wide range of
multimedia data through Internet
easily. At the same time, many
multimedia information security
problems emerge as side effects of
the above convenience, including
illegal copying, forgery, tampering,
etc. How to protect the copyright of
the digital products becomes one of

(a) 模糊后的图像(PSNR=34.84)　　(b) 锐化后的图像(PSNR=29.47)

(c) 提取的水印(NC=0.9983)　　(d) 提取的水印(NC=0.9773)

图 8.8　经模糊和锐化处理的图像实验结果

4) JPEG 有损压缩

对嵌入水印后的图像进行以品质百分数从 10% 到 60% 的有损压缩,然后进行水印信息的检测,实验结果如图 8.9 所示。可以看出,算法对 JPEG 有损压缩有较好的鲁棒性[2,10]。

(a) JPEG 压缩(10%)后的图像(PSNR=31.06)

(b) JPEG 压缩(20%)后的图像(PSNR=33.04)

(c) 提取的水印(NC=0.9746)

(d) 提取的水印(NC=0.9832)

(e) JPEG 压缩(30%)后的图像(PSNR=33.91)

(f) JPEG 压缩(40%)后的图像(PSNR=34.85)

(g) 提取的水印(NC=0.9975)

(h) 提取的水印(NC=1.0000)

With the rapid advance of the Internet and multimedia technology, multimedia data (such as digital image,audio,video etc.) has become a main way to obtain information. People can acquire a wide range of multimedia data through Internet easily. At the same time, many multimedia information security problems emerge as side effects of the above convenience, including illegal copying, forgery, tampering, etc. How to protect the copyright of the digital products becomes one of

(i) JPEG 压缩(50%)后的图像(PSNR=36.28)

With the rapid advance of the Internet and multimedia technology, multimedia data (such as digital image,audio,video etc.) has become a main way to obtain information. People can acquire a wide range of multimedia data through Internet easily. At the same time, many multimedia information security problems emerge as side effects of the above convenience, including illegal copying, forgery, tampering, etc. How to protect the copyright of the digital products becomes one of

(j) JPEG 压缩(60%)后的图像(PSNR=37.21)

中南
民大

(k) 提取的水印(NC=1.0000)

中南
民大

(l) 提取的水印(NC=1.0000)

图 8.9 经 JPEG 有损压缩的图像实验结果

前面验证了在水印没有被嵌入之前是否能够恢复,并且给出了密钥正确和部分不正确的实验结果,对水印的鲁棒性实验也都是在密钥完全正确的情况下进行的。下面验证水印被嵌入之后再提取出来时,密钥不完全正确时的情况。共有三个密钥,分别进行测试,实验结果如图 8.10 所示(图中的值均为错误密钥的值),只给出恢复后的水印图像。实验结果表明,在密钥不完全正确的情况下,恢复的水印根本无法识别,可见本算法具有很高的安全性。

通过以上实验表明,本章提出的基于混沌的二值图像数字水印算法对水印进行了双重加密预处理,很好地保证了水印系统的安全性;而且,算法简单易行,能够很好地保证水印的不可感知性和鲁棒性[2,11]。

(a) 逆置乱次数为 17
$\mu=3.975001$
$x_0=0.7500001$

(b) 逆置乱次数为 17
$\mu=3.975001$

(c) 逆置乱次数为 17
$x_0=0.7500001$

(d) $\mu=3.975001$
$x_0=0.7500001$

(e) 逆置乱次数为17　　(f) $\mu=3.975001$　　(g) $x_0=0.7500001$

图 8.10　密钥不完全正确时的实验结果

8.4 小　　结

本章在第 7 章工作的基础上,首先介绍了基于混沌的二值图像数字水印算法方案的水印生成与选择方法;然后详细介绍了水印的置乱预处理与水印的混沌加密技术;最后介绍了基于混沌的二值图像数字水印算法的水印嵌入与提取技术,并且通过实验验证了该算法具有更高的安全性与更好的不可感知性和鲁棒性。

参 考 文 献

[1] 蒋巍,熊祥光,蒋天发. 奇异值分解视频水印嵌入与检测及安全性测试[J]. 信息网络安全,2011,(12):43—45.

[2] 曹文波,蒋天发. 基于混沌的二值图像水印技术研究[D]. 武汉:中南民族大学硕士学位论文,2007.

[3] Feng G R, Jiang L G, He C, et al. A novel algorithm for embedding and detecting digital watermarks[C]. IEEE International Conference on Acoustics, Speech, and Signal Processing, 2003,3:549—552.

[4] 邹建成,铁小匀. 数字图像的二维 Arnold 变换及其周期性[J]. 北方工业大学学报,2000,3:10—14.

[5] 彭欢,蒋天发. 混沌映射在彩色图像水印中的应用[J]. 武汉理工大学学报(交通科学与工程版),2009,33(4):776—778.

[6] Low S H, Maxemchuk N F, Lapone A M. Document identification for copyright protection using centroid detection[J]. IEEE Transactions on Communications,1998,46(3):372—383.

[7] 熊志勇,蒋天发. 基于色彩分量相关性的彩色图像可擦除水印算法[J]. 计算机应用研究,2009,26(4):1598—1600.

[8] 朱新山,陈砚鸣,董宏辉,等. 基于双域信息融合的鲁棒二值文本图像水印[J]. 计算机学报,2014,37(6):1352—1364.

[9] 熊志勇,蒋天发. 基于预测误差差值扩展的彩色图像可擦除水印[J]. 光电子·激光,2010,21(1):107—111.

[10] 邓桂兵,周爽,李珊珊,等. 基于压缩感知的数字图像认证算法[J]. 华中师范大学学报(自

然科学版),2014,48(4):487-491,515.

[11] 李珊珊,蒋天发.基于压缩感知的图像数字水印算法的研究[D].武汉:中南民族大学硕士学位论文,2014.

第 9 章 MPEG-2 压缩标准和 I 帧的提取技术

结合相应的视频编码标准,才能设计出符合实际且有效的水印系统。因此,理解相应的视频编码标准是视频水印技术研究的前提和基础。MPEG-2 编码是目前流行的一种视频压缩国际标准,它采用运动补偿预测技术和基于块的变换编码。其编码变换采用离散余弦变换(DCT)。MPEG-2 标准定义三种帧格式。

(1) 内部编码帧 I 帧:I 帧采用独立编码,不参考其他帧。I 帧压缩比不高,它为编码序列提供预测基准点,也是解码过程的起始帧。

(2) 前向预测帧 P 帧:P 帧是由前一个 I 帧或者 P 帧预测得到,采用了运动补偿预测编码。P 帧也可以作为它后面预测帧的参考帧,压缩比很高。

(3) 双向预测帧 B 帧:B 帧是同时由前面和后面的参考帧预测得到,压缩比最高,而且永远不能作为其他帧的参考帧[1]。

9.1 MPEG-2 标准的关键技术

9.1.1 去时域冗余

MPEG-2 采用了上面所述的三种帧格式。通过帧间运动补偿,使视频数据的比特数得到有效压缩,以满足视频信号随机存取的要求。内部编码帧 I 帧提供随机存取的存取位置,通过帧间补插来减少时域空间冗余。前向预测帧在编码时要用到之前的帧(包括 I 帧和 P 帧),当前的帧又可以作为后面预测帧的参考帧。双向预测帧的数据压缩效果最显著,但在编码时要同时用到它前面和后面的帧,而且它不能再作为其他预测帧的参考帧。三种帧格式在时间轴上的排列顺序如下:

…I B B P B B P B B P B B I B B P B B P B B P B B…

9.1.2 运动补偿

运动补偿是减少视频帧序列间信息冗余的有效办法。运动补偿实际上是一种广义的预测技术,它将每一个 16×16 的子块看作一个二维的运动矢量,使用因果预测和非因果预测。运动补偿预测的预测单元是子块。因果预测是将当前子块看作其之前相应子块的位移,包括方向和幅度。这里还必须对子块的运动矢量块进行编码传送,以供在解码时恢复图像。非因果预测即补插编码,是基于时间轴上的多分辨率技术,它对时间轴上的低分辨率子信号进行编码,是一种双向预测编码。在上面的帧序列中,第 4 帧 P 帧是由第 1 帧 I 帧预测得到的;这两个帧共同作为参考帧,预测得到它们之间的两个 B 帧。在 MPEG-2 解码器输入端(或者是编码器的输出端),帧序列不是按照时间顺序,而是按照下面顺序排列:

$$\cdots IBBPBBPBBPBBIBB\cdots$$

上面这个顺序就完全符合解码器的输入要求。同时,解码器输出的帧序列也符合编码器的输入要求[1]。

9.1.3 运动表示

如 9.1.2 节所述,MPEG-2 压缩标准中的运动补偿是基于 16×16 子块的。子块也有不同的类型,如双向预测帧 B 帧的子块可以是内部型、前向预测型、后向预测型和平均型。一个给定的子块,它的预测表达式要取决于它的参考帧和运动矢量。子块的运动矢量在不同的区域有不同的选择,它的选择范围是基于帧间图像和块内图像的时间分辨率。也就是说,如果两个相对应的子块所包含的画面内容完全没有变化,则子块的运动矢量就为 0。两个相邻的不同子块的运动信息可作不同的编码处理,并采用运动补偿方式以减少信息冗余,减少需要传送或保存的完整图像的帧数,达到压缩比高、图像质量好的效果。

9.1.4 去空域冗余

MPEG-2 压缩标准中采用了离散余弦变换编码方法来减少空域冗余。离散余弦变换编码方法实现方式相对简单,归纳起来主要包含三个阶段:离散余弦变换、量化变换系数、熵编码。整个编码过程如图 9.1 所示[2,3]。

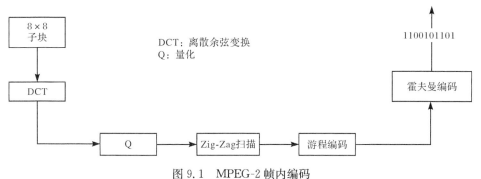

图 9.1 MPEG-2 帧内编码

9.1.5 离散余弦变换

首先要明确的是,离散余弦变换不能对图像产生直接压缩作用[3],它的作用是将图像块能量集中在少数低频 DCT 系数上。离散余弦变换是对 8×8 的图像块作数据采样并进行离散余弦正交变换,最终得到 8×8 的 DCT 系数块。在这个系数块中,左上角的低频系数数值较大,其余的系数数值均较小,这样就可以只编码和传输数量较少的低频系数而不影响图像质量[4]。

1) 量化器

DCT 量化是一个重要的操作,是针对 DCT 系数的。不同的 DCT 系数对人类视觉系统的重要性是不同的,因此量化器要对 8×8 系数块中 64 个系数采用不同的量化精度。其中,人类视觉系统对低频系数较为敏感,量化器的精度较细;高频系数的情况则相反,量化器的精度也较粗,而且高频系数通常被量化为 0。这样做的好处是,可以保证 DCT 系数在量化后包含尽可能多的 DCT 空间频率信息。

2) 之型扫描(Zig-Zag)和游程编码

之型扫描的作用是将 8×8 的 DCT 系数块转换成一维的序列。之型扫描以后,非零的 DCT 系数在序列的前部,后面是一串被量化为 0 的系数。之型扫描之后是游程编码。游程编码只针对量化后非零的系数,当一个非零的系数后面都是 0 时,就用块结束符"EOB"来指示。

3) 熵编码

在 MPEG-2 标准中,熵编码使用的是霍夫曼编码。熵编码可以对前面生成的一维系数序列进行比特流编码,从而产生可用于传输的数字比特流[1,3]。

9.1.6 MPEG-2 基本码流结构

MPEG-2 基本码流(ES)采用分层的数据结构[5,6],共由六层组成,从上到下分别为:视频序列层(sequence)、图像组层(GOP)、图像层(picture)、条层(slice)、宏块层(macro block)、块层(block),如图 9.2 所示。

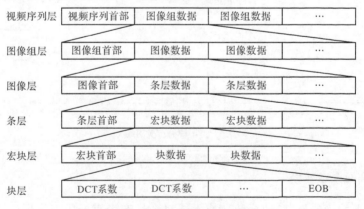

图 9.2 MPEG-2 基本码流结构

视频序列层:包括视频序列首部、若干个图像组数据和结束码,视频序列首部包含视频的比特率、宽高比、图像大小等解码时所需的信息。

图像组层:包括图像组首部、若干连续帧图像组成的可以被随机访问到的一段图像数据和结束码。一个图像组至少需要有一个I帧,并以I帧作为图像组的第一帧。同时,I帧也是图像序列的随机访问点,I帧之后紧跟一串P帧和B帧。

图像层:包括图像首部和一特定帧图像的所有编码数据,图像首部包含图像编码类型。

条层:包含若干个相邻的宏块。条层的主要作用是出错恢复。

宏块层:包含四个亮度块和两个色度块,宏块大小为16×16。宏块层也有首部,包含宏块类型和量化加权因子等信息。

块层:就是前面所说的8×8的DCT系数块,是MPEG-2标准的最小编码单元。块层的最后是结束符EOB[1,6]。

9.2 基于压缩域的I帧提取

9.2.1 算法思路

提取数字视频中的关键帧,然后利用静止图像处理技术对其进行处理,是一种很有效的视频处理方法。然而,目前关键帧提取算法主要应用在视频检索或视频摘要上,这些应用都要求尽量用数量较少的帧来完整地表达视频内容。这些算法显然没有考虑对关键帧后续处理以及其他应用目的。对于数字视频水印来讲,提取I帧只是实现水印系统的第一步。因此,提取关键帧这一环节应力求算法简单、提取速度快、占用资源少。

本节实现一种基于压缩域[7]从MPEG-2码流中直接提取I帧的方法。基于压缩域的视频处理具有很大的优势:省去了繁琐的MPEG-2解码过程,处理速度快;直接对MPEG-2码流进行操作,占用的软硬件资源少;在一定程度上适应了分析多媒体数据的需要。

算法的基本思路是:从MPEG-2二进制码流中逐层读取,直到视频序列首部、图像组首部和图像首部。如果从图像首部检测出帧类型为I帧,就解析条层和宏块。压缩标准不同,则组成宏块所需的块的个数也不同。该算法最终解析出每一个块,块的集合就是I帧的DCT系数;将读出的所有I帧数据存入矩阵,进而存入数据库以供对I帧进行后续处理[1,5]。

9.2.2 算法实现步骤

结合MPEG-2基本码流结构,可将I帧DCT系数的提取分为以下几步[6,8]:

(1) 在 MPEG-2 视频的二进制流中,寻找视频数据流的开始位置。视频数据流的起始码为 0X000001E0。

(2) 在找到视频数据流开始位置后,就可以按照 MPEG-2 的基本码流结构从上往下进行逐层扫描,直到图像层。首先是视频序列层,视频序列首部的起始码为 0X0001B3;然后是图像组层,图像组首部起始码为 0X0001B8;最后是图像层,图像首部起始码为 0X000100。如 9.1.6 节所述,通常情况下,图像组层至少包含一个 I 帧,而且 I 帧是紧邻图像组首部的第一帧。也就是说,越过图像组首部,就到了某个 I 帧图像的首部。

(3) 找到图像首部后,依次会遇到关键词 Picture_start_code 占 32bit、Temporal_reference 占 10bit;之后是图像的帧类型标记 Picture_coding_type 占 3bit,根据它的值就可以判断帧类型,若为 001,就是 I 帧,010 是 P 帧,011 是 B 帧。同时,要记录下 I 帧的图像编码类型,以便在算法第(5)步中确定宏块所包含的块数。

(4) 和前几步一样,在第(3)步检测到 I 帧以后,去掉图像首部,就到了条层数据,条层的起始码为 0X00000101~0X000001AF。对条层进行解析后可以得到宏块数据,最后解析宏块。

(5) 在第(3)步的图像层解析中已经得到了 I 帧的图像编码类型,根据编码类型确定每一个宏块所包含的块的数目,然后进行块层的解析。

(6) 遇到序列结束码 0X000001B7 时,结束解析。

实验以一个 13s 的 MPEG-2 视频作为素材,总的帧数为 311 帧,提取出了 26 个 I 帧数据。

此算法是在不解压整个视频流文件的基础上提取出 I 帧数据。基于 I 帧的视频处理一方面基本上保留了视频的原始信息;另一方面相对于 P 帧和 B 帧,I 帧所占的比例最小,从而大大提高视频水印嵌入和提取的速度[1]。

9.3 点特征检测

本章所研究的水印系统是基于视频内容的。通常情况下,基于内容的数字水印系统都需要借助图像本身的某些特征来确定水印嵌入和提取时的准确位置。

9.3.1 点特征概述

图像特征包括点、线、面三种。其中,点特征可以说是图像最基本的特征,也是最常见、研究最多的一种图像特征。点特征是指在二维方向上亮度剧烈变化的点,包括圆点、角点等。基于点特征的图像或视频处理,既可以大大减少数据计算量,又不会损害图像的重要亮度信息。因此,点特征在诸多领域都有重要的应用,如图像匹配、数字水印、目标描述与识别等[9]。目前比较典型的点特征提取算法可以分为以下三类。

1) 兴趣算子法

兴趣点[8]是在所在的某个区域内有奇异性表现的像素点,它们很容易被提取,并且对图像变换、信号噪声、各种参数变化等具有较强的鲁棒性。常见的算子有 Harris 算子、Moravec 算子、Forstner 算子等。

2) 边缘点提取法

对图像作小波变换,并计算变换后的模值,将模值中的局部最大值所在的点作为图像的边缘点。

3) 角点检测法

角点具有其他类型的图像特征所没有的优点,如旋转不变性、抗几何攻击等。

角点在不同的应用场合有不同表述,如图像边缘曲线上曲率极大的点[10]、图像边缘方向上变化不连续的点、图像边缘曲线上曲率变化显著的点等。

9.3.2 基于 Harris 算子的点特征提取算法研究与实现

1) 算法描述

Harris 算子[11]是 1988 年由 Harris 和 Stephens 提出的一种点特征提取算子。这种算子受信号处理中自相关函数的启发,主要是利用和自相关函数相联系的自相关矩阵 M 来确定图像中的信号变化形式。自相关矩阵 M 的特征值是自相关函数的一阶曲率,如果两个曲率的值都比较高,就认为这个点是特征点。Harris 算子的表达方式如下:

$$M = G(s) \oplus \begin{bmatrix} g_x^2 & g_y g_x \\ g_x g_y & g_y^2 \end{bmatrix} \quad (9.1)$$

$$I = \det(M) - k t_r^2(M), \quad k = 0.04 \quad (9.2)$$

其中,g_x 和 g_y 分别为 x 方向和 y 方向上的梯度;$G(s)$ 为高斯模板;$\det(M)$ 为自相关矩阵 M 的行列式;$t_r(M)$ 是自相关矩阵 M 的迹;k 是常数。

对上述公式的分析如下:

(1) 对于所检测的灰度图像的每一个点,都先分别计算其 x 方向和 y 方向的一阶偏导以及二者的卷积。每个点都得到三个值,这样就可以形成三幅新的图像,三幅图像中相对应的点的像素值分别为 g_x、g_y 和 $g_x g_y$。分别对这三幅新图像进行高斯滤波处理,最后计算原始图像上对应点的兴趣值 I。

(2) 在各点的兴趣值计算完成之后,就可以提取出原始图像中每一个局部范围内兴趣值最大的点。Harris 算法认为,这些局部范围内兴趣值最大的点所对应的像素就是原始图像的特征点。在实际的应用中,可顺序地从以每个像素点为中心的局部范围内提取最大值,如果中心点像素的兴趣值就是该范围内的最大值,那么这个点就是特征点。

基于 Harris 算子的点特征检测算法比较简单,只用到了灰度的一阶差分和滤波;同时,算法在检测点特征时不需要设置阈值,可以满足自动化的要求[1,11]。

2) 算法的实现与结果分析

作为研究视频水印系统算法的必要准备环节,本节在 VC 6.0 环境下实现了利用 Harris 算法对图像点特征的检测。

这里分别用人造测试图像和真实世界图像进行仿真测试。图 9.3 和图 9.4 分别展示了提取结果。从实验可以看出,基于 Harris 算子的点特征提取算法是很高效的。总结起来,有以下优点:

(1) 算法比较简单。只用到了灰度的一阶差分和滤波,且不需要设置阈值,具有较高的信息量和较好的重复性。

(2) 提取出的特征点合理而且均匀。算法对图像的每一个点都计算兴趣值,且只在一定的区域内选择一个最优点。从上面的实验可以看出,在纹理信息较少的区域提取到的特征点较少;而在纹理信息较为丰富的区域则能提取出大量有用的特征点。

(3) 可定量提取特征点。算法的最后一步是对各区域内的所有最大兴趣值进行排队,因而可以根据需要来确定提取出的特征点数量。

(4) 稳定性较强。只涉及一阶差分和滤波,所以即使存在图像的旋转、亮度变化等,算法也能稳定地提取出有用的特征点[1,12]。

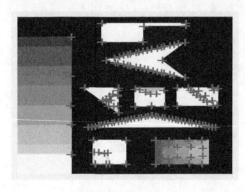
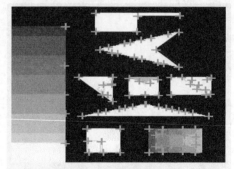

(a) "局部范围"为 5×5　　　　　(b) "局部范围"为 10×10

图 9.3　利用 Harris 算子对人造测试图像进行点特征检测

(a) "局部范围"为 5×5　　　　　　(b) "局部范围"为 10×10

图 9.4　利用 Harris 算子对 Lena 图像进行点特征检测

9.4　小　　结

本章阐述了 MPEG-2 压缩标准及其所涉及的关键技术,包括去时域冗余、运动补偿、运动表示、去空域冗余、离散余弦变换、MPEG-2 基本码流结构和点特征检测;分析了 Harris 算子,并实现了一种利用 Harris 算子提取图像特征点的方法和一种基于压缩域的 I 帧 DCT 块的提取算法。

参 考 文 献

[1] 彭欢,蒋天发.基于 I 帧图像点特征的 MPEG-2 视频水印方案[D].武汉:中南民族大学硕士学位论文,2011.
[2] 翁正岭,施化吉.基于 MPEG-2 的视频内容认证水印技术研究[D].镇江:江苏大学硕士学位论文,2006.
[3] 彭川,蒋天发.基于离散余弦变换的图像水印算法[D].武汉:中南民族大学硕士学位论文,2007.
[4] 柯赟,蒋天发.基于离散余弦和 Contourlet 混合变换域的图像水印方案[J].武汉大学学报(工学版),2012,45(2):797−800.
[5] Wang Q,Jiang T F. A study of watermarking in JPEG2000 domain[J]. Journal of Wuhan University of Technology (Transportation Science & Engineering),2004,28(5):795−798.

[6] 柳晶,蒋天发.一种基于DCT的MPEG2视频数字水印改进算法[D].武汉:中南民族大学硕士学位论文,2007.
[7] 邓桂兵,周爽,李珊珊,等.基于压缩感知的数字图像认证算法[J].华中师范大学学报(自然科学版),2014,48(4):487−491,515.
[8] 薛富国,卢朝阳.兴趣点检测与图像匹配技术研究[D].西安:西安电子科技大学硕士学位论文,2002.
[9] 倪国强,刘琼.多源图像配准技术分析与展望[J].光电工程,2004,31(9):1−6.
[10] 桑农,张天序,汪国有,等.基于区域灰度变化的影像匹配方法研究[J].华中理工大学学报,1996,24(2):1−3.
[11] Harris C,Stephens M. A combined corner and edge detector[C]. Proceedings of 4th Alvey Vision Conference,Manchester,1998:145−152.
[12] 熊祥光,杨锦尊,崔巍,等.基于三维小波变换和HVS的视频水印算法[J].武汉大学学报(工学版),2010,43(3):357−360,369.

第10章 基于 I 帧角点的 MPEG-2 视频水印算法

要设计一个完善的数字视频水印系统,应包括数字水印的选择和预处理、嵌入方法、提取方法等几个重要技术环节。MPEG-2 标准的一些关键技术,实现了对 I 帧的检测和提取;第 9 章实现了基于 Harris 算子的图像点特征检测与提取。本章将在此基础上,介绍一种基于 I 帧角点的 MPEG-2 视频水印嵌入与检测算法。该算法的主要内容包括:选择二值图像作为水印,并用特定的密钥对水印预处理;从 MPEG-2 视频码流中提取出 I 帧,并用 Harris 算子提取出 I 帧中的角点;按照某种规则将处理过的水印比特信息嵌入在这些特征点上;根据水印嵌入方法设计相应的水印提取方法。此外,本章还对算法进行仿真实验,并对水印系统的不可感知性和鲁棒性进行验证[1]。

按照上述的思路,算法的主要流程包括:①选择水印信息并用密钥进行预处理;②对 MPEG-2 视频载体进行 I 帧的提取;③利用 Harris 算子提取 I 帧里的角点;④水印的嵌入;⑤水印的检测。

10.1 水印的选择和预处理

在对数字水印系统进行研究时,首先要考虑的问题是,要将什么信息作为水印嵌入在被保护的载体数据上。通常情况是将版权信息、保密信息、认证信息等其他有关信息,转化成适合嵌入载体数据的数字水印信号,进而嵌入载体数据。无论数字水印的原始信息是什么,只要转化后所得到的水印信息的长度相同,那么对于相同的数字水印嵌入和提取算法,水印所显示出来的性能都是一样的。

一般情况下,选取的水印应该是可读或可视的,如一串数字或一个图片。特别是图片水印,存在一些显而易见的优点:相对于那些无任何意义的二值序列水印,前者在进行提取验证时更容易用人眼进行验证,并且能容忍在提取结果中出现少量的错误比特。本章就是选取一幅带有特定文字的简单二值图像作为原始水印,以满足验证算法性能的要求。

另一个需要考虑的问题是,如果原始水印是一幅有特定意义的图片,则图片相邻像素点之间必定具有较强的相关性。一旦水印系统的算法被攻击者所知晓,则攻击者就很容易提取出水印信息。因此,在嵌入之前,需要先对水印进行伪随机、置乱变换、混沌映射等加密操作,以消除或降低相邻像素点之间的相关性,提高水印的安全性。这样做的另一个好处是,可以使提取出的水印的错误比特分散开,提高水印系统抗几何攻击的能力。

本章主要介绍水印的嵌入与提取算法,以及对算法性能的验证,所以不对水印加密做过多的讨论。在水印的预处理环节,只是用一个简单混沌序列进行加密。

混沌映射中最常用的一类函数是 Logistic 映射。一维 Logistic 映射从数学形式上看,是一个非常简单的混沌映射,其数学表达公式如下[2]:

$$X_{n+1} = X_n \mu (1-X_n), \quad \mu \in [0,4], X_n \in (0,1) \tag{10.1}$$

其中,μ 为分支参数。当 $3.5699456\cdots < \mu \leqslant 4$ 时,Logistic 映射工作于混沌态[3]。也就是说,由初始条件 X_0 在 Logistic 映射的作用下所产生的序列 $\{X_k, k=0,1,2,3,\cdots\}$ 是非周期、不收敛的,并对初始值非常敏感[4]。图 10.1 是初始值 $X_0 = 0.663489000$ 和 $0.663489001, \mu = 3.99$ 时两个 Logistic 序列之差的图像。很明显,在最开始的 20 多次迭代中,两者的差值很小,近似等于 0;但随着迭代次数的增加,两个序列的差值显示出一种无规律的情形,且相差也比较大了,或者说相关性为 0。通常,也称 Logistic 映射的这个特性为"雪崩效应"[5]。

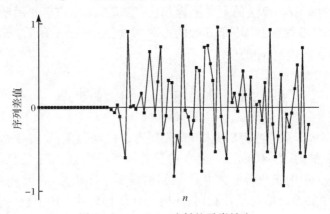

图 10.1 Logistic 映射的雪崩效应

假设要在一个彩色图像中添加 $m \times n$ 二值水印图像 W,就选定分支参数 μ 和一个初始值(或称为密钥)X,利用映射产生一个长度为 $m \times n$ 的混沌序列 X。然后,用式(10.2)对这个混沌序列进行二值化处理以得到一个新的序列 A:

$$A_i = \begin{cases} 1, & X_i \geqslant \bar{X} \\ 0, & X_i < \bar{X} \end{cases} \tag{10.2}$$

最后,用得到的 A 对 W 加密,加密原则是:如果 A_i 为 1,则对应的像素点 W_i 不变;如果 A_i 为 0,则 W_i 变换[1]。

10.2 I 帧的提取与解码

第 9 章探讨了 MPEG-2 压缩标准,并在 9.2 节中实现了一种基于压缩域的 I 帧提取算法。该算法从 MPEG-2 二进制流中逐层读取,直到视频序列首部、图像组首部和图像首部;如果从图像首部检测出帧类型为 I 帧,就解析条层和宏块。MPEG-2 压缩标准中,每个宏块包含 4 个 8×8 的子块。

在本水印算法中,要提取 I 帧图像的角点,因此必须解码出完整的 I 帧。本章所设计的视频水印算法在 I 帧提取这个环节中,只对 MPEG-2 视频码流进行部分解码,即在 9.2 节得到的 I 帧编码数据的基础上,对 I 帧进行单独解码,以提高水印系统的处理速度。

MPEG-2 压缩标准的文档(后文简称文档)中给出了一个最简化的视频解码流程。本章通过对其裁剪,得到一个只适合 I 帧的解码流程,如图 10.2 所示。

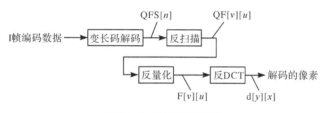

图 10.2 I 帧解码流程

下面分别分析解码的几个步骤[1,6]。

1) 变长码解码

I 帧的变长码解码包括 DC 系数解码过程和其他系数解码过程。DC 系数的解码依赖两个系数 dct_dc_size 和 dc_dct_differential。其中,dct_dc_size 值依赖于颜色分量 cc 值和文档中的表 II-B-12 和表 II-B-13,cc 值从文档中的表 II-7-1 中获取。如果 dct_dc_size 不为零,则它后面就会跟着一个位数为 dct_dc_size 的 dc_dct_differential。其他系数的解码要使用文档中的表 II-B-14、表 II-B-15、表 II-B-16。

2) 反扫描

反扫描是将一维的 QFS[n]转换为系数二维数组 QF[v][u]。MPEG-2 国际标准规范给出了两个扫描模板,根据图像头扩展中 alternate_scan 是 0 还是 1 来决定用图 II-7-2 还是图 II-7-3。

反扫描完成后,要保存这个中间结果,即后面提到的中间结果都指这个反扫描后的结果。I 帧解码时反扫描后的结果也就是 I 帧编码时量化后的结果。该数字水印系统会将水印比特嵌入特定子块的 DCT 系数经量化后的 DC 系数上,保存此处反扫描后的结果会省去对解码后的 I 帧重新进行 DCT 变换和量化这两个环节,以提高水印系统的效率。

3) 反量化

系数二维数组 QF[v][u] 通过反量化,就可以产生重构的 DCT 系数。反量化过程同样包括 DC 系数和其他系数。DC 系数的反量化比较简单,用 QF[0][0] 乘以一个常数因子就可以得到,常数因子参考文档中的表 II-7-4。其他系数的反量化稍微复杂,包括反量化算法、饱和化和调谐控制三个步骤。

4) 反 DCT

文档中对反 DCT 有专门的算法供参考,并作为 MPEG-2 国际标准必备的一部分。反 DCT 可参考文档附录 II-A。

10.3 角点的检测

第 9 章分析了图像的点特征和 Harris 算子,并实现了一个基于 Harris 算子的点特征提取算法。仿真实验表明,Harris 算子是一种高效的点特征提取算子,算法简单,提取出的特征点合理且均匀,稳定性也较好。

然而,视频的数据量相对于图片来说是巨大的,角点的检测需要在所有 I 帧中进行。Harris 算子若不进行简化,势必会成为影响视频水印算法性能提高的瓶颈。因此,本水印系统在角点提取这个环节上对 Harris 算子做进一步的简化,使之适应对 MPEG-2 视频的所有 I 帧进行角点检测。具体的简化思路是,采用矩阵的行列式和迹来计算角点检测算子,以避免复杂的矩阵特征值分解,减少运算量[7]。

具体的简化方法是将式(9.2)做如下修改:

$$\text{Corner} = \frac{\det(M)}{t_r(M)} \tag{10.3}$$

将 I 帧中的每一个点按照式(10.3)计算。角点的判断方法是,首先设定阈值 T,如果某一点的 Corner 值大于 T,且是其所在的局部范围内的最大值,就认为这一点是特征点。

9.3.2 节中提到,利用 Harris 算子可以根据需要定量提取角点,方法是将检测到的全部局部范围内的最大兴趣值进行排队,进而从大到小定量提取。Harris 算子简化以后,这个定量提取的功能就要依靠阈值 T、高斯模板宽度和非极大值抑制区域宽度。MPEG-2 中 I 帧的编码方式决定本算法将在宏块中的 8×8 子块上进行操作。为了避免相邻的 8×8 子块之间相互影响,此处将高斯模板宽度设为 7;同时为了避免 32×32 的宏块之间相互影响,此处将非极大值抑制区域宽度设为 31;阈值 T 取经验值 5000。

10.4 数字水印的嵌入算法

本节在前面一系列研究的基础上,给出完整的数字水印嵌入算法。数字水印的嵌入流程如图 10.3 所示。数字水印的嵌入详细步骤如下:

(1) 提取 MPEG-2 视频的 I 帧码流,并对 I 帧进行单独解码(这里的解码是不完全的,只需得到所有 I 帧即可[8]);得到 I 帧以后,进行 Harris 角点探测。这时要记录角点所在的帧和坐标。这一步需要注意的是,要保存 I 帧解码时反扫描后的中间结果,水印比特要直接嵌在这个中间结果上。

(2) 根据前一步记录下来的角点坐标确定角点所在的宏块,并需精确到角点属于宏块的哪一个子块。在 10.2 节中提到,MPEG-2 的一个宏块包含四个子块,将这四个子块进行编号,从上到下、从左到右依次编号为 A、B、C、D。这时就可以确定角点所在子块的编号。

水印嵌入位置的选择应遵循以下原则:若特征点在 A 块中,则将水印比特嵌入 B 块中;若特征点在 B 块中,则将水印比特嵌入 A 块中;特征点在 C 块或 D 块中时,同样这样处理。这样做的原因是,如果将水印比特嵌入在特征点所在的子块,可能会导致检测水印时提取的特征点和嵌入时提取的特征点不一致。

(3) 结合第(2)步中找到的需要嵌入水印比特的子块和 I 帧解码时的中间结果,确定中间结果中相应的 DCT 系数块,进而找到 DCT 系数块中的 DC 系数。值得注意的是,这个 DC 系数已经是量化后的。

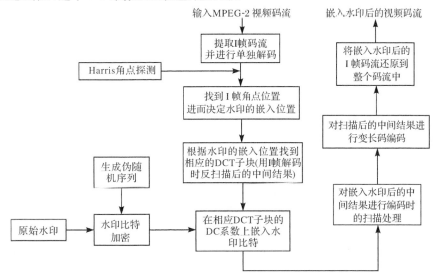

图 10.3 数字水印的嵌入流程

(4) 用混沌序列生成器生成一串二进制混沌序列,加密准备好的二值水印图像,然后将加密后的水印比特嵌在量化后的 DC 系数上。嵌入规则是:如果水印比特为 1 且 DC 系数为奇数,或者水印比特为 0 且 DC 系数为偶数,则不做任何修改;如果水印比特为 1 且 DC 系数为偶数,则 DC 系数加 1;如果水印比特为 0 且 DC 系数为奇数,则 DC 系数减 1。

(5) 对嵌入水印后的中间结果进行扫描,然后进行变长码编码,最后得到嵌入水印比特后的 I 帧码流,将其还原到整个视频码流中即可[1,8]。

10.5　数字水印的提取算法

数字水印的提取流程如图 10.4 所示。

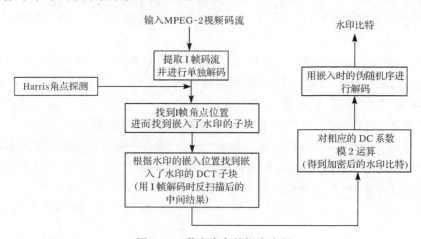

图 10.4　数字水印的提取流程

数字水印提取流程的前几个步骤和数字水印嵌入流程基本相同。具体步骤如下:

(1) 对待测的 MPEG-2 视频进行解码,得到 I 帧,对 I 帧用 Harris 算子进行角点探测,记录角点的坐标和所在的帧。

(2) 根据角点所在的子块找到水印比特所在的子块。若角点在 A 块,则水印比特在 B 块;C 块和 D 块的情况相同。

(3) 结合第(2)步中找到的嵌入了水印比特的子块和 I 帧解码时反扫描的中间结果,确定水印比特所在的 DCT 系数块,进而找到相应的 DC 系数。

(4) 对第(3)步所得到的 DC 系数进行模 2 运算,运算的结果是嵌入相应子块中的水印比特。

(5) 用嵌入数字水印时的伪随机序列对提取出来的水印比特进行解密,还原到原始的水印状态。至此,完成数字水印的提取流程[1,9]。

10.6 仿真实验与性能评估

测试时选取的原始水印为一幅带有"中南民大"字样的 30×30 的二值图像,选取的视频为两段 500 帧左右的视频 A 和 B,帧大小都为 320×240。下面的测试会在视频 A 和 B 上分别进行,以作对比。

10.6.1 隐蔽性测试

水印加密时,式(10.1)中初始值 X_0 取 0.66,μ 取 3.99。首先可以看到,在原始水印加密以后和提取出的水印解密以前,水印都无法辨别,这就提高了水印的安全性。图 10.5 为在没有任何攻击和噪声干扰的情况下,水印嵌入前后视频 A 某一相同时刻的截图。视频 B 的测试结果很类似,如图 10.6 所示。

(a) 原始视频在一特定时刻的截图

(b) 原始水印和加密后的水印(嵌入以前)

(c) 嵌入水印后的视频在同一时刻的截图

(d) 提取出的解密前和解密后的水印

图 10.5 视频 A 水印嵌入实验

(a) 原始视频在一特定时刻的截图　　　　(b) 原始水印

(c) 嵌入水印后的视频在同一时刻的截图　　(d) 提取出的水印

图 10.6　视频 B 水印嵌入实验

从主观视觉上看,水印嵌入前后,视频的视觉质量几乎没有区别;提取出的水印和嵌入时的水印也没有区别。表 10.1 从峰值信噪比(PSNR)和提取到水印比特的正确率两个方面对嵌入水印后的性能做定量分析[10]。

表 10.1　数字水印隐蔽性定量分析

视频	水印比特正确率	PSNR
A	100%	46.13
B	100%	47.56

从表 10.1 中可以看出,在没有任何攻击和噪声干扰情况下,可以正确提取出全部水印比特,原始的水印信息可以完全恢复。峰值信噪比分别为 46.13 和 47.56,表明水印的隐蔽性能良好,在视频中很难察觉水印的存在[1]。

10.6.2　鲁棒性测试

1) 几何攻击测试

本水印算法是基于视频帧角点的。通常,基于视频内容的水印对几何攻击都具有较强的鲁棒性。此处的几何攻击测试分为两组,一组对嵌入水印的视频进行平移攻击,另一组进行缩放攻击。用攻击后所提取出的水印比特的正确率来衡量水印的鲁棒性[11]。

表10.2是对嵌入水印的视频进行平移攻击的测试情况。

表10.2 水印的平移攻击测试

平移幅度		-10	-5	5	10
视频A	正确率	94.26%	96.86%	96.64%	94.96%
	提取出的水印	中南民大	中南民大	中南民大	中南民大
视频B	正确率	97.55%	99.01%	99.45%	98.24%
	提取出的水印	中南民大	中南民大	中南民大	中南民大

在提取I帧角点时,设置的非极大值抑制区域宽度为31。从测试结果来看,在平移距离小于非极大值抑制区域宽度的一半时,水印表现出很好的鲁棒性。但一旦超过这个宽度的一半,就会较为严重地影响角点的检测结果,进而影响到水印的检测结果。

缩放攻击是将嵌入水印的视频帧图像缩放后再还原。表10.3反映了对视频缩放操作后的测试结果。

表10.3 水印的缩放攻击测试

缩放比例		1.2	1.6	2.0
水印比特正确率	视频A	100%	100%	100%
	视频B	100%	100%	100%

从表10.3中可以看出,水印对缩放攻击具有很强的鲁棒性。

2) 压缩攻击测试

专门针对视频水印的攻击有压缩攻击、帧丢弃、帧剪切等[12]。表10.4是将嵌入水印的视频以较低的码率进行编码压缩后提取水印的情况。

表10.4 压缩攻击测试

码率/(Mbit/s)		8	4	2	1
视频A	正确率	95.43%	95.43%	95.43%	95.43%
	提取出的水印	中南民大	中南民大	中南民大	中南民大
视频B	正确率	98.06%	98.06%	97.42%	91.49%
	提取出的水印	中南民大	中南民大	中南民大	中南民大

从表 10.4 可以看出,在码率高于 1Mbit/s 时,水印仍能被较清晰地提取出来。可见,水印算法对压缩攻击具有较高的鲁棒性。

对于 MPEG-2 视频而言,要保证视频的视觉质量,就不可能删除全部的 I 帧。同时,本水印算法又是在每一个 I 帧中嵌入水印。因此,水印对于帧丢弃和帧剪切也具有较高的鲁棒性[1,13]。

10.7 关键源代码

10.7.1 I 帧编码数据的提取源代码

```
static int Headers(){
    unsigned int code;
    while(1)
    {
        next_start_code();
        code = Get_Bits32();
        switch (code){
        case  SEQUENCE_HEADER_CODE:{sequence_header(); break;}
        case  GROUP_START_CODE:{group_of_pictures_header(); break;}
        case PICTURE_START_CODE:{picture_header();return 1; break;}
        case SEQUENCE_END_CODE: return 0; break;
        default: break;
        }
    }
}

static int video_sequence(int *Bitstream_Framenumber)
{
    int Bitstream_Framenum, Sequence_Framenum, Return_Value;
    Bitstream_Framenum = *Bitstream_Framenumber;
    ⋮
    Decode_Picture(Bitstream_Framenum, Sequence_Framenum);
    ⋮
    while (Return_Value=Headers())
    Decode_Picture(Bitstream_Framenum, Sequence_Framenum);
    ⋮
    return(Return_Value);
}
```

```c
void Decode_Picture(int bitstream_framenum, int sequence_framenum)
{
    int MBAmax, ret;
    MBAmax = mb_width * mb_height;
    ⋮
    for(;;)
    if((ret=slice(bitstream_framenum, MBAmax))<0) break;
    ⋮
}


static int decode_macroblock(int * macroblock_type, int * dct_type)
    {
    int comp, coded_block_pattern, dc_dct_pred[];
    ⋮
    for (comp=0; comp<block_count; comp++){
    ⋮
        Decode_MPEG2_Intra_Block(comp, dc_dct_pred);
    }
}


void Decode_MPEG2_Intra_Block(int comp, int dc_dct_pred[])
    {
    int val, i, j, sign, nc, cc, run;
    unsigned int code;
    DCTtab * tab; short * bp; int * qmat;
    struct layer_data * ld1;
    ld1 = (ld->scalable_mode==SC_DP) ? & base:ld;
    bp = ld1->block[comp];
    ⋮
    cc = (comp<4) ? 0:(comp&1)+1;
    val=Get_DC_dct_diff(cc);
    if (Fault_Flag) return;
    bp[0] = val << (3-intra_dc_precision);
    nc=0;
    for (i=1; ; i++)
    {
        code = Show_Bits(16);
        tab=GetDCTTable(code);
```

```
if (tab->run==64) return;        /* end_of_block */
if (tab->run==65)
{
        i+= run = Get_Bits(6); val = Get_Bits(12);
        ...
        if((sign =(val>=2048))) val = 4096-val;
}
else {
        i+= run =tab->run; val = tab->level;
        sign = Get_Bits(1);
}
if (i>=64) {
        Fault_Flag = 1; return;
}
j = scan[ld1->alternate_scan][i];
val = (val * ld1->quantizer_scale * qmat[j]) >> 4;
bp[j] = sign? -val:val;
  ...
}
}
```

10.7.2　I帧的解码源代码

```
//DC 系数的变长码解码;dct_diff 和 half_range 为局部变量
if(dc_dct_size==0)  dct_diff=0;
else{
    half_range=2^(dc_dct_size-1);                        //乘方
    if(dc_dct_differential>= half_range)
        dct_diff= dc_dct_differential
    else
        dct_diff=(dc_dct_differential+1)-(2 * half_range);
}
QFS[0]=dc_dct_pred[cc]+dct_diff;
dc_dct_pred[cc]= QFS[0];


//其他系数的变长码解码;eob_not_read 和 m 为局部变量
eob_not_read=1;
while(eob_not_read){
    if(EOB){
```

```
            eob_not_read=0;
        while(n<64){
            QFS[n]=0;
            n=n+1;
            }
        }
        else{
            for(m<0;m<run;m++){
                QFS[n]=0;
                n=n+1;
        }
            QFS[n]=signed_level;
            n=n+1;
}
//反扫描
for(v=0;v<8;v++)
    for(u=0;u<8;u++)
        QF[u][v]=QFS[scan[alternate_scan][v][u]];
//反量化
for(v=0;v<8;v++)                //反量化算法
    for(u=0;u<8;u++)
        if((u==0)&&(v==0)&&(macroblock_intra))
            F1[v][u]=intra_dc_mult * QF[v][u];
        else
            if(macroblock_intra)
                F1[v][u]=(QF[v][u] * W[w][v][u] * quantiser_scale * 2)/32;
            else
                F1[v][u]=(((QF[v][u] * 2)+Sign(QF[v][u])) * W[w][v][u]
                            * quantiser_scale * 2)/32;
sum=0;
for(v=0;v<8;v++){              //饱和化
    for(u=0;u<8;u++)
        if(F1[v][u]>2047)
            F2[v][u]=2047;
        else
            if(F1[v][u]<-2048)
                F2[v][u]=-2048;
            else
```

```
                    F2[v][u]=F1[v][u];
        sum=sum+F2[v][u];
        F[v][u]=F2[v][u];
}
if((sum&1)==0)                              //调谐控制
    if((F[7][7]&1)!=0)
        F[7][7]= F1[7][7]-1;
    else
        F[7][7]= F1[7][7]+1;
```

10.7.3 点特征检测源代码

```
double * mbys(double * im,int imW,int imH,double * tp,int tpW,int tpH)
{
    double * out=new double[imW*imH];
    memset(out,0,imW*imH*sizeof(double));
    int i,j,m,n;
    #define im(ROW,COL) im[imW*(ROW)+(COL)]
    #define tp(ROW,COL) tp[tpW*(ROW)+(COL)]
    #define out(ROW,COL) out[imW*(ROW)+(COL)]
    double a;
    for(i=0;i<imH;i++)
        for(j=0;j<imW;j++)
        {
            a=0;
            //去掉靠近边界的行
    if(i>int(tpH/2)&&i<imH-int(tpH/2)&&j>int(tpW/2)&&j<imW-int(tpW/2))
            for(m=0;m<tpH;m++)
                for(n=0;n<tpW;n++)
                {
                    double temp=im(i+m-int(tpH/2),j+n-int(tpW/2))*tp(m,n);
                    a+=temp;
                }
            out(i,j)=a;
        }
    return out;
}
⋮
//利用差分算子对图像进行滤波
```

```
double dx[9]={-1,0,1,-1,0,1,-1,0,1};          //定义水平方向差分算子并求 Ix
Ix=mbys(I,cxDIB,cyDIB,dx,3,3);
double dy[9]={-1,-1,-1,0,0,0,1,1,1};          //定义垂直方向差分算子并求 Iy
Iy=mbys(I,cxDIB,cyDIB,dy,3,3);
for(i = 0; i < cyDIB; i++)                    //利用差分算子对图像进行滤波
    for(j = 0; j < cxDIB; j++){
        Ix2(i,j)=Ix(i,j) * Ix(i,j);
        Iy2(i,j)=Iy(i,j) * Iy(i,j);
        Ixy(i,j)=Ix(i,j) * Iy(i,j);
    }

double * g=new double[gausswidth * gausswidth];
for(i=0;i<gausswidth;i++)
    for(j=0;j<gausswidth;j++)
        g[i * gausswidth+j]=exp(-((i-int(gausswidth/2)) * (i-int(gausswidth/2))
            +(j-int(gausswidth/2)) * (j-int(gausswidth/2)))/(2 * sigma));

//归一化:使模板参数之和为 1
double total=0;
for(i=0;i<gausswidth * gausswidth;i++)
    total+=g[i];
for(i=0;i<gausswidth;i++)
    for(j=0;j<gausswidth;j++)
        g[i * gausswidth+j]/=total;

//进行高斯平滑
Ix2=mbys(Ix2,cxDIB,cyDIB,g,gausswidth,gausswidth);
Iy2=mbys(Iy2,cxDIB,cyDIB,g,gausswidth,gausswidth);
Ixy=mbys(Ixy,cxDIB,cyDIB,g,gausswidth,gausswidth);

//计算角点量
for(i = 0; i < cyDIB; i++)
    for(j = 0; j < cxDIB; j++)
cim(i,j)=(Ix2(i,j) * Iy2(i,j)-Ixy(i,j) * Ixy(i,j))/(Ix2(i,j)+Iy2(i,j)+0.000001);

double max;
for(i = 0; i < cyDIB; i++)
    for(j = 0; j < cxDIB; j++){
```

```
            max=-1000000;
            if(i>int(size/2)&&i<cyDIB-int(size/2)&&j>int(size/2)&&
               j<cxDIB-int(size/2))
                    for(m=0;m<size;m++)
                        for(n=0;n<size;n++){
                            if(cim(i+m-int(size/2),j+n-int(size/2))>max)
                                max=cim(i+m-int(size/2),j+n-int(size/2));
                        }
        if(max>0)
            mx(i,j)=max;
        else
            mx(i,j)=0;

}

//最终确定角点;const double thresh=4500;
for(i = 0; i < cyDIB; i++)
    for(j = 0; j < cxDIB; j++)
        if(cim(i,j)==mx(i,j))    //首先取得局部极大值
            if(mx(i,j)>thresh)   //然后大于这个阈值
                corner(i,j)=1;   //满足以上两个条件,才是角点

flag1=true;
this->UpdateData();
this->Invalidate();
```

10.8 小　　结

本章提出了基于 I 帧角点的 MPEG-2 视频水印算法,首先分析了该水印算法的主要内容和基本流程;然后分别对水印预处理、帧提取、角点检测、水印的嵌入和提取算法进行了详细描述;最后对水印系统进行了测试,包括隐蔽性测试和鲁棒性测试。

参 考 文 献

[1] 彭欢,蒋天发.基于 I 帧图像点特征的 MPEG-2 视频水印方案[D].武汉:中南民族大学硕士学位论文,2011.

[2] 张陶. 基于混沌加密的二值图像数字水印算法[J]. 理论与方法,2008,27(3):10-12.
[3] 刘宝锋,张文军,蒋天普. 一种基于混沌映射的鲁棒性图形水印算法[J]. 高技术通信,2004,(10):16-17.
[4] 李赵红,侯建军. 基于 Logistic 混沌映射的 DCT 域脆弱数字水印算法[J]. 电子学报,2006,34(12):2134-2036.
[5] 彭欢,蒋天发. 混沌映射在彩色图像水印中的应用[J]. 武汉理工大学学报(交通科学与工程版),2009,33(4):776-779.
[6] 刘丽,赵学民,彭代渊,等. 适用于广播监视的视频水印协议[J]. 计算机学报,2014,37(11):2389-2394.
[7] 朱新山,丁杰. 一种采用随机归一化相关系数调制的量化水印[J]. 计算机学报,2012,35(9):1959-1970.
[8] 柳晶,蒋天发. 一种基于 DCT 的 MPEG-2 视频数字水印改进算法[D]. 武汉:中南民族大学硕士学位论文,2007.
[9] Zhang W W,Gao F,Liu B,et al. A watermark strategy for quantum images based on quantum fourier transform[J]. Quantum Information Processing,2013,(12):793-803.
[10] 熊祥光,蒋天发,蒋巍. 基于整数小波变换和的视频水印算法[J]. 计算机工程与应用,2014,50(1):78-82,194.
[11] Ramkumar M,Akansu A N. Image watermarks and counterfeit attacks:Some problems and solutions[C]. Proceedings on Content Security and Data Hiding in Digital Media Conference,Newark,1999:102-122.
[12] Petitcolas F A P,Anderson R J. Attacks on copyright marking system[C]. Information Hiding Conference,Second International Workshop,Portland,1998,1525:218-238.
[13] 蒋巍,熊祥光,蒋天发. 奇异值分解视频水印嵌入与检测及安全性测试[J]. 信息网络安全,2011,(12):43-45.

第11章 基于最佳置乱的自适应图像水印算法

研究者设计了一个完整的数字水印系统,包括水印的选择和预处理、嵌入方式的选择、嵌入强度的控制等几个关键技术环节。本章首先介绍 Arnold 置乱变换的定义及变换周期的计算算法;对图像置乱效果的量化度量方法进行深入的研究,分析目前水印系统常用的基于像素位置的置乱度计算方法的局限性,并提出一种新的置乱度量方法。然后对数字水印的选择、水印的最佳置乱预处理、小波分解方案以及嵌入策略进行分析研究并确定解决方法;针对水印鲁棒性和不可感知性的矛盾问题,提出一种小波域数字图像水印嵌入与检测算法。该算法以二值图像作为水印,设计计算最佳置乱迭代次数的方法,实现水印的最佳置乱预处理,再将其嵌入图像小波变换后的低频子带的重要系数上。嵌入过程在深入研究人类视觉系统特性的基础上,综合考虑视觉掩蔽的几个特点,设计出一种自适应调节水印嵌入强度的方法,并且利用小波树结构设计出一种全新的简单有效的衡量局部纹理强度的方法,对解决水印鲁棒性和不可感知性的矛盾问题作了一次新的尝试。最后对算法进行仿真实验,并给出实验结果和性能评估。

算法的主要流程包括:①水印信息的选择及最佳置乱变换预处理;②小波基的选取及分解方案;③小波系数的选择;④利用人类视觉掩蔽特性确定嵌入强度;⑤水印嵌入方法;⑥水印提取方法[1]。

11.1 图像的 Arnold 置乱变换及其周期性

图像置乱作为一种图像加密技术,已成为数字图像安全传输和保密存储的重要手段之一[1]。置乱就是运用一定的规则搅乱图像中像素的位置或颜色,使之变成一幅杂乱无章的图像,达到无法辨认出原图像的目的。

近年来,随着数字水印技术的兴起,置乱技术又有了新的应用。由于代表版权信息的多为图像水印,在水印的预处理阶段,可以通过置乱去除水印图像像素间的相关性,分散错误比特的分布,使水印呈现出类似白噪声的特性,从而提高水印系统的鲁棒性。在图像加密中,置乱技术主要关心的是加密强度或解密难度。而在水印技术中,重点考虑的是置乱效果以及置乱时间和复原时间的开销。目前,人们使用比较多的置乱技术有 Arnold 变换、幻方变换、分形 Hilbert 曲线、Gray 码变换、混沌序列等[1,2]。其中,Arnold 变换因算法简单且置乱效果显著,在数字水印方面得到了很好的应用。

Arnold 变换是 Arnold 在遍历理论的研究中提出的一种变换,是一种传统的混沌系统。其定义如下[2,3]:

$$\begin{bmatrix} x' \\ y' \end{bmatrix} = \begin{bmatrix} 1 & 1 \\ 1 & 2 \end{bmatrix} \begin{bmatrix} x \\ y \end{bmatrix} (\bmod N), \quad x, y \in \{0, 1, \cdots, N-1\} \quad (11.1)$$

其中,(x,y) 是像素在原图像的坐标;(x',y') 是变换后该像素在新图像的坐标;N 是数字图像矩阵的阶数,即图像的大小,一般考虑正方形图像。

当对一个图像进行 Arnold 变换时,就是把图像的像素点位置按式(11.1)进行移动,得到一个相对原图像混乱的图像。对一幅图像进行一次 Arnold 变换,就相当于对该图像进行了一次置乱,通常这一过程需要反复迭代多次才能达到满意的效果。本章后面的内容对如何找到最佳迭代次数这一问题进行了一定的研究和探讨,并设计了解决方案。

利用 Arnold 变换对图像进行置乱使有意义的数字图像变成像白噪声一样的无意义图像,实现了信息的初步隐藏,并且置乱次数可以为水印系统提供密钥,从而增强系统的安全性和保密性。

Arnold 变换可以看作裁剪和拼接的过程,通过这一过程将数字图像矩阵中的像素重新排列,达到置乱的目的。由于离散数字图像是有限点集,对图像反复进行 Arnold 变换,迭代到一定步数时,必然会恢复原图,即 Arnold 变换具有周期性。Dyson 和 Falk 给出了对于任意 $N>2$,Arnold 变换的周期 $T_N \leqslant N^2/2$ 的结论[3],此周期值的上界估计较为粗糙,只能在作粗略分析时有一定指导作用。文献[4]继续研究了 Arnold 变换的周期性问题,并给出了计算不同阶数 N 下变换周期的算法,此算法的理论依据为下述定理:

对于给定的自然数 N,Arnold 变换周期 T 是使得下式成立的最小自然数 n:

$$\begin{bmatrix} 1 & 1 \\ 1 & 2 \end{bmatrix}^n (\bmod N) = \begin{bmatrix} 1 & 0 \\ 0 & 1 \end{bmatrix} \quad (11.2)$$

计算周期 T 的算法使 n 从 1 开始每次增加 1,直至式(11.2)成立,此时的 n 值即为图像阶数 N 所对应的 Arnold 变换周期 T。

不同阶数 N 下对应的 Arnold 变换周期 T 的部分结果如表 11.1 所示。可以看出,Arnold 变换周期总的趋势是随着图像的增大而增长,但局部会有一些振荡[5,6]。

表 11.1 不同阶数图像对应的 Arnold 变换周期

图像阶数 N	2	3	4	5	6	7	8	9	10
变换周期 T	3	4	3	10	12	8	6	12	30
图像阶数 N	16	30	32	50	64	100	128	256	512
变换周期 T	12	60	24	150	48	150	96	192	384

11.2 图像置乱程度的衡量

11.2.1 基于像素位置移动计算置乱度的局限性

数字图像置乱的目的在于打乱图像,消除像素间的相关性,使攻击者不能识别其内容。置乱后的图像相对于原始图像越"乱",表明该置乱的效果越好。但"乱"是人的主观视觉效果,不同观察者的评价结果可能不同,这就需要有一种对于置乱效果的量化度量方法。对于置乱度的计算许多文献作了探讨,但目前还没有一种公认的评价标准。

目前,评价图像置乱效果即置乱度的计算有两种方法,第一种是通过比较原图像与置乱图像像素位置移动的远近表明其置乱程度,认为置乱后的像素距离原位置越远,置乱效果越好[5,7];第二种是通过图像局部块的像素值方差表明其置乱程度[8],认为局部块各点的像素值与均值的差别越大,图像变化越剧烈,置乱效果越好。

目前,大多数文献的水印算法采用的是通过比较置乱前后像素位置移动的远近表明置乱程度的方法,这种方法单纯考虑像素的位置,而忽略了像素值本身对视觉效果和像素分散程度的影响,具有很大的局限性,很可能导致最终置乱程度度量结果的不准确。

考虑一幅所有像素值都相等的图像,如一幅全黑的图像,无论怎样进行Arnold变换,图像都不会有任何变化,但采用通过像素位置移动计算置乱度的方法,变换后的图像仍然具有一定的置乱度,这显然与客观事实不符。再考虑一幅图像 A,进行若干次 Arnold 变换得到一幅图像 B,采用通过像素位置移动计算置乱度的方法,如果 A 和 B 均以对方作为标准衡量起点,则 A 和 B 具有相同的置乱度,但显然 A 和 B 在通常情况下"乱"的程度是不同的。

因此,通过比较置乱前后像素位置移动的远近表明置乱程度的方法仅考虑了像素位置而忽略了像素值,这种局限性可能使最终得到的置乱图像难以达到预期的效果[6,8]。

11.2.2 基于图像局部像素值方差的置乱度量法

图像的置乱度应该是一个只与图像内容有关,而与像素点位置无关的量值,并且希望置乱后的水印图像呈现出类似于噪声的特征,因此本章选择图像局部块的像素值方差作为置乱度度量的方法。置乱度定义如下:

对于图像 $I(i,j)$,先将其划分为 L 个 $k \times k$ 的分块 $I_n(i,j)$,$n=1,2,\cdots,L$,$i=$

$0,1,\cdots,k-1, j=0,1,\cdots,k-1$；然后计算每个分块的灰度均值 μ_n 和方差 σ_n^2。σ_n^2 反映了子块图像的变化程度，其值越大，说明各点的灰度值与均值的差别越大，图像就越乱。子图像的灰度均值 μ_n 定义为

$$\mu_n = \frac{1}{k^2} \sum_{i=0}^{k-1} \sum_{j=0}^{k-1} I_n(i,j) \tag{11.3}$$

方差 σ_n^2 定义为

$$\sigma_n^2 = \frac{1}{k^2} \sum_{i=0}^{k-1} \sum_{j=0}^{k-1} (I_n(i,j) - \mu_n)^2 \tag{11.4}$$

则图像 I 的方差定义为

$$\sigma^2 = \frac{1}{L} \sum_{n=1}^{L} \sigma_n^2 \tag{11.5}$$

设图像置乱前的方差为 σ_{org}^2，置乱后的方差为 σ_{new}^2，则图像的置乱度定义为

$$\eta = \frac{\sigma_{\text{new}}^2}{\sigma_{\text{org}}^2} \tag{11.6}$$

图像子块的大小取得要适当，不能太大也不能太小[6,9]。

11.3 图像的置乱及计算置乱度实验

为了验证本章采用的基于像素值方差衡量置乱度方法的有效性，进行了图像置乱和计算置乱度的实验。实验采用了带有"中南民大"标志的二值图像，大小为 30×30，图像子块的大小取为 5×5，分为 $6 \times 6 = 36$ 个子块。表 11.2 是对应不同迭代次数的 Arnold 变换所对应的置乱度及置乱图像（限于篇幅，未列出所有迭代次数的置乱图像），置乱度的计算采用式(11.6)。通常一幅图像只需较少的迭代步数即可达到置乱度最大，本实验采用的二值图像迭代 7 次时达到置乱度最大（$\eta = 1.1679$）。

表 11.2 水印在不同迭代次数下的置乱度及图像

迭代次数	0	1	2	3	4	5	6	7
置乱度	1.0000	1.0935	1.1447	1.1461	1.1594	1.1618	1.1660	1.1679
水印图像								
迭代次数	8	9	10	11	12	13	14	15
置乱度	1.1542	1.1627	1.1627	1.1494	1.1599	1.1584	1.1229	1.1328
水印图像								

续表

迭代次数	20	25	30	35	40	45	50	60
置乱度	1.0550	1.1546	1.1380	1.1674	1.0697	1.1328	1.1660	1.0000
水印图像								

从实验结果可以看出,置乱度的量值和人眼观察到的置乱程度比较一致,说明把图像局部块的像素值方差作为置乱度量可以准确反映图像的置乱程度[6,10]。

11.4 水印信号的选择及最佳置乱变换预处理

在数字水印算法的研究中,首先需要确定将何种信息作为水印嵌入被保护的图像中,通常是由原始版权信息、认证信息、保密信息或其他有关信息,生成适合嵌入被保护图像的水印信号。原始水印一般有如下几种类型:

(1) 文本消息,如 ID 序列号、签名、文本文件或消息;
(2) 二值图像,如二值的图片、图章、商标或签名图像;
(3) 灰度或彩色图像,如有灰度或彩色的商标、图片、照片或图章;
(4) 无特定含义的序列,如伪随机序列、高斯白噪声。

无论采用何种数字水印,只要用来嵌入的水印信息长度是一样的,即具有相同的比特数,那么显然在只需判断水印有无的检测中,它们的性能应该是一样的。但如果选择的水印是可读或可视的,如有意义的字符串或一个图标、图章等,这种水印和无意义的序列相比,嵌入的水印能够提取出来由人眼进行验证,并且即使出现了一些比特错误也不会影响水印的识别,其具有的优点是显而易见的。所以,本算法将一幅有意义的二值图像作为原始水印来处理和隐藏。

如果给定的原始水印是具有特定意义的图像或文本数据,则相邻的像素或采样间具有很强的相关性,而且一旦提取算法被人知道,攻击者将很容易获得水印信息。因此,必须采用一定的措施使水印信息的能量分散,消除相邻像素的空间相关性,分散错误比特的分布,提高其抵抗图像剪切攻击的能力,提高水印算法的鲁棒性和安全性。理想的水印信号应具有与白噪声相同的特征,即期望均值为 0、方差为 1,所以需要对原始水印进行伪随机、混沌或置乱变换等处理。

本算法选择 Arnold 变换对原始二值图像水印进行置乱处理,并根据式(11.5)计算出水印图像在不同迭代次数下得到的置乱图像的置乱度,然后选择置乱度最大时的情况作为最佳置乱,得到的最佳置乱图像作为最终要嵌入的水印信号[11]。

11.5 小波变换分析优势及小波基函数的选择

小波变换分析是在傅里叶分析的基础上发展起来的,并经历了窗口傅里叶变换的过渡。由于原始数据多为时空域信号,在时空域上有最大分辨率,而此类信号经傅里叶变换得到的频域信号虽具有频域上的最大分辨率,但缺少时空定位信息。窗口傅里叶变换虽然能对时空域信号进行时频分析,但由于其窗口大小是固定的,所以不适用于频率波动较大的非平稳信号。而小波变换分析作为一种具有可变窗口的自适应时频分析方法,可以根据频率的高低自动调节窗口大小,在高频处取较窄的窗口,在低频处取较宽的窗口,非常适合对非平稳信号进行处理。

与傅里叶等频域变换不同的是,面向不同环境和应用的小波变换分析需要考虑选择不同的小波基函数。采用不同的小波基函数对同一幅图像进行分解,得到的结果是不同的。在选择小波基函数时,根据不同的应用,通常需要考虑以下四个方面的因素:一是待处理图像与小波基函数的相似度;二是小波基函数的正则性、消失矩及紧支性;三是小波基函数的正交性及双正交性;四是小波基函数的线性相位等。

正则性用来刻画函数的光滑程度,反映了该函数频域中能量的集中程度。正则性主要影响小波系数重构的稳定性,尤其对图像压缩具有一定影响。选取正则性较好的小波基函数对较光滑的图像进行小波图像压缩,不会使复原图像中出现马赛克现象。而消失矩则决定了小波基函数逼近光滑函数的程度,在应用中通常选取消失矩较高的小波基函数。消失矩和正则性之间有一定关联,增加消失矩可能会增加小波基函数的正则性,但这不是必然的。若函数具有较高的正则性,则可选择具有高消失矩的小波基函数。因此,在水印算法中,应根据原始图像的大小和水印数据量的多少,尽可能提高小波分解的级数[12]。本算法中,原始图像大小为 256×256,水印二值图像大小为 30×30,小波分解级数为 3。

若小波基函数具有正交性,则可保持小波变换前后的总能量不变,即保证了信号的精确重构。此时,小波基函数也具有一种能量集中的特性,即将图像的大部分能量集中在低频部分。正交小波基函数的正则性、消失矩、紧支长度以及小波图像低频子带的能量集中程度对数字水印稳健性的影响比较小。同时,为了使水印具有较好的鲁棒性,嵌入水印的小波基函数不应过多地为信号处理和噪声干扰所改变;同时,嵌入一定强度的水印后不应引起原始图像视觉质量的明显改变。根据 Weber 定律[13],对比度门限和背景信号的幅值成比例,由于低频系数的幅值一般远大于高频系数,从而具有较大的感觉容量。因此,水印应首先嵌入小波图像低频系数。本算法把水印嵌入小波分解后低频最重要的系数上[6]。

11.6 人类视觉掩蔽特性的利用

提高水印鲁棒性的有效途径之一是利用 HVS 的掩蔽特性[14],在满足不可感知性的前提下,尽可能地提高水印的嵌入强度。

由于水印嵌入可以看作在强背景(原始图像)下叠加一个弱信号(水印),只要叠加信号的幅值低于 HVS 的对比度门限,视觉系统就无法感觉到水印的存在。根据 HVS 的几个特性,即人眼对不同亮度具有不同的敏感性,通常对比度门限和背景信号的幅值成比例;人眼对图像平滑区的噪声较敏感,而对纹理区的噪声较不敏感。这就说明在保证不可感知性的前提下,具有不同亮度、不同纹理特性的局部区域,所允许叠加的水印信号强度是不同的。本算法提出了根据低频像素亮度值和图像局部纹理复杂度的不同,对水印嵌入强度作自适应调整的方案。

水印的嵌入公式如下:

$$LL'_3(i,j) = LL_3(i,j) + \alpha_{i,j}\beta_{i,j}w(i,j) \tag{11.7}$$

式中,水印的嵌入强度为 $\alpha_{i,j}\beta_{i,j}$,其中 $\alpha_{i,j}$ 为利用亮度掩蔽特性确定的因子,$\beta_{i,j}$ 为利用纹理掩蔽特性确定的因子。

利用视觉系统的亮度掩蔽特性,保证嵌入强度与小波低频系数 $LL_3(i,j)$ 的幅值成比例,确定 $\alpha_{i,j}$ 的取值为

$$\alpha_{i,j} = 1 + \frac{1}{256}LL_3(i,j) \tag{11.8}$$

利用视觉系统的纹理掩蔽特性,首先要找到一种简便有效地描述纹理强度的方法。纹理对应着灰度变换,灰度变换得越快,说明纹理的强度越大,这种变化在频域中就体现在各个频带的能量分布上。灰度变换越快,相应的较高频带的能量就会越大。一幅图像的纹理特征越丰富,其小波分解后的中高频区域的能量就越大。因此,为了表征一幅图像中纹理特征的强弱,可以通过中高频能量与低频能量的比值 R 来完成[15],三级小波分解后每一频带的编号与图像的各个频带的对应关系如图 11.1 所示。

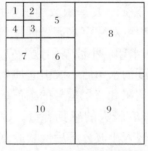

图 11.1 小波分解后图像的区域编号

比值 R 的计算公式为

$$R = \frac{e_5 + e_6 + e_7 + e_8 + e_9 + e_{10}}{e_1 + e_2 + e_3 + e_4} \tag{11.9}$$

其中,e_n 为第 n 个频带的能量,计算公式为

$$e_n = \frac{1}{N_1 N_2} \sum_{i=0}^{N_1-1} \sum_{j=0}^{N_2-1} I^2(i,j) \tag{11.10}$$

其中,N_1 与 N_2 分别表示频带 n 的长与宽(通常 $N_1 = N_2$);$I(i,j)$ 是此频带中的小波系数。R 值越大,说明此图像中包含的纹理特征越强。

这种方法计算的是整幅图像的平均纹理强度,是对一幅图像的中高频纹理成分所占比例的整体度量;而我们需要一种对图像纹理特征更为详细的描述,具体地说,是需要计算每一个用来嵌入水印的低频重要系数所在区域的纹理强度,以便实现对水印进行自适应嵌入。

因此,本章在此基础上提出了一种全新的根据小波分解后小波树的中频能量与低频能量的比值衡量某低频系数所在区域的纹理强度的方法(这里并没有采用高频信息,实验表明,对于一般图像而言采用中频信息已经足够)。首先分别计算三级小波分解后每一个低频重要系数对应的小波树每一级节点的能量 $e_n(i,j)$:

$$e_1(i,j) = \mathrm{LL}_3^2(i,j)$$
$$e_2(i,j) = \mathrm{HL}_3^2(i,j)$$
$$e_3(i,j) = \mathrm{HH}_3^2(i,j)$$
$$e_4(i,j) = \mathrm{LH}_3^2(i,j)$$
$$e_5(i,j) = \frac{1}{4}\Big[\sum_{m=2i}^{2i+1}\sum_{n=2j}^{2j+1} \mathrm{HL}_2^2(m,n)\Big]$$
$$e_6(i,j) = \frac{1}{4}\Big[\sum_{m=2i}^{2i+1}\sum_{n=2j}^{2j+1} \mathrm{HH}_2^2(m,n)\Big]$$
$$e_7(i,j) = \frac{1}{4}\Big[\sum_{m=2i}^{2i+1}\sum_{n=2j}^{2j+1} \mathrm{LH}_2^2(m,n)\Big]$$

则低频重要系数对应小波树的纹理强度为

$$T(i,j) = \frac{e_5(i,j) + e_6(i,j) + e_7(i,j)}{e_1(i,j) + e_2(i,j) + e_3(i,j) + e_4(i,j)} \tag{11.11}$$

将其进行归一化处理,计算出纹理掩蔽特性因子 $\beta_{i,j}$ 为

$$\beta_{i,j} = \beta_{\min} + \frac{T(i,j) - \min(T)}{\max(T) - \min(T)}(\beta_{\max} - \beta_{\min}) \tag{11.12}$$

其中,$\beta_{\max}$ 和 $\beta_{\min}$ 是归一化参数,是通过实验确定的经验值,在本算法中取值分别为 1.5 和 1,即把所有的纹理掩蔽特性因子都调制到 1 和 1.5 之间[6,7]。

11.7 水印的嵌入算法

假设待嵌入水印的原始图像大小为 $2^3M_x \times 2^3M_y$，水印图像的大小为 $N_x \times N_y$（即表示频带的长和宽），且满足 $M_x \times M_y \geqslant N_x \times N_y$，数字水印的嵌入流程如图 11.2 所示[16]。

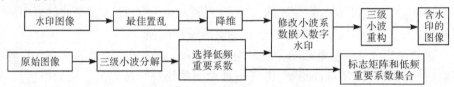

图 11.2　数字水印的嵌入流程

(1) 对原始图像 I 进行三级小波分解，得到不同分辨率级别下的细节子图中分辨率中频 HL_j、低分辨率低频 LH_j、高分辨率高频 $HH_j(j=1,2,3)$ 和一个逼近子图 LL_3。

(2) 读取二值水印图像的各个像素值，构成水印图像矩阵，并计算获得 Arnold 变换置乱度达到最大时所需的变换次数 t。对水印图像矩阵进行迭代 t 次的 Arnold 变换，达到最佳置乱。顺序读取置乱预处理后的图像矩阵各像素值，得到一维序列 $B=\{b_i\}(0 \leqslant i < K, K = N_x \times N_y$ 为水印图像大小)。

(3) 在小波变换后的低频子图中，选择按小波系数大小降序排序的前 K 个低频重要系数对应的低频子图 $LL_3(x_i, y_j)(0 \leqslant i < K)$，设立标志矩阵 $A_{M_x \times M_y}$，其中 $2^3M_x \times 2^3M_y$ 为嵌入水印的原始图像大小，矩阵元素分别与小波低频系数矩阵中的元素相对应。设 $a_{i,j} \in A_{M_x \times M_y}$，若 $a_{i,j} = 0$，表示该位置上的系数不属于前 K 个低频重要系数；若 $a_{i,j} = 1$，表示该位置上的系数属于前 K 个低频重要系数。这样就得到了标志矩阵以及原始的低频重要系数集合，用于后续水印的嵌入和检测。

(4) 按照式(11.8)和式(11.12)确定 $\alpha_{i,j}$ 和 $\beta_{i,j}$，并按照式(11.7)在每一个低频重要系数上嵌入水印。

(5) 对嵌入水印后的图像进行三级小波重构，得到添加水印后的图像 I'。

11.8 水印的提取算法

水印的提取需要标志矩阵 $A_{M_x \times M_y}$、低频重要系数集合和置乱迭代次数 t。数字水印的提取流程如图 11.3 所示。

(1) 对含有水印的图像 I' 进行三级小波分解，得到不同分辨率级别下的细节子图和逼近子图，设逼近子图为 LL'_3。

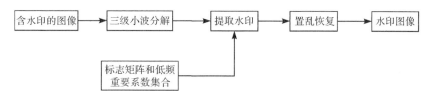

图 11.3 数字水印的提取流程

(2) 根据标志矩阵 $A_{M_x \times M_y}$ 取得含水印图像的重要低频系数值集合 $LL'_3(x_i, y_i)$ $(0 \leqslant i < K)$，即低分辨率低频在 x、y 方向均为低频；将恢复水印图像矩阵 $LL'_3(x_i, y_i)$ 和逼近子图小波低频系数 $LL_3(x_i, y_i)$ 对应相减，得到提取的水印序列 $W' = \{w'_i\}(0 \leqslant i < K)$，其元素值按以下方式确定：若相减值大于零，则 $w'_i = 1$；否则 $w'_i = 0$。

(3) 对于提取的水印序列 W' 升维后的恢复水印图像矩阵，可以利用 Arnold 变换迭代 $T - t$ 次，完成水印图像的恢复工作。其中，t 为嵌入时的 Arnold 变换迭代次数，T 为 Arnold 变换恢复原始图像的周期[6,15]。

11.9 实验结果及性能评估

11.9.1 实验结果描述

原始图像采用了 256×256 的 256 级灰度 Lena 图像，原始水印采用了带有"中南民大"标志的二值图像，如图 11.4(a)、(b)所示。为了定量分析水印系统的性能，采用峰值信噪比(PSNR)衡量水印嵌入后图像的质量，采用归一化互相关(NC)定量分析提取水印与原始水印的相似性。

图 11.4(c)是嵌入水印后的图像(PSNR=43.62)，水印的不可感知性良好，很难察觉水印的存在。图 11.4(d)是提取和恢复的水印(NC=1.0000)，在未受到任何攻击时，水印可以完全恢复。

(a) 原始图像

(b) 原始水印和置乱水印

(c) 嵌入水印后的图像(PSNR=43.62)　　　　(d) 提取水印和恢复水印(NC=1.0000)

图 11.4　未受攻击时的图像实验结果

　　下面对本算法的最佳置乱预处理的有效性进行验证,首先对原始水印图像进行不同迭代次数的 Arnold 置乱,然后分别检验其对抗剪切攻击的能力。图 11.5 为对含水印图像进行了 1/2 剪切的图像。表 11.3 为水印的检测结果(限于篇幅,未列出所有图像)。通过对恢复的水印进行比较可以看出,本章提出的最佳置乱算法(迭代 7 次)比其他置乱算法能更好地分散错误比特,提取出来的水印视觉质量更好,NC 值最高(NC=0.7324),说明本算法的置乱预处理确实可以达到最佳的效果[9]。

图 11.5　1/2 剪切后的图像(PSNR=10.10)

表 11.3　在不同迭代次数下恢复的水印图像

迭代次数	0	1	2	3	4	5	6	7
置乱度	1	1.0935	1.1447	1.1461	1.1594	1.1618	1.166	1.1679
恢复水印								
NC	0.6784	0.6881	0.7071	0.7	0.7024	0.6929	0.7048	0.7324

续表

迭代次数	8	9	10	15	20	30	40	50
置乱度	1.1542	1.1627	1.1627	1.1328	1.055	1.138	1.0697	1.166
恢复水印								
NC	0.6809	0.7024	0.6977	0.676	0.6611	0.7071	0.6857	0.7024

下面进行水印系统的抗攻击实验,验证算法的鲁棒性。

1) 滤波处理

对含有水印的图像分别进行均值滤波(3×3)和高斯滤波(3×3)处理,图 11.6 给出了滤波后的水印检测结果。可见,含水印图像已经比较模糊,但水印仍可以可靠地检测出来。

(a) 均值滤波(3×3)(PSNR=28.90)　　(b) 恢复水印(NC=0.9017)

(c) 高斯滤波(3×3)(PSNR=30.80)　　(d) 恢复水印(NC=0.9492)

图 11.6　滤波处理后的水印检测结果

2) 加噪处理

对含有水印的图像分别加入均值噪声和椒盐噪声,图 11.7 给出了加噪后的水印检测结果。实验表明,高强度的噪声对水印的恢复干扰较为明显。

(a) 均值噪声(PSNR=31.01)　　　　　(b) 恢复水印(NC=0.9264)

(c) 椒盐噪声(PSNR=27.80)　　　　　(d) 恢复水印(NC=0.8158)

图 11.7　加噪处理后的水印检测结果

3) 剪切处理

检验含有水印的图像遭到部分破坏或丢失后对水印检测结果的影响。图 11.8 是经过随机剪切和 1/4 剪切后的水印检测结果。可以看出,图像的部分破坏不影响水印的恢复。从图 11.8(d)可以看出,水印检测的错误比特非常均匀地分布在了整幅水印图像中,再次印证了本算法提出的水印最佳置乱预处理方案在对抗剪切攻击时的优势。

(a) 随机剪切(PSNR=20.35)　　　　(b) 恢复水印(NC=0.9543)

(c) 1/4 剪切(PSNR=14.01)　　　　(d) 恢复水印(NC=0.8593)

图 11.8　剪切处理后的水印检测结果

4) 模糊和锐化处理

对含有水印的图像分别作模糊和锐化处理,水印检测结果如图 11.9 所示。实验表明,算法对模糊和锐化具有较强的鲁棒性。

(a) 模糊(PSNR=34.85)　　　　(b) 恢复水印(NC=0.9967)

(c) 锐化(PSNR=29.50)　　　　　　(d) 恢复水印(NC=0.9755)

图 11.9　模糊和锐化处理后的水印检测结果

5) JPEG 有损压缩

对含有水印的图像分别作品质百分数 10%、20%、30%、60% 的有损压缩,水印检测结果如图 11.10 所示。可以看出,算法对 JPEG 压缩有较好的鲁棒性,品质百分数达到 30% 以上时,水印即可完全恢复。

(a) JPEG 压缩(10%)(PSNR=31.06)　　(b) 恢复水印(NC=0.9731)

(c) JPEG 压缩(20%)(PSNR=33.03)　　(d) 恢复水印(NC=0.9833)

(e) JPEG 压缩(30%)(PSNR=33.89)　　　(f) 恢复水印(NC=1.0000)

(g) JPEG 压缩(60%)(PSNR=37.18)　　　(h) 恢复水印(NC=1.0000)

图 11.10　不同品质百分数下的 JPEG 压缩后的水印检测结果

下面针对算法的自适应特性作不可感知性测试。图 11.11(a)是非自适应算法嵌入水印后的图像(PSNR=43.10,嵌入强度取 $\alpha_{i,j}$ 和 $\beta_{i,j}$ 平均值的乘积);图 11.11(b)是本章的自适应算法嵌入水印后的图像(PSNR=43.62)。可见,本章的算法在不可感知性上要优于非自适应算法。

(a) 非自适应算法含水印图像(PSNR=43.10)　　(b) 自适应算法含水印图像(PSNR=43.62)

图 11.11　非自适应算法和本章的自适应算法含水印图像的不可感知性对照

实验表明,本章提出的图像数字水印算法由于对嵌入的水印先进行了最佳置乱预处理,在对抗剪切攻击时能够最大程度地分散错误比特,即使图像大面积被破坏,水印仍然能够检测出来。在嵌入强度系数的选取过程综合考虑了人类视觉系统的亮度掩蔽特性和纹理掩蔽特性,对嵌入强度作自适应调节,较好地保证了水印的不可感知性。同时,抗攻击实验证明了水印系统的鲁棒性良好,具有较强的抗干扰能力[6,17]。

11.9.2 性能评估描述

本章首先对数字图像水印的关键技术和经典算法进行了讨论,描述了数字图像的小波分解与重构原理,分析了将小波变换理论应用于数字图像水印技术的原理和优势,并对小波基的选择和分解方案的确定进行了研究。算法选择二值标志图像作为水印,为了提高水印的鲁棒性和安全性,先对水印进行置乱预处理,使含水印图像在部分被破坏时可以尽可能地分散错误比特。在分析常见的置乱度量方案局限性的基础上,算法采用了图像局部块像素值方差作为置乱度的量化衡量方案,使水印的置乱预处理能够达到最佳的效果,为客观评价图像的置乱效果及设计水印图像的最佳置乱方案提供了一种新的解决思路[6]。

置乱后的水印嵌入图像小波变换后的低频重要系数上,保证了水印对一般的图像处理具有很好的鲁棒性。在水印嵌入过程中,根据人类视觉系统的掩蔽特性,设计了一种自适应嵌入强度的水印嵌入方法,并利用小波树结构提出了一种新的简便有效的纹理强度计算方法,使得纹理越强、背景幅值越大的区域,嵌入的水印强度也越大,在解决水印鲁棒性和不可感知性的矛盾问题上作出了一次新的尝试。

实验结果表明,最佳置乱预处理使得图像在遭到部分破坏时,可把错误比特尽可能地分散开,保证了水印的成功检测。嵌入的水印由于考虑到了视觉系统的掩蔽特性,较好地保证了水印的不可感知性和嵌入水印后图像的质量;同时,抗攻击实验证明了水印系统具有较强的鲁棒性。

本算法虽然在实验仿真阶段取得了令人满意的效果,但若要将其应用到实际的系统中,还需要做大量的工作,尤其在以下几个方面还需要进一步研究:

(1) 由于小波变换不具有旋转、平移、缩放不变性,单纯地基于小波变换的水印算法抗几何攻击能力不是很好,研究具有抗几何攻击能力的水印算法是进一步的目标。

(2) 水印的检测虽然不需要原始图像,但需要用到水印嵌入过程中建立的标志矩阵和低频重要系数集合,属于半公开水印系统。如何实现公开水印算法,是今后研究的内容之一。

(3) 本章提出的最佳置乱度量方案依赖于具体所选择的水印,同样大小、不同内容的水印达到最佳置乱时经过的迭代次数可能不同,需要进一步研究以确定一种通用的方案来计算最佳迭代次数。

(4) 进一步研究衡量纹理强度的方法,优化计算嵌入强度因子的方案,使嵌入水印的强度更加贴近人类视觉系统的掩蔽特性,达到不可感知性和鲁棒性的平衡。

(5) 结合密码技术增强水印系统的安全性,尤其是结合数字签名技术和公钥密码体系[6,17]。

11.10 关键源代码

11.10.1 水印图像的最佳置乱及计算置乱度源代码

```
void CWatermarkDlg::BestScramble()
{
    int i, j, k, tempX, tempY, destX, destY;
    memset(m_OriginWaterData, 0, 30 * 30);
    CDC *pDC1 = m_Water1.GetDC();
    CDC *pDC2 = m_Water2.GetDC();
    for (i = 0; i < 30; i++)
        for (j = 0; j < 30; j++)
            m_OriginWaterData[i * 30 + j] = (BYTE)pDC1->GetPixel(j, 29-i);

    m_Water2.SetWindowPos(NULL, 0, 0, 0, 0, SWP_NOMOVE);
    for (i = 0; i < 30; i++)
        for (j = 0; j < 30; j++)
        {
            tempX = j;
            tempY = i;
            for (k = 0; k < 7; k++)
            {
                destX = (tempX + tempY) % 30;
                destY = (tempX + 2 * tempY) % 30;
                tempX = destX;
                tempY = destY;
            }
            pDC2->SetPixel(destX, 29-destY, RGB(m_OriginWaterData[i * 30+j],
                m_OriginWaterData[i * 30+j], m_OriginWaterData[i * 30+j]));
```

```
                m_2ValueWaterData[destY*30+destX]=m_OriginWaterData[i*30+j]==0?0:1;
            }
    }

    void CWatermarkDlg::ComputeAndShowSD()
    {
        int i, j, m, n;
        double E, F;
        double sum1 = 0, sum2 = 0, sum3 = 0;
        CDC* pDC = m_Water1.GetDC();
        for (m = 0; m < 6; m++)
            for (n = 0; n < 6; n++)
            {
                sum1 = sum2 = 0;
                for (i = m * 5; i < (m + 1) * 5; i++)
                    for (j = n * 5; j < (n + 1) * 5; j++)
                    {
                        sum1 += pDC->GetPixel(j, i) == 0 ? 0 : 1;
                    }
                E = sum1 / 25;
                for (i = m * 5; i < (m + 1) * 5; i++)
                    for (j = n * 5; j < (n + 1) * 5; j++)
                    {
                        sum2+=((pDC->GetPixel(j, i)==0?0:1)-E) *
                              ((pDC->GetPixel(j, i) == 0 ? 0 : 1) - E);
                    }
                F = sum2 / 25;
                sum3 += F;
            }
        double FF1 = sum3 / 36;

        pDC = m_Water2.GetDC();
        sum3 = 0;
        for (m = 0; m < 6; m++)
            for (n = 0; n < 6; n++)
            {
                sum1 = sum2 = 0;
                for (i = m * 5; i < (m + 1) * 5; i++)
```

```
            for (j = n * 5; j < (n + 1) * 5; j++)
            {
                sum1 += pDC->GetPixel(j, i) == 0 ? 0 : 1;
            }
        E = sum1 / 25;
        for (i = m * 5; i < (m + 1) * 5; i++)
            for (j = n * 5; j < (n + 1) * 5; j++)
            {
                sum2 +=((pDC->GetPixel(j, i) == 0 ? 0 : 1) - E) *
                       ((pDC->GetPixel(j, i) == 0 ? 0 : 1) - E);
            }
        F = sum2 / 25;
        sum3 += F;
    }
    double FF2 = sum3 / 36;

    CString str;
    str.Format("%.4f", FF2 / FF1);
    m_SD.SetWindowText(str);
}
```

11.10.2 水印的嵌入和提取源代码

```
void CWatermarkDlg::OnBtnEmbed()
{
    for (int i = 0; i < 3; i++)
    {
        m_pDWTDib->DIBDWTStep(m_pDWTDib, 0);
    }
    BestScramble();
    m_pWaterDib->EmbedWater(m_pWaterDib, m_2ValueWaterData);
    ComputeAndShowPSNR();
    ComputeAndShowSD();
    this->Invalidate(FALSE);
}

void CWaterDib::EmbedWater(CWaterDib* pDib, BYTE* m_2ValueWaterData)
{
    int i, j, k, p;
```

```
for (i = 0; i < 3; i++)
    pDib->DIBDWTStep(pDib, 0);
CSize sizeImageSave = pDib->GetDibSaveDim();
double * pDbTemp;
BYTE * pBits;
for (j = 0; j < 32; j++)
{
    pDbTemp = m_LowFreqData + j * 32;
    pBits =pDib->m_lpImage + (pDib->m_lpBMIH->biHeight-1-j)
           * sizeImageSave.cx;
    for (i=0; i<32; i++)
    {
        pDbTemp[i] = pBits[i];
    }
}

int m, n;
double max;
for (i = 0; i < 32; i++)
    memset(m_MarkImportant[i], 0, 4 * 32);
for (k = 0; k < 30 * 30; k++)
{
    max = 0;
    for (i=0; i<32; i++)
    {
        for (j=0; j<32; j++)
        {
            if (m_MarkImportant[i][j] == 0)
                if (m_LowFreqData[i * 32 + j] > max)
                {
                    max = m_LowFreqData[i * 32 + j];
                    m = i;
                    n = j;
                }
        }
    }
    m_MarkImportant[m][n] = 1;
}
```

```
double Texture[30 * 30];
double e[7];
p = 0;
double DbImage[128][128];

for (j = 0; j < 128; j++)
{
    pBits = pDib->m_lpImage + (256-1-j) * sizeImageSave.cx;
    for (i=0; i<128; i++)
        DbImage[j][i] = pBits[i];
}

for (i = 0; i < 32; i++)
    for (j = 0; j < 32; j++)
        if (m_MarkImportant[i][j] == 1)
        {
            for (k = 0; k < 7; k++)
                e[k] = 0;
            e[0] = DbImage[i][j] * DbImage[i][j];
            e[1] = DbImage[i+32][j] * DbImage[i+32][j];
            e[2] = DbImage[i][j+32] * DbImage[i][j+32];
            e[3] = DbImage[i+32][j+32] * DbImage[i+32][j+32];
e[4] = DbImage[2 * i][2 * (j+32)] * DbImage[2 * i][2 * (j+32)]+
       DbImage[2 * i][2 * (j+32)+1] * DbImage[2 * i][2 * (j+32)+1] +
       DbImage[2 * i+1][2 * (j+32)] * DbImage[2 * i+1][2 * (j+32)] +
       DbImage[2 * i+1][2 * (j+32)+1] * DbImage[2 * i+1][2 * (j+32)+1];
e[5] = DbImage[2 * (i+32)][2 * j] * DbImage[2 * (i+32)][2 * j] +
       DbImage[2 * (i+32)][2 * j+1] * DbImage[2 * (i+32)][2 * j+1] +
       DbImage[2 * (i+32)+1][2 * j] * DbImage[2 * (i+32)+1][2 * j] +
       DbImage[2 * (i+32)+1][2 * j+1] * DbImage[2 * (i+32)+1][2 * j+1];
e[6] = DbImage[2 * (i+32)][2 * (j+32)] * DbImage[2 * (i+32)][2 * (j+32)] +
       DbImage[2 * (i+32)][2 * (j+32)+1] * DbImage[2 * (i+32)][2 * (j+32)+1]+
       DbImage[2 * (i+32)+1][2 * (j+32)] * DbImage[2 * (i+32)+1][2 * (j+32)]+
       DbImage[2 * (i+32)+1][2 * (j+32)+1] * DbImage[2 * (i+32)+1][2 * (j+32)+1]
            for (k = 4; k < 7; k++)
                e[k]= 4;
            Texture[p++] = (e[4]+e[5]+e[6]) / (e[0]+e[1]+e[2]+e[3]);
        }
```

```
double maxTT = Texture[0], minTT = Texture[0];
for (i = 1; i < 30 * 30; i++)
{
    if (Texture[i] > maxTT)
        maxTT = Texture[i];
    else if (Texture[i] < minTT)
        minTT = Texture[i];
}
for (i = 0; i < 30 * 30; i++)
{
    Texture[i] = 1 + 0.5 * ((Texture[i] - minTT) / (maxTT - minTT));
}


k = 0;
for (i = 0; i < 32; i++)
    for (j = 0; j < 32; j++)
        if (m_MarkImportant[i][j] == 1)
        {
            m_ImpCoefficient[k++] = m_LowFreqData[i * 32 + j];
        }
for (k = 0; k < 30 * 30; k++)
{
    if (m_2ValueWaterData[k] == 1)
m_ImpCoefficient[k] += (1 + m_ImpCoefficient[k] / 256) * Texture[k] * 1;
    else
m_ImpCoefficient[k] += (1 + m_ImpCoefficient[k] / 256) * Texture[k] * (-1);
}

k = 0;
for (j= 0; j < 32; j++)
{
    for (i=0; i<32; i++)
    {
        if (m_MarkImportant[j][i] != 0)
  m_pDbImage[j * pDib->m_lpBMIH->biHeight + i] = m_ImpCoefficient[k++];
    }
}
```

```
        for (i = 0; i < 3; i++)
            pDib->DIBDWTStep(pDib, 1);
    m_nDWTCurDepth = 0;
}


void CWatermarkDlg::OnBtnGet()
{
    m_pAttackDib->GetWater(m_pAttackDib, m_Detected2ValueData);

    int i, j, k, tempX, tempY, destX, destY;
    CDC *pDC = m_Water3.GetDC();
    BYTE value;
    for (i = 0; i < 30; i++)
    {
        for (j = 0; j < 30; j++)
        {
            value = m_Detected2ValueData[i * 30 + j] == 0 ? 0 : 255;
            pDC->SetPixel(j, 29-i, RGB(value, value, value));
        }
    }

    int T = ComputeArnoldCycle(30);
    pDC = m_Water4.GetDC();
    for (i = 0; i < 30; i++)
        for (j = 0; j < 30; j++)
        {
            tempX = destX = j;
            tempY = destY = i;
            for (k = 0; k < T-7; k++)
            {
                destX = (tempX + tempY) % 30;
                destY = (tempX + 2 * tempY) % 30;
                tempX = destX;
                tempY = destY;
            }
            value = m_Detected2ValueData[i * 30 + j] == 0 ? 0 : 255;
            pDC->SetPixel(destX, 29-destY, RGB(value, value, value));
            m_RestoreWaterData[(29-destY) * 30+destX] = value;
        }
```

```cpp
        ComputeAndShowNC();
        ComputeAndShowPercent();
}

void CWaterDib::GetWater(CWaterDib * pDib, BYTE * pDetected2ValueData)
{
    if (pDib->m_pDbImage)
    {
        delete pDib->m_pDbImage;
        pDib->m_pDbImage = 0;
    }
    int i, j, k;
    for (i = 0; i < 3; i++)
        pDib->DIBDWTStep(pDib, 0);
    CSize sizeImageSave = pDib->GetDibSaveDim();
    double * pDbTemp;
    BYTE * pBits;

    for (j = 0; j < 32; j++)
    {
        pDbTemp = m_LowFreqDataWater + j * 32;
        pBits = pDib->m_lpImage +
        (pDib->m_lpBMIH->biHeight-1-j) * sizeImageSave.cx;
        for (i=0; i<32; i++)
        {
            pDbTemp[i] = pBits[i];
        }
    }

    k = 0;
    for (i = 0; i < 32; i++)
        for (j = 0; j < 32; j++)
        {
            if (m_MarkImportant[i][j] != 0)
            {
                if (m_LowFreqDataWater[i*32+j] > m_LowFreqData[i*32+j])
                    pDetected2ValueData[k++] = 1;
```

```
            else
                pDetected2ValueData[k++] = 0;
        }
    }

    for (i = 0; i < 3; i++)
        pDib->DIBDWTStep(pDib, 1);
    m_nDWTCurDepth = 0;
}
```

11.10.3　图像的小波分解和重构源代码

```
BOOL CDWTDib::DIBDWTStep(CDib * pDib, int nInv)
{
    int i, j;
    int nWidth = pDib->m_lpBMIH->biWidth;
    int nHeight = pDib->m_lpBMIH->biHeight;

    int nMaxWLevel = Log2(nWidth);
    int nMaxHLevel = Log2(nHeight);
    int nMaxLevel;
    if (nWidth == 1<<nMaxWLevel && nHeight == 1<<nMaxHLevel)
        nMaxLevel = min(nMaxWLevel, nMaxHLevel);

    CSize sizeImageSave = pDib->GetDibSaveDim();

    double * pDbTemp;
    BYTE * pBits;

    if (!m_pDbImage)
    {
        m_pDbImage = new double[nWidth * nHeight];
        if (!m_pDbImage) return FALSE;

        for (j = 0; j < nHeight; j++)
        {
            pDbTemp = m_pDbImage + j * sizeImageSave.cx;
            pBits = pDib->m_lpImage + (nHeight-1-j) * sizeImageSave.cx;
```

```
            for (i=0; i<nWidth; i++)
                pDbTemp[i] = pBits[i];
        }
    }

    if (!DWTStep_2D(m_pDbImage, nMaxWLevel-m_nDWTCurDepth, nMaxHLevel-m_nDWTCurDepth,
        nMaxWLevel,nMaxHLevel,nInv,1,m_nSupp))
        return FALSE;

    if (nInv)
        m_nDWTCurDepth--;
    else
        m_nDWTCurDepth++;

    int lfw = nWidth>>m_nDWTCurDepth, lfh = nHeight>>m_nDWTCurDepth;
    for (j=0; j<nHeight; j++)
    {
        pDbTemp = m_pDbImage + j*sizeImageSave.cx;
        pBits = pDib->m_lpImage + (nHeight-1-j)*sizeImageSave.cx;
        for (i=0; i<nWidth; i++)
        {
            if (j<lfh && i<lfw)
                pBits[i] = FloatToByte(pDbTemp[i]);
            else
                pBits[i] = BYTE(FloatToChar(pDbTemp[i])^0x80);
        }
    }
    return TRUE;
}

BOOL CDWTDib::DWTStep_2D(double *pDbSrc, int nCurWLevel, int nCurHLevel,
        int nMaxWLevel, int nMaxHLevel, int nInv, int nStep, int nSupp)
{
    int W = 1<<nMaxWLevel, H = 1<<nMaxHLevel;
    int CurW = 1<<nCurWLevel, CurH = 1<<nCurHLevel;

    if (!nInv)
    {
```

```cpp
        for (int i=0; i<CurH; i++)
            if (!DWTStep_1D(pDbSrc+(int)i*W*nStep, nCurWLevel, nInv, nStep, nSupp))
                return FALSE;
        for (i=0; i<CurW; i++)
            if (!DWTStep_1D(pDbSrc+i*nStep, nCurHLevel, nInv, W*nStep, nSupp))
                return FALSE;
    }

    else
    {
        CurW <<= 1;
        CurH <<= 1;

        for (int i=0; i<CurW; i++)
            if (!DWTStep_1D(pDbSrc+i*nStep, nCurHLevel, nInv, W*nStep, nSupp))
                return FALSE;
        for (i=0; i<CurH; i++)
            if (!DWTStep_1D(pDbSrc+(int)i*W*nStep, nCurWLevel, nInv, nStep, nSupp))
                return FALSE;
    }
    return TRUE;
}

BOOL CDWTDib::DWTStep_1D(double *pDbSrc, int nCurLevel, int nInv, int nStep, int nSupp)
{
    double s = sqrt(2);
    double * h = (double *)hCoef[nSupp-1];
    ASSERT(nCurLevel>=0);

    int CurN = 1<<nCurLevel;
    if (nInv) CurN <<= 1;
    if (nSupp<1 || nSupp>10 || CurN<2*nSupp)
        return FALSE;
    double *ptemp = new double[CurN];
    if (!ptemp) return FALSE;

    double s1, s2;
    int Index1, Index2;
```

```
if (!nInv)
{// DWT
    Index1=0;
    Index2=2*nSupp-1;

    for (int i=0; i<CurN/2; i++)
    {
        s1 = s2 = 0;
        double t = -1;
        for (int j=0; j<2*nSupp; j++, t=-t)
        {
            s1 += h[j] * pDbSrc[(Index1 & CurN-1) * nStep];
            s2 += t * h[j] * pDbSrc[(Index2 & CurN-1) * nStep];

            Index1++;
            Index2--;
        }
        ptemp[i] = s1/s;
        ptemp[i+CurN/2] = s2/s;


        Index1 -= 2*nSupp;
        Index2 += 2*nSupp;
        Index1 += 2;
        Index2 += 2;
    }
}
else
{
    Index1 = CurN/2;
    Index2 = CurN/2-nSupp+1;
    for (int i=0; i<CurN/2; i++)
    {
        s1 = s2 = 0;
        int Index3 = 0;

        for (int j=0; j<nSupp; j++)
        {
```

```
        s1 += h[Index3] * pDbSrc[(Index1 & CurN/2-1) * nStep]+
              h[Index3+1] * pDbSrc[((Index2 & CurN/2-1) + CurN/2) * nStep];
        s2 += h[Index3+1] * pDbSrc[(Index1 & CurN/2-1) * nStep]-
              h[Index3] * pDbSrc[((Index2 & CurN/2-1) + CurN/2) * nStep];
            Index3+=2;
            Index1--;
            Index2++;
        }
        ptemp[2*i] = s1 * s;
        ptemp[2*i+1] = s2 * s;
        Index1 += nSupp;
        Index2 -= nSupp;
        Index1++;
        Index2++;
    }
}

    for (int i=0; i<CurN; i++)
        pDbSrc[i*nStep] = ptemp[i];
    delete[] ptemp;
    return TRUE;
}
```

11.10.4 计算 Arnold 变换周期源代码

```
int CWatermarkDlg::ComputeArnoldCycle(int N)
{
    int x = 1, y = 1, n = 0, xn, yn;
    while(++n)
    {
        xn = x + y;
        yn = x + 2 * y;
        if(xn % N == 1 && yn % N == 1)
            break;
        x = xn % N;
        y = yn % N;
    }
    return n;
}
```

11.10.5 数字水印系统用户界面

数字水印系统用户界面如图 11.12 和图 11.13 所示。

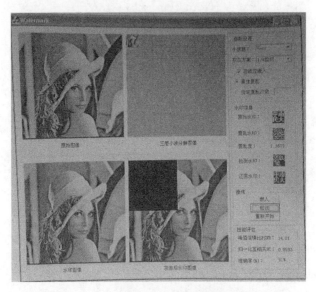

图 11.12　数字水印系统用户界面图 1

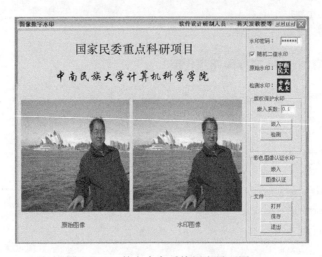

图 11.13　数字水印系统用户界面图 2

11.11 小　　结

本章首先介绍了图像的 Arnold 置乱变换及其周期性,在衡量图像置乱程度方面,指出基于像素位置移动计算置乱度的局限性;同时提出了一种基于图像局部像素值方差的置乱度量方法,能有效准确地反映图像置乱度。然后介绍了小波基、分辨级数、小波系数的选择,以及水印嵌入和提取算法;对嵌入水印进行了最佳置乱变换预处理,在选取嵌入强度系数的过程中综合考虑了人类视觉掩蔽特性和纹理掩蔽特性,使其能对嵌入强度作自适应调节;通过抗攻击实验证实,水印系统抗干扰能力强,具有很强的鲁棒性。

参 考 文 献

[1] 刘艮,蒋天发,蒋巍. 一种基于 Zigzag 变换的彩色图像置乱算法[J]. 计算机工程与科学,2013,35(5):106-111.

[2] 孙新德,路玲. Arnold 变换在数字图像水印中的应用研究[J]. 信息技术,2006,10:129-132.

[3] 丁玮,齐东旭. 数字图像变换及信息隐藏与伪装技术[J]. 计算机学报,1998,21(9):838-842.

[4] 邹建成,铁小匀. 数字图像的二维 Arnold 变换及其周期性[J]. 北方工业大学学报,2000,12(1):10-14.

[5] 张华熊,仇佩亮. 置乱技术在数字水印中的应用[J]. 电路与系统学报,2001,6(3):32-36.

[6] 何淼,蒋天发. 基于最佳的置乱的自适应图像数字水印算法[D]. 武汉:中南民族大学硕士学位论文,2007.

[7] Song X H,Wang S,Ahmed A. Dynamic watermarking scheme for quantum images based on Hadamard transform[J]. Multimedia Systems,2014,(2):DOI 10.1007/s00530-014-0355-3.

[8] 张小华,刘芳,焦李成. 一种基于混沌序列的图像加密技术[J]. 中国图象图形学报,2003,8(4):374-378.

[9] Jiang N,Wu W Y,Wang L. The quantum realization of Arnold and Fibonacci image scrambling[J]. Quantum Information Processing,2014,(2):1223-1236.

[10] 熊志勇,蒋天发. 基于预测误差差值扩展的彩色图像无损数据隐藏[J]. 计算机应用,2010,30(1):186-189.

[11] 朱新山,陈砚鸣,董宏辉,等. 基于双域信息融合的鲁棒二值文本图像水印[J]. 计算机学报,2014,37(6):1352-1364.

[12] 刘九芬,黄达人,胡军全. 数字水印中的正交小波基[J]. 电子与信息学报,2003,25(4):453-459.

[13] Gonzalez C,Wintz P. Digital Image Processing[M]. 2nd Edition. New York:Addition

Wesley Publishing Co. /IEEE Press,1987.

[14] 王志明,章毓晋,吴建华. 一种改进的利用人眼视觉特性的小波域数字水印技术[J]. 南昌大学学报(理科版),2005,29(4):400−403,408.

[15] 李智,陈孝威. 基于内容自适应小波域鲁棒公开数字水印算法[J]. 计算机应用,2005,25(9):2148−2150,2154.

[16] 熊志勇,蒋天发. 基于双分量差值扩展的彩色图像可擦除水印[J]. 计算机应用研究,2010,27(1):220−222.

[17] 熊志勇,蒋天发. 基于块的数字图像认证与重建水印算法[J]. 现代电子技术,2007,30(21):65−67.

第12章　基于量子计算理论图像水印算法的软件设计与功能实现

12.1　量子进化算法

12.1.1　量子进化算法概述与量子染色体

量子计算(quantum computation)[1]是指依靠量子力学系统来完成传统计算机所完成的信息处理过程。量子计算理论是计算机科学、信息论、密码系统与量子力学等的交叉[2]。目前,量子计算理论在计算机方面也得到了一些应用,如量子计算机的研究与量子算法(quantum algorithm)的设计与研究及应用等;而量子算法主要有量子进化算法(quantum evolutionary algorithm,QEA)[1~3]与量子搜索算法(quantum search algorithm,QSA)[4],这两种量子算法在计算机的各个方面也得到了不同程度的应用。其中,在图像数字水印方面,量子进化算法主要起着速度优化的效果;而量子搜索算法则为图像数字水印嵌入过程提供了更好的嵌入位置。

量子进化算法主要是基于量子计算并行性优势与传统进化算法结合提出来的,其全局搜索能力强,且进化过程中有适应度函数米调节收敛速度,还能防止进化早熟。对于优化问题而言,量子进化算法比遗传算法(genetic algorithm,GA)更有优势[4,5]。当然,也有结合量子进化算法和经典遗传算法的新型量子组合算法,本章只讨论基于量子计算理论的主要算法及其在图像水印中的应用,量子组合算法在此不加讨论。

不同于其他进化算法,量子进化算法采用的是一种全新的编码方式——量子比特编码。用量子比特编码的个体,其染色体称为量子染色体,量子染色体表示为

$$q = \begin{bmatrix} \alpha_1 & \alpha_2 & \cdots & \alpha_n \\ \beta_1 & \beta_2 & \cdots & \beta_n \end{bmatrix} \quad (12.1)$$

其中,$|\alpha_i|^2+|\beta_i|^2=1, i=1,2,\cdots,n$,$n$ 为染色体长度,即量子比特个数[6]。量子种群可以表示为

$$Q(t) = \{q_1^t, q_2^t, \cdots, q_N^t\} \quad (12.2)$$

其中,N 为种群大小;t 表示进化代数;q_i^t 表示第 t 代第 i 个个体的染色体。

用量子比特编码有很大的好处,单个染色体就能表示多个状态的叠加,如 N 个量子比特就能表示出 2^N 个状态,即状态数随着量子比特数的线性增长呈指数趋势增加,这是其他算法如遗传算法等无法做到的[6]。设单个染色体有 3 个量子比特,该染色体用下式表示:

$$q=\begin{bmatrix} \frac{1}{\sqrt{2}} & \frac{\sqrt{3}}{3} & \frac{\sqrt{3}}{2} \\ \frac{1}{\sqrt{2}} & \frac{\sqrt{6}}{3} & \frac{1}{2} \end{bmatrix} \tag{12.3}$$

则量子染色体 q 表示解空间 $\{000,001,010,011,100,101,110,111\}$ 的叠加形式,即

$$|\psi(q)\rangle = \frac{\sqrt{3}}{6}|000\rangle + \frac{1}{2}|001\rangle + \frac{\sqrt{6}}{12}|010\rangle + \frac{\sqrt{2}}{4}|011\rangle + \frac{\sqrt{3}}{6}|100\rangle$$
$$+ \frac{1}{2}|101\rangle + \frac{\sqrt{6}}{12}|110\rangle + \frac{\sqrt{2}}{4}|111\rangle \tag{12.4}$$

解空间解的出现概率分别为 $1/12,1/4,1/24,1/8,1/12,1/4,1/24,1/8$[6]。因此,仅用了 3 个量子比特的量子染色体就可以生成含有 8 个解信息的解空间;而在传统算法中,3 个比特位最多只能生成含有 3 个解信息的解空间。可见,量子比特编码比其他编码形式能更好维护种群多样性。在进化过程中,$|\alpha|^2$ 和 $|\beta|^2$ 是不断变化的,概率幅接近 0 或 1 时,量子染色体因种群多样性减少而逐步收敛为单一状态,得到问题解空间不变解,算法得以收敛[7]。

12.1.2 量子更新算子与量子交叉

量子更新算子就是构造量子旋转门,常用的量子旋转门定义为

$$U(\theta)=\begin{bmatrix} \cos\theta & -\sin\theta \\ \sin\theta & \cos\theta \end{bmatrix} \tag{12.5}$$

其中,θ 为旋转角。为了在进化过程中更新更多的量子比特,可以借助该旋转门设计针对量子进化算法收敛的量子旋转门,加速量子变异过程[6]:

$$\begin{bmatrix} \alpha_i^{t+1} \\ \beta_i^{t+1} \end{bmatrix} = U(\theta)\begin{bmatrix} \alpha_i^t \\ \beta_i^t \end{bmatrix}, \quad 即 \begin{cases} \alpha_i^{t+1} = \alpha_i^t\cos\theta - \beta_i^t\sin\theta \\ \beta_i^{t+1} = \alpha_i^t\sin\theta + \beta_i^t\cos\theta \end{cases} \tag{12.6}$$

其中,旋转角由 $s(\theta_i)\Delta\theta_i$ 给出,$s(\theta_i)$ 表示当前的收敛方向,1 表示正向收敛,-1 表示反向收敛,0 表示不收敛。量子旋转门如图 12.1 所示。

正向收敛表示在量子旋转门示意图中角度进行逆时针旋转,其中 $\Delta\theta_i$ 为收敛步长,用来控制算法的收敛速度[6]。$s(\theta_i)$ 和 $\Delta\theta_i$ 值查询表如表 12.1 所示。

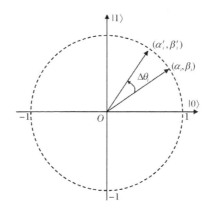

图 12.1 量子旋转门的平面旋转示意图

表 12.1 基于量子进化算法的量子旋转门旋转角查询表

x_i	$best_i$	$f(x)>f(best)?$	$\Delta\theta_i$	$s(\theta_i)$			
				$\alpha_i\beta_i>0$	$\alpha_i\beta_i<0$	$\alpha_i=0$	$\beta_i=0$
0	0	否	0.00π	Z	Z	Z	Z
0	0	是	0.00π	Z	Z	Z	Z
0	1	否	0.00π	Z	Z	Z	Z
0	1	是	0.05π	−	+	±	Z
1	0	否	0.05π	−	+	±	Z
1	0	是	0.05π	+	−	Z	±
1	1	否	0.05π	+	−	Z	±
1	1	是	0.05π	+	−	Z	±

表中,x_i 和 $best_i$ 分别表示当前一般解和最优解的第 i 位,+表示当前旋转角加上前面与之对应的 $\Delta\theta_i$,−和±同理,Z 表示无需做任何改变。定义量子进化算法过程中当前个体的适应度函数为

$$f(x)=|\alpha_i|^2+|\beta_i|^2 \tag{12.7}$$

表中的步长 0.05π 可以根据实验具体要求设置。

交叉思想在遗传算法的最优解搜索中也有展示,但遗传算法中的交叉思想仅限于两个个体之间的交叉,如果用来交叉的两个个体相同,则交叉就变得毫无意义。量子进化算法中一般采用的是"完全干扰交叉"的思想,即种群中的所有染色体都要参与交叉操作,这样,可以在一定程度上避免无效交叉,还能增加种群的多样性和避免进化早熟的发生,使得交叉具有全局性。设种群数量为6,染色体长度为8,一种具体操作的结果如表12.2所示。

表 12.2 基于对角线重新排序的完全干扰交叉

1	QA(1)	QF(2)	QE(3)	QD(4)	QC(5)	QB(6)	QA(7)	QF(8)
2	QB(1)	QA(2)	QF(3)	QE(4)	QD(5)	QC(6)	QB(7)	QA(8)
3	QC(1)	QB(2)	QA(3)	QF(4)	QE(5)	QD(6)	QC(7)	QB(8)
4	QD(1)	QC(2)	QB(3)	QA(4)	QF(5)	QE(6)	QD(7)	QC(8)
5	QE(1)	QD(2)	QC(3)	QB(4)	QA(5)	QF(6)	QE(7)	QD(8)
6	QF(1)	QE(2)	QD(3)	QC(4)	QB(5)	QA(6)	QF(7)	QE(8)

这是一种按对角线重新排序的交叉方式,大写字母表示交叉后的染色体,如 QB(1),QB(2),…,QB(8),像这样所有染色体都参与交叉的方式称为完全干扰交叉。当然,还可以用"交叉基因位"、"交叉分段基因"等来进行该操作[7]。

12.1.3 量子进化算法一般步骤

量子进化算法一般步骤[8~11]如下:

Begin
  令当前进化代数 t=0,初始化种群 Q(t);
  测试 Q(t)中的每个个体,得到 P(t),产生 0~1 内的随机数,如大于 0.5 则取 1,否则取 0;
  测量 P(t)中每个个体的适应度,记录最佳个体及其与之对应的适应度值;
  While 未结束 do
    Begin
      t=t+1;
      测量 Q(t−1)中个体的染色体,得到 P(t);
      评价 P(t)各状态的适应度值;
      利用量子更新算子 G(t)更新 Q(t);
      保存 B(t−1)与 P(t)中最优个体,得到 B(t)并记录最佳个体的状态 b;
    End
  输出最佳适应个体;
End

以上步骤中,初始化种群 $Q(0)$ 时,种群染色体的所有基因一般都初始化为 $(1/\sqrt{2},1/\sqrt{2})$,以便染色体以等概率形式表达。从上述过程可以看出,与遗传算法相比,量子进化算法促进了 $P(t)$ 产生和 $Q(t)$ 进化[7]。

12.1.4 量子进化算法改进

基于经典量子进化算法与量子图像显示的基本思想,本章设计一种新量子进化算法(new quantum evolutionary algorithm, N-QEA),从量子进化并行性和量子编码两方面对量子进化算法作改进。

1) 量子进化并行性扩展

将初始化的种群分为若干个子群,每个子群在进化算法执行时独立进行进化操作,在一定的进化代数之后进行子群间个体交换,即实现子种群间个体"移民",以此交换信息并达到更快的运算速度。例如,初始化种群 $Q(0)$ 中有 $N(=2^n)$ 个个体,可以将种群 $Q(0)$ 分为 $\sqrt{N}=2^{n/2}$ 个子种群,每个子种群含有 $\sqrt{N}$ 个个体。进化一定代后,交换子种群间的个体,再次执行进化算法。这样,每个子种群的进化速度要比未划分子种群时快。进化过程中,子种群内进行染色体杂交的同时,子种群间通过个体"移民"实现子种群间的"杂交",在加快运算速度的同时,兼顾了对整个种群内种群多样性的维护。

2) 量子染色体编码与旋转门策略改进

量子染色体编码的量子位改为量子角,原来的量子位 $|\varphi\rangle=\alpha|0\rangle+\beta|1\rangle$ 概率振幅值需满足归一化条件 $|\alpha|^2+|\beta|^2=1$,因此一个量子比特的表示也可以用一个量子角来实现,即 $|\varphi\rangle=[\theta]$,可以等同于量子比特表示法,即

$$|\varphi\rangle=\sin\theta|0\rangle+\cos\theta|1\rangle \tag{12.8}$$

只有一个变量 θ。此时,$\sin\theta$、$\cos\theta$ 分别为 $|0\rangle$ 和 $|1\rangle$ 的概率振幅值,$|\sin\theta|^2$ 为量子基矢 $|0\rangle$ 的概率,量子基矢 $|1\rangle$ 的概率同理,因此两个概率振幅值的归一化就很明显了。量子染色体可以相应地编码为 $[\theta_1,\theta_2,\cdots,\theta_n]$,其中 n 为染色体长度。

量子门旋转也能用量子角表示为 $[\theta_i']=[\theta_i+\tau(\Delta\theta_i)]$,将量子门的运算改为量子角的微调。使用量子角表示量子态可以知道当前个体与最优个体之间的差角及差值方向,不必像经典量子进化算法那样一步一步慢慢地改变量子旋转角,只需直接将当前个体向最优个体调整即可完成量子旋转操作。量子旋转角旋转查询表如表 12.3 所示。

表 12.3 基于改进量子进化算法的量子旋转门旋转角查询表

θ_i	best_i	$s(\theta_i)$
0	0	0
0	+	+
+	0	−
+	+	0

依据表中 θ_i 和 best_i 的取值,量子旋转门的操作可直接调整 $s(\theta_i)$ 的值,这样不但简化了传统量子进化算法中定长步长的进化策略,而且可以一次到位。

同样,为了防止进化早熟现象的发生,增强算法的局部搜索能力,需要对染色体基因位进行变异,这里对量子角执行"非"操作,构成新的量子角,达到变异的目的,即

$$\theta'_i = \frac{\pi}{2} - \theta_i \tag{12.9}$$

其中,θ'_i 表示变异后的量子角,θ_i 为变异前的量子角,两角度之和为 $\pi/2$,因此变异实质就是求量子角的"非"值[7]。

12.1.5 基于改进 QEA 的水印嵌入过程

基于改进 QEA 的水印嵌入过程如下:

(1) 对载体图像进行小波变换并提取水印序列。按照水印嵌入者指定的变换级别对载体图像进行小波变换,做好水印嵌入准备。依据水印嵌入者的选择,将图片水印或者文字水印量化为二进制序列。其中,为了有效抵抗剪切攻击等,图片水印需要置乱后再进行量化操作;为了提高嵌入后图像的可视化效果,如果水印图像为二值图像则需要对图片的量化按位求反。

(2) 提取载体图像小波系数的量化序列并嵌入水印。量化过程为:设 $I_{l,f}(\theta_i)$ 为当前特征点与密钥经过混沌函数共同选择的相关频段某一点的小波系数,其中 $l,f \in \{1,2,\cdots,K\}$ 表示小波变换层数,指示各方向的细节子图,θ_i 表示当前点的量子角。混沌函数为

$$x_{n+1} = f(x_n) = A\sin^2(x_n - B) \tag{12.10}$$

其中,$A=4,B=2.5$;变量 x 的初值由密钥确定。第一步水印图像置乱操作也由本函数完成。设当前第一个高频模块 HH_1 的可见度阈值(水印嵌入者可以自由设置该阈值)为 $JND_{l,f1}$,则其余频段的阈值为 $JND_{l,f1}-k, k \in \{1,2,\cdots,K-1\}$,低于当前阈值的小波系数都嵌入水印信息。为了增加嵌入容量并维护图像的视觉质量,应尽可能向初始阶段的高频系数中嵌入数据,但高频系数中嵌入的数据很容易受到有损压缩、剪切、滤波等攻击,因此第一级高频系数 HH_1 中不嵌入数据,而在去掉 HH_1 后的其他高频系数中嵌入数据。在嵌入过程中,不同级数的小波系数用不同的阈值控制,而不是采用固定步长或者灵活步长确定。

(3) 采用 QEA 找到水印信息的最佳嵌入位置,其过程如下:

(3-1) 令 $t=0$,初始化含有 N 个个体的种群 $Q(0)$,使用量子角编码模式,将种群所含染色体的每个基因位量子角全部初始化为 $\pi/4$,将种群 $Q(0)$ 划分为多个子种群。

(3-2) 测量各个个体得到 $P(t)$。产生 $0\sim\pi/2$ 内的随机角度,若小于给定角度则测量值取 0,否则为 1,测量适应度 $f(x)$ 并保存适应度最大的个体。

(3-3) 当前是否终止,如未终止,则继续以下过程:

① $t=t+1$;

② 测量当前染色体是否优于最优个体,如果是,则将前面的最优个体改为当前最优个体,否则保持不变;

③ 以最优个体为方向,利用基因位角度编码的"非"门进行染色体变异以及种群间"移民"杂交;

④ 得到后代 $Q(t+1)$,返回步骤(3-3)。

(4) 将嵌入过程所用到的密钥存放至第三方可信数据库中。

(5) 将嵌入水印后的载体图形做小波逆变换,得到含水印的载体图像[7]。

水印嵌入流程如图 12.2 所示。

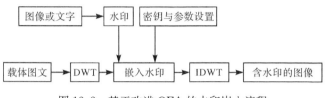

图 12.2 基于改进 QEA 的水印嵌入流程

12.1.6 基于改进 QEA 的水印提取过程

使用与嵌入过程相同的小波函数对图像执行相同层数的小波变换,并从可信第三方取出嵌入水印时所用到的密钥,用嵌入过程相同的方案找出每个特征点对应的小波系数。使用与嵌入水印过程相反的步骤实现水印的提取。

设 w' 为提取水印的量化序列,w 为原始水印的量化序列,利用所提取水印与原始水印的区别能看出水印图像的真实性及其被修改过的坐标等信息,进一步判断载体图像是否真实以及可能被篡改的位置等,进而判断出所提取水印同原水印之间的差别,可将此函数定义为

$$\text{Dif}_{l,f}(\theta_i) = w'_{l,f}(\theta_i) \oplus w_{l,f}(\theta_i) \tag{12.11}$$

两种水印不相同时,对应的小波系数位置就表示水印图像出错的空间位置,详细位置可以依据小波变换算法的寻址规则进行查询。水印提取流程如图 12.3 所示[7]。

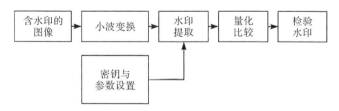

图 12.3 基于改进 QEA 的水印提取流程

12.1.7 测试结果与性能分析

本节从图像的视觉质量、计算复杂度、安全性分析、嵌入容量以及与其他算法

对比等几个方面对算法性能进行评估。实验仿真采用 64 位 Windows 8 操作系统、RAM 4GB、基于 x64 的 Intel Core(TM) i7 3.46GHz 处理器，在 C++Builder 开发环境下使用 C++语言实现，测试载体图像为 256 级的彩色图像或者灰度图像，大小均为 512×512。

1. 图像视觉质量分析

采用峰值信噪比(PSNR，这里为 8 位采样点)和均方差(MSE)用度量嵌入水印后载体图像的质量：

$$\begin{cases} \text{PSNR} = 10\lg\left(\dfrac{255^2}{\text{MSE}}\right) \\ \text{MSE} = \dfrac{1}{MN}\displaystyle\sum_{m=0}^{M-1}\sum_{n=0}^{N-1}(I(m,n)-J(m,n))^2 \end{cases} \quad (12.12)$$

为了获得更大嵌入容量或者嵌入率，以下仿真测试以文字信息作为水印。嵌入水印前后载体图像及其像素直方图如图 12.4 所示。

图 12.4　嵌入水印前后载体图像及其像素直方图

图中，从左向右依次为嵌入水印前的载体图、嵌入水印后的载体图、嵌入水印前载体像素直方图、嵌入水印后载体像素直方图；上排载体图片为 LenaRGB(加上 RGB 表示彩色图，否则为灰度图)，下排图片为 Lena。由图可以看出，嵌入水印前后载体图像无法用裸眼区分开，其各自的像素直方图变化也很小。

该算法可以用文字或者图像作为仿真测试水印，待嵌水印与提取出来的水印如图 12.5 所示。

其中，图 12.5(a)和(b)是以文字作为水印时的效果图；图 12.5(c)和(d)是以图片作为水印时的效果图。图 12.5(a)为提取水印前原水印框与提取水印框的水印(文字)信息；图 12.5(b)为提取水印后原水印框与提取水印框的信息；图 12.5(c)为

图 12.5 嵌入水印与提取水印效果图

提取水印前原水印框的水印(图片)信息;图 12.5(d)为提取水印后原水印框与提取水印框的水印信息;图 12.5(e)为水印图片。水印图片大小均为 64×64 像素。

以"中南民族大学简介"为水印信息,该负载达 1.2MB,几乎不可能完全嵌入载体图片中,密钥设置为 1111(可以随机设置计算机表示范围内的任意正整数),小波变换级数设置为 4,进行水印嵌入及提取。嵌入信息后,不同载体图片的嵌入容量以及嵌入水印后载体图像与原图像进行匹配得到的峰值信噪比如表 12.4 和图 12.6 所示。

表 12.4 文字水印嵌入不同图像的性能显示

图片名称	图片	嵌入率/(bit/像素)	PSNR/dB
Lena		3.99963	47.0056
Baboon		3.99963	46.9980
SCUEC		2.54046	45.0005
School		2.54943	45.0229
LenaRGB		0.42972	44.8085
BaboonRGB		0.18087	44.7416

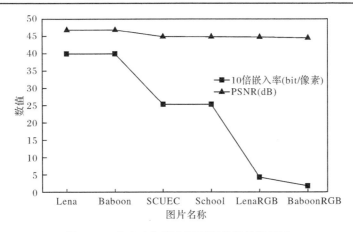

图 12.6 文字水印嵌入不同图像的性能显示

从表 12.4 和图 12.6 中可以看出,该算法嵌入率较高,PSNR 值较大,对比 Wang[11]的算法,本算法嵌入水印后图像质量更高。表中 PSNR 最小值超过 44,而 Wang 的文章中,其 Lena 的 PSNR 值为 36.2941,因此改进后的基于量子进化算法的图像水印策略有较高的峰值信噪比和嵌入率,如表 12.5 所示。

表 12.5 图片水印嵌入不同图像的性能显示

图片名称	图片	PSNR/dB
Lena		52.4199
Baboon		56.6719
SCUEC		41.1843
School		60.6490
LenaRGB		90.9842
BaboonRGB		58.4745

由于作为水印的图像是 64×64 的二值图像,对每个像素只需要嵌入一个信息 0 或者 1 即可。因此,其嵌入容量或者嵌入率较低,但嵌入图片水印后含水印图像的 PSNR 值较大,图像视觉效果好。除了对嵌入容量与嵌入水印后图片视觉质量等有所要求外,嵌入水印后图像的鲁棒性等也很重要,下面给出在 12.3 节设计的软件中实现关于鲁棒性与安全性等方面的测试[7]。

2. 鲁棒性与安全性分析

下面给出几种常见攻击后含水印图像及其水印检测结果,剪切攻击、压缩攻击、椒盐攻击与篡改、滤波攻击后含水印图像及其提取的水印图片分别如图 12.7~图 12.10 所示。

图 12.7 为剪切攻击后含水印图及其提取的水印效果图,图中给出了 1/4 剪切、1/2 剪切等各种剪切攻击的结果,其中第七组含水印图像为中间 1/4 剪切攻击,最后一组为随机剪切攻击,随机剪切攻击大小、位置、块数等可以在软件中自由设置。由图可知,较小范围的剪切攻击对提取水印的辨认影响不是很大,满足水印鲁棒性要求。

图 12.8 从左向右含水印图像的压缩质量因子分别为 0.8、0.6、0.4、0.2。从提取的水印图像可以看出,轻微的压缩操作对水印的可辨认性影响不大。如果水印图像更加精细且对含水印图像做大幅度压缩,则提取出来的水印图片就不是很方便确认了,如最后一组图所示,其水印清晰度与轮廓信息已受到较大影响。

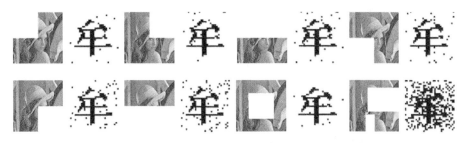

图 12.7　剪切攻击后含水印图像及其水印检测结果

图 12.8　JPEG 压缩攻击后含水印图像及其水印检测结果

图 12.9 中前三组图为椒盐攻击后含水印图像以及从对应图像中提取的水印效果,最后一组为篡改攻击后篡改定位的显示。其中,前三组图从左向右椒盐密度分别为 0.03、0.06、0.10;在最后一组含水印图像中,图中额头上方的帽子上的一个小方块被篡改过,实验中篡改的是灰度图像中 RGB 的 R 分量值(增加 R 分量的亮度),右图给出了提取水印后判断出该图已被篡改并标注出了篡改位置。从图中可以看出,椒盐攻击后仍能提取出可辨认的水印信息,满足鲁棒性要求。

图 12.9　椒盐攻击与篡改后含水印图像及其水印检测结果

图 12.10 中从左向右分别为低通滤波、中值滤波、高斯滤波攻击后含水印图像及其提取的水印效果。对灰度图而言,进行低通滤波攻击时,需要降低滤波阈值,如果以一个彩色图片那样大的滤波阈值设置灰度图像的低通滤波阈值,则所提取水印很可能和滤波前提取的水印是一样的。这里的灰度图像低通滤波阈值依据该图的直方图信息设置为 200,结果显示,低通滤波攻击后还能较好地提取可辨认的水印图像。中值滤波是依照当前像素点周围的像素点来预测当前像素点的像素值,这里采用上、下、左、右四个像素来预测当前像素值。其中,边界值取当前像素值作为差额的一个预测像素值;上、下、左、右四个像素的预测差额中有两个由当前像素值替代。中值滤波结果表明,该算法在中值滤波攻击下仍能提取所嵌入的水印图片,该水印图片受到中值滤波攻击的影响较小。高斯滤波与中值滤波有所不同,高斯滤波除了用周围像素来预测当前像素外,也用当前像素自身来

预测当前像素;此外,高斯滤波对每个预测当前像素的像素值都进行加权预测。这里的高斯滤波攻击中,当前像素加权比为 0.6,其余每个点(上、下、左、右)权值各为 0.1。其中,边界设置当前像素加权比为 0.7;上、下、左、右四个像素的当前像素加权比为 0.8。

图 12.10　滤波攻击后含水印图像及其水印检测结果

以上各种攻击后所提取水印与原水印图片进行比较,水印图像鲁棒性如表 12.6 所示。

表 12.6　受攻击后水印图像的鲁棒性测试结果

攻击类型	PSNR/dB	攻击类型	PSNR/dB
无攻击	36.1236	压缩质量因子 0.6	21.2100
左上角 1/4 剪切	24.9842	压缩质量因子 0.2	10.3949
右上角 1/4 剪切	24.0824	椒盐密度 0.03	23.3361
中间 1/4 剪切	25.7097	椒盐密度 0.10	12.6994
上面 1/2 剪切	21.6520	低通滤波	19.7889
下面 1/2 剪切	17.9945	中值滤波	16.4857
压缩质量因子 0.8	23.1133	高斯滤波	16.6788

由于水印图像为二值图像,这里采用的 PSNR 计算公式为

$$\begin{cases} PSNR = 10\lg\left(\dfrac{1^2}{MSE}\right) \\ MSE = \dfrac{1}{MN}\sum_{m=0}^{M-1}\sum_{n=0}^{N-1}(I(m,n)-J(m,n))^2 \end{cases} \quad (12.13)$$

其中,M、N 表示水印图片的尺寸;I、J 分别表示原水印图片和提取水印图片的当前像素值(0 或者 1)。

表 12.6 中,PSNR 完全是根据上述各种攻击后提取的水印测试而来,从表中可以看出,受到各种攻击后水印图像相对原始水印图像的变化程度。虽然 Wang 等[11] 也给出了各种攻击后水印的 PSNR 值,但经仔细推敲后发现,其中的 PSNR 值可能存在错误,如密度为 0.02 和 0.05 的椒盐攻击后提取水印图像相差很大,测试的 PSNR 值却相差很小,可由此判断这两组数据至少有一组存在错误。因此,本算法对提取出来的水印图片鲁棒性等效果并不与 Wang 等[11] 的结果作比较。

3. 与其他算法对比分析

嵌入水印后,含水印图像的 PSNR 值及其嵌入率如表 12.4 所示。同 Wang 等[11]的快速水印算法相比,本算法中,嵌入水印后含水印图像的 PSNR 值最小值为 44.7416,超过了 Wang 等算法中给出的唯一 PSNR 结果 36.2941。从 PSNR 的定义可知,一般而言,PSNR 越大,则两张图片的相似度也越高。本算法给出了一些仿真测试的 PSNR 值,就不再像 Zhang 那样给出显得有些冗余的相似度值[12]。此外,本算法相对于 Zhang 等的算法[12],有更高的嵌入率,最大近似嵌入率为 4bit/像素。同样,本算法在水印嵌入过程中运用了量子进化算法,优化了嵌入信息的速度,测试文本嵌入时,txt 文本达 1.2MB,耗时约 15s,从实际嵌入率 4bit/像素可知,嵌入最大长度接近 1MB,若用仿真软件中 64×64 大小的二值图像作为水印,则瞬间可完成嵌入。

除了直方图外,在直观上还可以从相邻点之间像素关联程度及其变化程度来衡量嵌入水印后含水印图像的质量。嵌入水印操作只是对图像的像素作微小调整,以图像的微小变化来记录所嵌入的私密信息。因此,水印嵌入前后图像相邻点的像素关联度变化也应该较小,否则,图像的质量会受到影响。在 Yang 等[13]给出的图像水印框架中,嵌入水印后的含水印图片是一个置乱图像,其图像仅作认证或提取水印信息之用。本算法中,嵌入水印信息后含水印图像仍能做一些正常使用。

如图 12.11 所示,上面四张图片为 Yang 等的嵌入水印前载体图、嵌入水印后载体图、嵌入水印前横向相邻点像素关联图、嵌入水印后横向相邻点像素关联图;下面四张图片分别为本算法仿真嵌入水印前后载体及其横向相邻点像素关联的效果图,对应表 12.4 中 Lena 一行数据条件下的图像。由于 Yang 等嵌入水印前进行了图像置乱,嵌入水印后没有返回置乱图像前各像素点的位置,因此其像素关联度很低。从图中可以看出,本算法在嵌入水印前后相邻像素关联度变化很小,满足含水印图像相对嵌入水印前只是微小改变的视觉质量要求[7]。

图 12.11　水印嵌入前后载体图像及其横向相邻像素关联效果图

12.2 基于量子小波变换的图像水印

12.2.1 量子图像显示及其改进

如传统计算机中图像的像素显示原理那样,量子图像也可以在传统计算机中显示,即量子图像快速显示(flexible representation of quantum images, FRQI)[14]。假设有一幅 $2^n \times 2^n$ 大小的图像,则图像像素的颜色值与坐标值可以用量子态编码为

$$I(\theta) = \frac{1}{2^n}\sum_{i=1}^{2^{2n}-1}(\cos\theta_i |0\rangle + \sin\theta_i |1\rangle) \otimes |i\rangle, \quad \theta_i \in \left[0, \frac{\pi}{2}\right], i = 0,1,\cdots,2^{2n}-1 \tag{12.14}$$

其中,$\cos\theta_i|0\rangle + \sin\theta_i|1\rangle$ 表示像素的颜色分量值;$|i\rangle$ 表示对应量子图像中像素的坐标信息,坐标包含纵坐标和横坐标[14],即

$$|i\rangle = |y\rangle|x\rangle = |y_{n-1}y_{n-2}\cdots y_0\rangle|x_{n-1}x_{n-2}\cdots x_0\rangle \tag{12.15}$$

其中,$x, y \in \{0, 1, \cdots, 2^n - 1\}$;$|y_j\rangle, |x_j\rangle = \{|0\rangle, |1\rangle\}, j = 0, 1, \cdots, n-1$;$|y\rangle = |y_{n-1}y_{n-2}\cdots y_0\rangle$ 和 $|x\rangle = |x_{n-1}x_{n-2}\cdots x_0\rangle$ 分别表示纵坐标和横坐标。同时,FRQI还符合归一化条件:

$$\| I(\theta) \| = \frac{1}{2^n}\sqrt{\sum_{i=0}^{2^{2n}-1}(\cos^2\theta_i + \sin^2\theta_i)} = 1 \tag{12.16}$$

在一幅 2×2 的经典图像中,表示像素分量值的量子角和表示坐标的量子编码示例如图 12.12 所示。

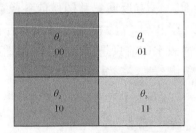

图 12.12　量子编码示例

如第 11 章所述,将表示颜色的量子分量直接改为用量子角表示,则图像像素颜色与坐标的量子编码为

$$I(\theta) = \frac{1}{2^n}\sum_{i=1}^{2^{2n}-1}[\theta_i] \otimes |i\rangle, \quad \theta_i \in \left[0, \frac{\pi}{2}\right], i = 0, 1, \cdots, 2^{2n}-1 \tag{12.17}$$

其中，$|\theta_i\rangle$表示像素颜色分量值；$|i\rangle$为对应坐标。进行这样的改进是为了使量子图像的像素值能更方便地表达，减少计算过程的冗余性，提高算法效率。图12.12中量子图像的量子叠加态就可以表示为

$$|I\rangle = \frac{1}{2}([\theta_0]\otimes|00\rangle + [\theta_1]\otimes|01\rangle + [\theta_2]\otimes|10\rangle + [\theta_3]\otimes|11\rangle) \quad (12.18)$$

其中，$[\theta]$表示旋转角编码[7]。

12.2.2 量子小波变换

1. 移位矩阵

小波变换相对于傅里叶变换来说，具有时域、频域局部化性质。当前比较常用的量子小波变换有：量子Haar小波变换和量子$D^{(4)}$小波变换。这里主要描述基于量子Haar小波变换的图像水印算法。量子图像信息的小波变换电路设计主要是从量子小波变换矩阵的分解得来的，因此要在传统计算机上实现量子计算机图像的小波变换，如何对转换矩阵进行分解是需要解决的关键问题。

作为最常见的正移置换矩阵，一般设矩阵Π_{2^n}中元素为

$$\Pi_{ij} = \begin{cases} 1, & i \in L \\ 0, & 其他 \end{cases} \quad (12.19)$$

其中$L = \{i$为偶数且$j = i/2$，或者i为奇数且$j = (i-1)/2 + 2^{n-1}\}$，则Π_{2^n}实现量子位的左移，即将量子态最右边的量子位移到最左边去；其转置矩阵则实现循环反向移动，将量子态最左边的量子位移到最右边去。如对于一个n位量子态，有

$$M = |a_{n-1}a_{n-2}\cdots a_1 a_0\rangle \quad (12.20)$$

$$M' = \Pi_{2^n} M = |a_0 a_{n-1} a_{n-2} \cdots a_1\rangle \quad (12.21)$$

$$M'' = \Pi_{2^n}^T M = |a_{n-2}\cdots a_1 a_0 a_{n-1}\rangle \quad (12.22)$$

当$n = 2$时，所得到的正移置换矩阵即为常见的量子交换门：

$$\Pi_4 = \begin{bmatrix} 1 & 0 & 0 & 0 \\ 0 & 0 & 1 & 0 \\ 0 & 1 & 0 & 0 \\ 0 & 0 & 0 & 1 \end{bmatrix} \quad (12.23)$$

含有n个量子位时，有

$$\Pi_{2^n} = (I_{2^{n-2}} \otimes \Pi_4)(I_{2^{n-1}} \otimes \Pi_2) \quad (12.24)$$

同理，设矩阵元素为

$$P_{ij} = \begin{cases} 1, & i \in L' \\ 0, & 其他 \end{cases} \quad (12.25)$$

其中$L' = \{j$为二进制i的按位取反$\}$，则P_{ij}实现量子态的前后顺序颠倒。由于

P_{ij} 是对称矩阵,其转置矩阵与原矩阵相同。如对于上述 n 位量子态,有
$$M''' = P_{2^n} M = |a_0 a_1 \cdots a_{n-2} a_{n-1}\rangle \tag{12.26}$$

2. 基于正移置换的量子 Haar 小波变换及逻辑设计

Haar 矩阵随着阶数的变化,其中的元素也在改变,2^n 阶 Haar 矩阵可以用 2^{n-1} 阶 Haar 矩阵和 2^{n-1} 阶单位矩阵并联合 Hadamard 矩阵进行 Kronecker 扩展表示出来[15]。Kronecker 扩展表示为
$$C = A \otimes B = (A \otimes I_m)(I_n \otimes B) \tag{12.27}$$
其中,A 和 B 分别为 n 和 m 阶方阵;I 为单位矩阵[15]。由此可分解 Haar 矩阵为
$$\begin{aligned}
H_{2^n} &= \Pi_{2^n}((H_{2^{n-1}}, I_{2^{n-1}}) \otimes W) \\
&= \Pi_{2^n}((H_{2^{n-1}}, I_{2^{n-1}}) \otimes I_2)(I_{2^{n-1}} \otimes W) \\
&= (I_{2^{n-1}} \otimes W)\Pi_{2^n}(I_{2^{n-2}} \otimes W \otimes I_2)(\Pi_{2^{n-1}} \otimes I_2) \\
&\quad \times \cdots \times (I_2 \otimes W \otimes I_{2^n-2^2})(\Pi_{2^2} \otimes I_{2^n-2^2})(W \otimes I_{2^n-2})
\end{aligned} \tag{12.28}$$

其逻辑结构设计如图 12.13 所示。

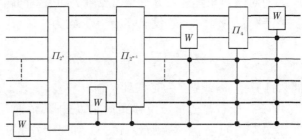

图 12.13 量子 Haar 小波变换逻辑结构

3. 量子 Haar 小波变换分析实例

有 2 个量子位的信号可以表示为
$$|q_{\text{in}}\rangle = |q_1\rangle \otimes |q_2\rangle \otimes |q_3\rangle = a_0|00\rangle + a_1|01\rangle + a_2|10\rangle + a_3|11\rangle = [a_0, a_1, a_2, a_3]^{\text{T}} \tag{12.29}$$
其系数 a_i 满足归一化条件。

首先对输入量子比特执行 $I_2 \otimes W$ 变换,得到
$$|q_0\rangle = (I_2 \otimes W)|q_{\text{in}}\rangle = \frac{1}{\sqrt{2}}[a_0 + a_1, a_0 - a_1, a_2 + a_3, a_2 - a_3]^{\text{T}} \tag{12.30}$$
将原来的信号分解出低频部分 L 和高频部分 H,显然 L 和 H 是分散的。然后对所得到的结果执行正移置换:
$$|q_1\rangle = \Pi_4 |q_0\rangle = \frac{1}{\sqrt{2}}[a_0 + a_1, a_2 + a_3, a_0 - a_1, a_2 - a_3]^{\text{T}} \tag{12.31}$$

这样,低频部分就被移到前面,高频部分被移到后面。继续对低频部分执行 $W \oplus I_2$ 变换可得

$$|q_2\rangle = (W \oplus I_2)|q_1\rangle$$
$$= \frac{1}{\sqrt{2}}\left[\frac{1}{\sqrt{2}}(a_0+a_1+a_2+a_3), \frac{1}{\sqrt{2}}(a_0+a_1-a_2-a_3), a_0-a_1, a_2-a_3\right]^T \quad (12.32)$$

至此,已将原输入信号分解为预期的低频和高频部分。量子 Haar 小波变换,首先对整体信号做受控变换,然后通过移位等操作进行高低频信号分离;在完成第一次变换与分离后,以后每次都是先对当前的低频部分执行受控变换,再进行高低频分离,直到达到预期的量子 Haar 小波分解级数。用此方法可以对 $2^n \times 2^n$ 大小的图像执行量子 Haar 小波变换[7]。

12.2.3 旋转矩阵

设沿 y 轴(沿 x 轴类似)旋转的旋转矩阵及其逆旋转矩阵分别为

$$R(\omega_i) = \begin{bmatrix} \cos\omega_i & \sin\omega_i \\ -\sin\omega_i & \cos\omega_i \end{bmatrix}, \quad R'(\omega_i) = \begin{bmatrix} \cos\omega_i & -\sin\omega_i \\ \sin\omega_i & \cos\omega_i \end{bmatrix} \quad (12.33)$$

其中,ω_i 为待嵌入数据的量化序列所对应的角度。因此,执行该旋转操作来嵌入水印,对原始载体图像像素值仅作微调。如对一张 $2^1 \times 2^1$ 大小的图像,有

$$Q = R(\omega_i) \otimes I_2 = \begin{bmatrix} \cos\omega_i & \sin\omega_i & 0 & 0 \\ -\sin\omega_i & \cos\omega_i & 0 & 0 \\ 0 & 0 & \cos\omega_i & \sin\omega_i \\ 0 & 0 & -\sin\omega_i & \cos\omega_i \end{bmatrix}, \quad P = \begin{bmatrix} a_1 & b_1 & c_1 & d_1 \\ a_2 & b_2 & c_2 & d_2 \\ a_3 & b_3 & c_3 & d_3 \\ a_4 & b_4 & c_4 & d_4 \end{bmatrix} \quad (12.34)$$

$Q \cdot P$

$$= \begin{bmatrix} a_1\cos\omega_i + a_2\sin\omega_i & b_1\cos\omega_i + b_2\sin\omega_i & c_1\cos\omega_i + c_2\sin\omega_i & d_1\cos\omega_i + d_2\sin\omega_i \\ a_2\cos\omega_i - a_1\sin\omega_i & b_2\cos\omega_i - b_1\sin\omega_i & c_2\cos\omega_i - c_1\sin\omega_i & d_2\cos\omega_i - d_1\sin\omega_i \\ a_3\cos\omega_i + a_4\sin\omega_i & b_3\cos\omega_i + b_4\sin\omega_i & c_3\cos\omega_i + c_4\sin\omega_i & d_3\cos\omega_i + d_4\sin\omega_i \\ a_4\cos\omega_i - a_3\sin\omega_i & b_4\cos\omega_i - b_3\sin\omega_i & c_4\cos\omega_i - c_3\sin\omega_i & d_4\cos\omega_i - d_3\sin\omega_i \end{bmatrix} \quad (12.35)$$

可以验证:

$$Q' \cdot Q \cdot P = (R'(\omega_i) \otimes I) \cdot (R(\omega_i) \otimes I) \cdot P = P \quad (12.36)$$

即旋转操作是一个可逆过程,且当旋转角 ω_i 很小时,旋转后的矩阵相对于旋转前只有微小改变。旋转操作可以用来嵌入水印,逆旋转操作则可以提取水印,并认证载体图像[7]。

12.2.4 基于量子小波变换的水印嵌入过程

目前,量子小波变换主要有量子 $D^{(4)}$ 小波变换和量子 Haar 小波变换,同种小波变换还有不同的基本变换矩阵等[15]。本节的基于量子小波变换的图像水印算法,是基于正移置换矩阵的量子 Haar 小波变换设计的,水印嵌入流程如图 12.14 所示。

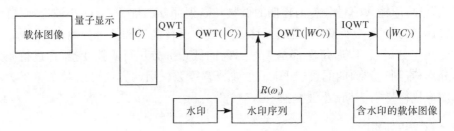

图 12.14 基于量子小波变换的图像水印嵌入流程

(1) 量子图像显示。给定一大小为 $2^n \times 2^n$ 的量子载体图像以及相同大小的水印图像,其 FRQI 分别表示为

$$|C\rangle = \frac{1}{2^n}\sum_{i=0}^{2^{2n}-1}[\theta_i]\otimes|i\rangle = \sum_{i=0}^{2^{2n}-1}|c_i\rangle\otimes|i\rangle \quad (12.37)$$

$$|W\rangle = \frac{1}{2^n}\sum_{j=0}^{2^{2n}-1}[\theta_j]\otimes|j\rangle = \sum_{j=0}^{2^{2n}-1}|\omega_j\rangle\otimes|j\rangle \quad (12.38)$$

(2) 量子小波变换(QWT)。对量子显示的载体图像进行量子小波变换,获取其量子小波系数:

$$\text{QWT}|C\rangle = \frac{1}{2^n}\sum_{i=0}^{2^{2n}-1}\text{QWT}([\theta_i]\otimes|i\rangle) = \sum_{i=0}^{2^{2n}-1}|\omega c_i\rangle\otimes|i\rangle \quad (12.39)$$

该公式只是针对灰度图的,若为彩色图,则需要分别对三个颜色分量的亮度进行量化。一般而言,小波变换有两种,一是金字塔算法(pyramid algorithm,PYA),二是背包算法(packet algorithm,PAA)。前者对已经是某一方向上的小波系数不再做变换,只对低频系数做小波变换;后者对高低频系数均做变换,直到达到预定的变换级数。这里的仿真实验采用的是 PYA 类型的小波变换。

(3) 嵌入水印。将水印图像像素分量值或者水印文字字符量化为 8 位二进制序列,依照如下规则将处理好的量子水印图像嵌入载体图像的小波系数中:

$$\text{QWT}|WC\rangle = \frac{1}{2^n}\sum_{i=0}^{2^{2n}-1}(R(\omega_i)\otimes I_{2^n})\text{QWT}([\theta_i]\otimes|i\rangle) \quad (12.40)$$

其中,$|WC\rangle$ 表示含水印的量子图像。

(4) 量子小波逆变换(IQWT)。对嵌入水印后的载体图像执行量子小波逆变换,得到与嵌入水印之前看起来相同的常规图像[7]。

12.2.5 基于量子小波变换的水印提取过程

提取与嵌入流程大致相反,水印恢复流程如图 12.15 所示。

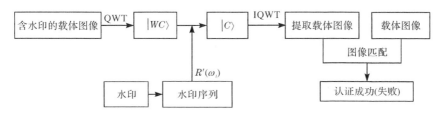

图 12.15 基于量子小波变换的图像水印恢复流程

含水印载体图像中的水印提取与载体图像恢复过程均可用矩阵转换的方式实现,因此其量子电路的设计是可行的。水印提取与载体图像恢复具体如下:

首先对载体图像做量子小波变换,得到

$$\text{QWT} \mid WC\rangle = \frac{1}{2^n} \sum_{i=0}^{2^{2n}-1} (R(\omega_i) \otimes I_{2^n}) \text{QWT}([\theta_i] \otimes |i\rangle) \quad (12.41)$$

其中,$|WC\rangle$ 表示含水印的量子图像。

利用逆向旋转矩阵 $R'(\omega_i)$ 对该量子图像执行逆向旋转操作,得到量子小波变换后的载体量子图像 $|C\rangle$,再经过量子小波逆变换即可得到量子小波变换之前的原始量子图像。通过经典图像与量子图像转换,即可显示出"原始"的经典图像。如果经过水印提取过程得到的载体图像与原始未嵌入水印的图像能匹配成功,则所用载体图像得到认证,否则认证失败。

12.2.6 测试结果与性能分析

本节从图像的视觉质量、计算复杂度、安全性分析、嵌入容量以及与其他算法对比等几个方面对算法性能进行评估。实验仿真采用 64 位 Windows 8 操作系统、RAM 4GB、基于 x64 的 Intel Core(TM) i7 3.46GHz 处理器,在 C++ Builder 开发环境下用 C++语言实现。测试图像为 256 级的彩色图像或者灰度图像,大小均为 512×512。

如前文所述,仿真实验中涉及的量子算法均用矩阵转换方式实现,其在量子计算机上的实现可以根据具体要求设计相应的量子电路。为了提高嵌入容量且保证较高的 PSNR 值,这里采用多次嵌入的概率嵌入法:如果当前水印量化值与载体位相同,则计数器直接增加 1,在提取阶段将直接获取 PSNR 值;如果当前水印量化值与载体位不同,则采用多次嵌入的概率嵌入法,以提高嵌入容量且保证较高的 PSNR 值;并且仅在当前水印量化值为 0 时嵌入,为 1 时不嵌入。当然,并不是嵌入次数越多越好。例如,当小波变换级数为 8、嵌入次数为 8、阈值为 20 时,嵌入信息后载体图像信息如图 12.16 所示。

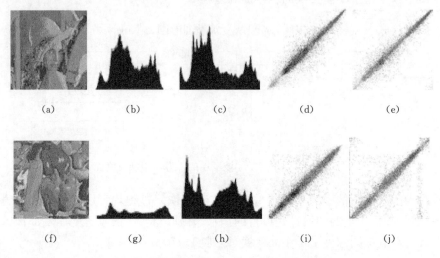

图 12.16　阈值较大时强行嵌入 8 次后的效果显示

图 12.16 中,两嵌入水印后的载体图像 PSNR 均低于 35dB。其中,图 12.16(a) 和(f)为嵌入水印后的载体图像;图 12.16(b)和(g)、图 12.16(c)和(h)分别为嵌入水印前、后载体图像的像素直方分布图;图 12.16(d)和(i)、图 12.16(e)和(j)分别为嵌入水印前、后载体图像的水平相邻像素关联分布图。其中,水平相邻像素关联分布图中包含 RGB 颜色的 R 分量(红色)、G 分量(绿色)、B 分量(蓝色);如果采用灰度图像,则 RGB 颜色的三个分量是相同的,蓝色分量的显示会覆盖红色、绿色分量的显示。从图 12.16 中显然可以看出,嵌入次数与小波变换级数设置不恰当会造成图像失真。

1) 含水印图像的视觉质量分析

要求嵌入水印后载体图像的视觉质量好,就应在嵌入水印过程中尽可能少地改变原来的像素值,即减少原载体图像与含水印载体图像之间的差别。峰值信噪比(PSNR)与均方差(MSE)是衡量水印图像视觉质量的常用公式,其定义如下:

$$\begin{cases} \text{PSNR} = 20\lg\left(\dfrac{\text{MAX}}{\sqrt{\text{MSE}}}\right) \\ \text{MSE} = \dfrac{1}{MN}\sum_{m=0}^{M-1}\sum_{n=0}^{N-1}(I(m,n)-J(m,n))^2 \end{cases} \quad (12.42)$$

其中,MSE 表示原图像与含水印图像的均方差;MAX 表示原图像可能像素值的最大值[16]。

待嵌入水印为"中南民族大学简介"的文字,假设待嵌数据总不能完全嵌入,为了加大嵌入容量,可以对已经嵌入水印的图像再次嵌入,多次嵌入可以加大水印嵌入容量,对载体图像执行指定级别的量子小波变换。设小波变换级数 $L=1$,嵌入次数为 T,可见度阈值设置为 $V=5$,则嵌入水印信息后不同图片的 PSNR 及其嵌入率如表 12.7 所示。其中,图片名称含"RGB"的为彩色图,彩图的 PSNR 为三个分量的平均值[16],其余均为灰度图。

表 12.7 仿真测试的部分嵌入率与 PSNR 值

名称	图片	$T=1$		$T=2$		$T=3$	
		PSNR	嵌入率	PSNR	嵌入率	PSNR	嵌入率
Lena		52.3391	0.54896	48.1316	1.02594	46.2517	1.46231
Peppers		51.4260	0.54599	45.4608	1.03625	42.0247	1.48302
Baboon		52.0685	0.31133	46.4800	0.59039	43.2714	0.84814
Barbara		52.1642	0.47080	47.6955	0.87404	44.8958	1.24174
Goldhill		52.2273	0.52029	47.6306	0.97530	45.6385	1.39178
SCUEC		53.9850	0.42360	53.8855	0.80429	53.8298	1.16225
School		91.0416	0.26490	87.6771	0.50474	86.2293	0.73090
LenaRGB		61.1973	0.72378	56.4895	1.40354	49.1606	2.05305
PeppersRGB		42.9941	0.66319	38.2640	1.29135	36.2034	1.89046
BaboonRGB		54.5044	0.39352	48.8671	0.76818	46.6300	1.12805
SCUECRGB		38.4714	0.52612	33.4811	1.01806	31.4033	1.49254
LabRGB		47.8844	0.45139	43.9048	0.87400	42.9458	1.28017

注:PSNR 的单位为 dB,嵌入率的单位为 bit/像素。

从表 12.7 和图 12.17 中可以看出,嵌入水印操作并没有影响载体图像的视觉质量,PSNR 也都在可接受范围内(>35dB),且相对于传统算法而言,该算法的平均信噪比较高。嵌入容量能轻松达到载体图片大小。量子 Haar 小波变换与旋转操作均可以分解为一系列单位矩阵的操作,因此最后恢复出来的图像可以和原始载体图像完全相同。图 12.18 为表 12.7 中 $T=1$ 时 Lena 和 Peppers 嵌入水印前后以及恢复后的效果。其中,图 12.8(a)和(d)为嵌入水印前的载体图像;图 12.8(b)和(e)为嵌入水印后的载体图像;图 12.8(c)和(f)为去水印后恢复的载体图像。

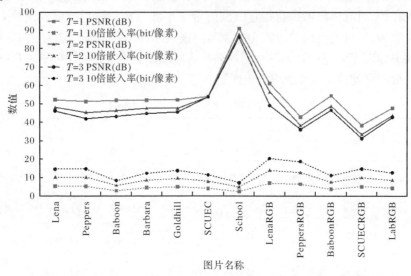

图 12.17　仿真测试的部分嵌入率与 PSNR 曲线

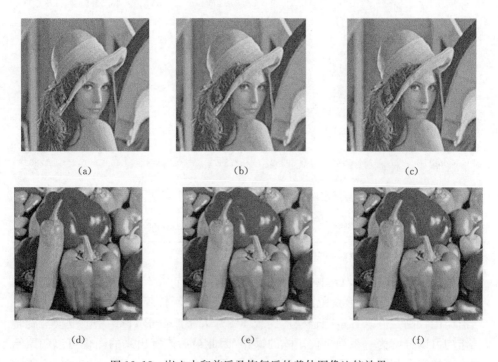

图 12.18　嵌入水印前后及恢复后的载体图像比较效果

经典图像转换为量子状态图像以及量子状态图像转换为经典图像都需要量子转换的计算基矢[17],嵌入水印前后计算基的概率分布表现出了嵌入水印前后载体图像的变化。图 12.19 分别是 $T=1$ 时表 12.7 中 LenaRGB 和 PeppersRGB 嵌入水印前后前 100 个 RGB 的 R 分量(未作说明均为行优先的 R 分量)计算基分布图。

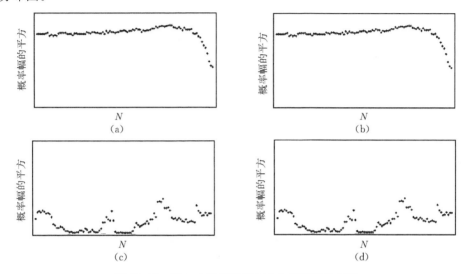

图 12.19 嵌入水印前后前 100 个计算基分布图

其中,图 12.19(a)为 LenaRGB 嵌入水印前的计算基,图 12.19(b)为 LenaRGB 嵌入水印后的计算基。图中横坐标长度为 300 个单位,每两个点之间间隔两个单位,以便观察效果;纵向为计算基概率,从 0 到 1 变化。图 12.19(c)和(d)同理。从图中可以看出,嵌入水印前后载体图像的计算基只有很小的变化,大多数原图像与含水印图像的计算基概率散点分布是相同的,满足嵌入水印后视觉质量要求。当然,不正当的嵌入水印使图像视觉质量受到影响时,计算基变化将非常大。图 12.16 中 LenaRGB 嵌入水印前后前 100 个计算基分布图就很明显了,如图 12.20 所示。

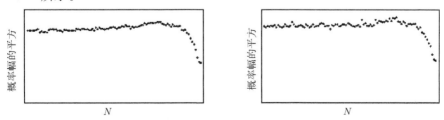

图 12.20 影响图像视觉质量的水印嵌入前 100 个计算基分布图

从图 12.20 可以看出，部分原图像与含水印图像的计算及概率散点分布发生了改变，显然是不符合视觉质量要求的。嵌入水印前后有很多的计算基改变，说明含水印图像视觉质量受到很大影响。

2) 算法复杂度与安全性分析

量子计算的复杂度取决于基本量子门的个数，忽略复杂度的系数以及计算准备工作的复杂度，对大小为 $N=2^n$ 的矢量而言，传统离散小波变换的计算复杂度为 $O(2^n)$，量子小波变换的计算复杂度为 $O(n^2)$；传统快速傅里叶变换复杂度为 $O(n2^n)$，量子傅里叶变换复杂度为 $O(n^2)$；传统离散余弦变换复杂度为 $O(n2^{2n})$，量子余弦变换复杂度为 $O(2^n)$[17,18]。

基于量子小波变换的图像水印算法可用于嵌入水印以达到保护版权或所有权等目的。如果是以图像作为水印，则嵌入水印前还需要对水印图像进行置乱操作。置乱算法是可知的，但置乱所需要的密码只有嵌入者或者版权所有者拥有，因此提取出来的水印也是乱码，只有经过置乱逆向操作才能恢复水印图片。

3) 与其他算法的对比分析

一个好的水印算法应该能在给定条件下（如指定图像尺寸、灰度图还是彩色图等）嵌入更多的隐秘信息。如表 12.7 所示，在视觉质量较好的情况下，该算法能轻松达到载体图片大小的嵌入容量（表中嵌入率控制为略大于 1）。为了保证嵌入容量，设置子小波变换级数为 2，阈值为 5，则经过一次嵌入即可达到图像尺寸大小的嵌入量。表 12.8 和图 12.21 分别是测试图像在该条件下嵌入水印后的 PSNR 值以及同 Zhang 等[12]在相同嵌入率下的 PSNR 最大值和对比曲线，其中彩色图像 PSNR 为三个分量的平均值[16]。

表 12.8　相同嵌入率下 PSNR 对比

图片名称	Zhang 等的算法[12]/dB	本章算法/dB
Lena	38.0122	46.3976
Peppers	39.6009	41.5729
Baboon	42.4464	45.3366
Goldhill	42.5720	46.3036
LenaRGB	无	53.7532
PeppersRGB	无	54.7528
BaboonRGB	无	45.8279

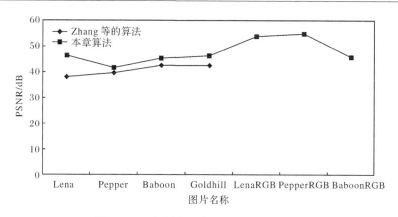

图 12.21 相同嵌入率下 PSNR 对比曲线

一般而言，在同样的嵌入算法下，嵌入容量越大，则载体图像失真越多。一个好的算法在追求嵌入容量的同时还应该保证图像的视觉质量。从表 12.8 可以看出，在相同嵌入率条件下，对于同样的图片，本章基于量子 Haar 小波变换的水印算法有更高的 PSNR 值，即含水印图像与原图像的匹配度更高。

相比而言，在相同嵌入条件下彩色图像比灰度图像有更高的嵌入率和 PSNR 值。表 12.9 是在嵌入 5 次、变换 1 次、阈值为 10 的情况下，几张彩色图像的嵌入率与 PSNR 值，其中彩色图像 PSNR 为三个分量的平均值[16]。

表 12.9　彩色图像的高嵌入率优势与 PSNR

图片名称	嵌入率/(bit/像素)	PSNR/dB
PeppersRGB	3.95837	30.1152
BaboonRGB	3.01480	41.2791
LabRGB	5.54389	38.0178
LenaRGB	7.42749	42.1943

从表 12.9 和图 12.22 可以看出，在满足 PSNR 可接受的范围内，该算法的嵌入率是很可观的，可以嵌入较多的私密信息等。本算法同其他算法的比较是基于相同条件的，不会盲目追求 PSNR，而忽略嵌入率，或者盲目追求嵌入率而使得 PSNR 处于不可接受的范围。

另外，还可以从图像相邻像素点的关联程度评价算法的优越性。嵌入水印只是对图像像素做微小改变，因此嵌入水印后图像相邻像素点之间的关联度变换也应该是很小的。相比于 Yang 等[13]提出的基于量子傅里叶变换的图像水印算法，本算法嵌入水印后载体图像是可以继续作为其他用途的，而 Yang 等嵌入水印后的图像类似于进行了图像置乱，已不能做一些常规的使用。嵌入水印前后载体图像的效果比较如图 12.23 所示。

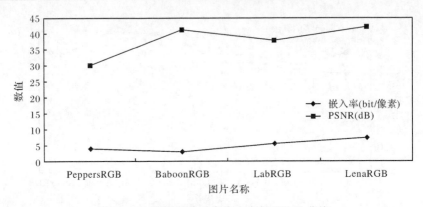

图 12.22　彩色图像的高嵌入率与 PSNR 曲线

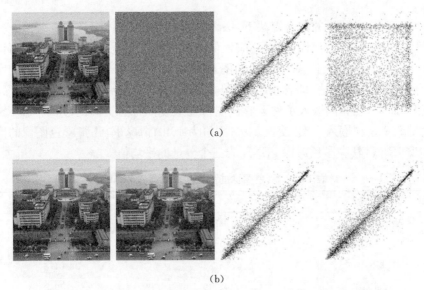

图 12.23　嵌入水印前后载体图像及其横向相邻像素关联效果图

图 12.23(a)中的 4 幅图分别为 Yang 等的嵌入水印前载体图、嵌入水印后载体图、嵌入水印前载体图横向相邻像素关联图、嵌入水印后载体图横向相邻像素关联图;图 12.23(b)中的 4 幅图为本算法与之一一对应的效果图。从图中可以看出,本算法对相邻像素关联度的影响也很小,即对图像像素值的改变很小,符合含水印图像的视觉质量要求[7]。

12.3　基于量子计算理论图像水印系统的设计与实现

本节在基于量子计算理论的图像水印算法研究的基础上,设计了一套基于量子计算理论的图像水印应用系统。按照算法基本思想,最终实现了算法所需的基本嵌入与提取、仿真分析中所提及的一些水印攻击模块等功能。

12.3.1 系统设计

1) 系统的目标设计

基于量子计算理论的图像水印系统是为了实现在实验环境下数字图像能较好地嵌入与提取信息而开发的。本系统开发是针对静态图像实现私密信息嵌入与提取、版权保护、图像处理等功能。具体的实现目标如下:

(1) 实现基于量子进化算法的图像水印算法的水印嵌入和提取功能,以及嵌入信息后的水印攻击及其结果测试功能。

(2) 实现基本图像处理功能,如小波变换、图像置乱、浮雕效果等。

(3) 实现基于量子 Haar 小波变换的图像水印算法的嵌入与检测等基本功能[19];显示图像的一些基本信息,如图像的计算基矢、相邻点关联度、像素直方图等;嵌入信息后,可以查看嵌入前后载体图像的计算基、关联度及直方图等信息,以便更好地评估算法性能。

(4) 软件设计模块化,具备良好的可维护性及可扩展性。

(5) 软件界面友好,操作简单。其中,各种攻击测试没有在软件界面上显示按钮,但能在弹出菜单中查看。

2) 系统的框架设计

本系统框架如图 12.24 所示。

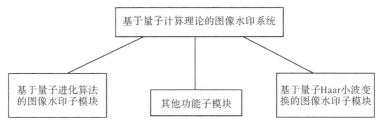

图 12.24　软件系统模块架构

基于量子计算理论的图像水印系统主要包含三大模块:基于量子进化算法的图像水印子模块、基于量子 Haar 小波变换的图像水印子模块和其他子功能子模块。其中,基于量子进化算法的图像水印子模块架构如图 12.25 所示;基于量子 Haar 小波变换的图像水印子模块架构如图 12.26 所示。

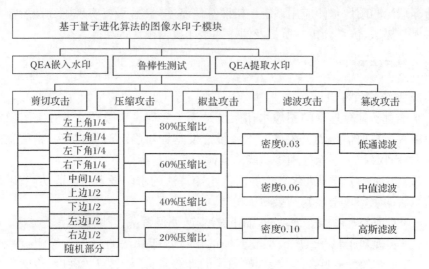

图 12.25　基于量子进化算法的图像水印子模块架构

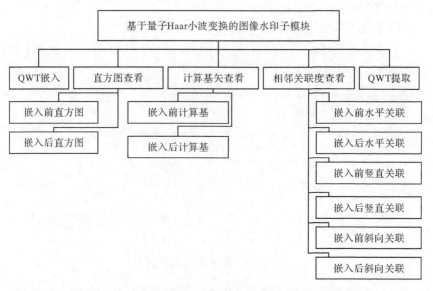

图 12.26　基于量子 Haar 小波变换的图像水印子模块架构

3) 系统的功能设计

根据系统需求、设计理念与模块化设计思想,本系统可以分为三大模块:基于量子进化算法的图像水印子模块、基于量子 Haar 小波变换的图像水印子模块、其他功能子模块。

(1) 基于量子进化算法的图像水印子模块。包含水印嵌入、水印提取、图片水印或者文字水印设置、图像的鲁棒性测试等功能。其中,图像的鲁棒性测试包含剪切攻击、压缩攻击、椒盐攻击、滤波攻击和篡改攻击。

(2) 基于量子 Haar 小波变换的图像水印子模块。包含水印嵌入、水印提取、计算基与关联度显示等功能。

(3) 其他功能子模块。包含待嵌载体图像与水印图像的打开、嵌入水印后图像的保存、提取水印图像的保存、待嵌文字的打开与提取文字的保存、图像置乱、原图查看、当前系统时间显示、当前鼠标在载体图像中的位置显示、小波变换及小波变换级数设置(如果设置为0,则恢复原始图像)、浮雕效果、可见度阈值与嵌入或提取过程的密钥设置等。

以上三个子模块中,基于量子进化算法的图像水印子模块和基于量子 Haar 小波变换的图像水印子模块是本系统设计的重点与难点,主要包含两种算法中水印的嵌入与提取过程[19]。

12.3.2 系统的功能实现

1) 系统的功能介绍

(1) 水印嵌入:将图片或者文字信息转换成二进制,并嵌入载体图像中。

(2) 水印提取:从载体图像中提取嵌入的二进制信息,并转换成图片或者文字信息。

(3) 图像处理:对图像进行一些简单的处理,如小波变换、图像置乱、浮雕效果等。

(4) 实用工具:查看指定图像的直方图、查看图像基本信息以及图像格式转换等。

2) 初始显示界面

启动软件后,初始主界面与原始默认设置效果如图 12.27 所示。主要包括:载体图像与原图像(右下角未完整截图)的显示模块、密钥等信息嵌入前的设置模块、嵌入信息后的评估模块、基本操作按钮模块、直方图显示以及图片或者文字水印存取模块等。

3) 实例测试

本系统软件界面友好,易于操作。这里以实际的例子简单介绍基于量子计算理论的图像水印嵌入与提取过程以及其他基本功能。本实例以 512×512 的图像为待嵌载体图像,由于篇幅所限,这里对每个模块仅给出一两种测试效果。

(1) 基于量子进化算法的图像水印嵌入与提取。

以 Lena 为待嵌载体图像、64×64 的二值图像为待嵌水印,嵌入水印前后载体图像、攻击类型选择、攻击后载体图像、攻击前后所提取水印图像效果如图 12.28 所示。

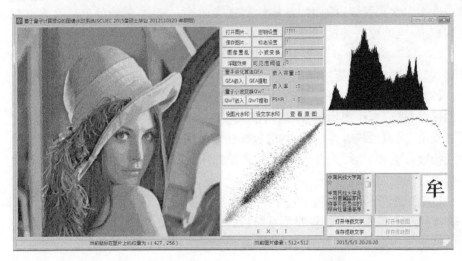

图 12.27 默认设置下软件启动后主界面显示

图 12.28 嵌入图片水印前后效果与剪切攻击效果展示

打开系统界面后,单击"打开图片"选择并设置 Lena 为载体图像。设置文字为待嵌水印信息,嵌入信息前后载体图像和水印信息如图 12.29 所示。

图 12.29 嵌入信息后载体图像与原图像对照

(2) 基于量子 Haar 小波变换的图像水印嵌入与提取。

以 Lena 为待嵌水印的载体图像、"中南民族大学简介"中的内容为待嵌文字信息,嵌入信息前后载体图像、水印信息、计算基矢、水平相邻像素关联图分别如图 12.30 所示。

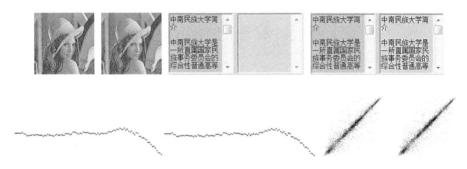

图 12.30　嵌入文字水印前后各种效果展示

(3) 其他综合功能测试。

以 Lena 图像为载体图像，图像原图、置乱操作和浮雕效果如图 12.31 所示。

图 12.31　图像置乱与浮雕效果展示

嵌入水印后，点击面板中"查看原图"即可查看嵌入水印之前的图像。本实例中，嵌入水印前后图像形成对比，用肉眼看起来是一模一样的，效果如图 12.32 所示。

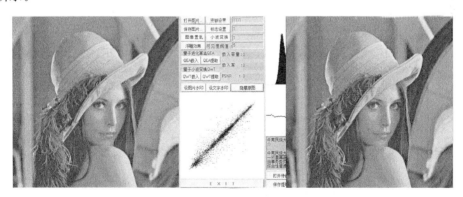

图 12.32　嵌入水印前原图查看

其中，左图为嵌入水印后的载体图像，右图为嵌入水印前的图像。右面的图像是"打开图片"导入的待嵌载体图像，或者软件界面初始化时随着待嵌图框中的图像一起导入"查看原图"窗口的。原图显示出来后，"查看原图"按钮文字会自动改为"隐藏原图"，继续点击该按钮即可隐藏右边显示的图像[7]。

12.4 基于量子计算理论的图像水印研究展望

基于量子计算理论的图像水印算法是近年来国内外信息安全领域的研究热点,涉及信号处理、量子物理学、信息论与编码学等多门学科。本章在探讨现有与量子计算理论相关的图像水印算法的同时,分析了量子计算并行性与安全性等优势,改进并提出了基于量子进化理论的图像水印算法和基于量子小波变换的图像水印算法。其研究成果体现在以下几点:

(1) 该算法在进行小波变换与信号二进制量化过程之后,用量子进化算法选择最佳嵌入点,嵌入水印信息;

(2) 该算法相对于传统基于 HVS 的图像水印算法而言,具有嵌入率高、定位快、鲁棒性强等优点;

(3) 该算法相对于改进之前,具有图像视觉质量高和水印嵌入容量大等优点。这些研究成果适应了图像水印技术的信息安全需求。

但是,本章只是对基于量子计算理论的图像水印算法进行初步探讨,从技术发展角度来看,所提出的算法也不够完善。今后关于量子水印的研究方向主要包括以下方面:

(1) 目前,图像水印算法特别是基于量子图像表达的图像水印算法的性能评价标准尚未统一,水印的评估标准如嵌入容量、图像鲁棒性、水印不可感知性以及安全性等是今后研究工作的重点。但是,不大可能存在一种评价标准能够应用于所有的图像水印系统中,可以针对不同的水印系统制定既有相对统一性又有针对性的评估标准。基于量子算法的图像处理不同于普通的图像处理,特别是基于量子图像表达的图像水印策略,其算法评估不能完全照搬普通图像处理的评价方案,而应根据量子在量子图像表达中的特性给出新的评判标准,如设置加权值、基于量子论的复杂度评估等。

(2) 目前,多数的量子水印算法都是针对传统算法进行比较设计的,而真正安全的水印算法还很少出现。因此,可以利用量子计算理论中量子的不可克隆定理等产生的量子安全性来保证数字图像水印算法的安全性。这在信息安全与量子计算理论上都有十分重要的意义,促进信息安全发展的同时对量子计算理论也起着反馈作用,进而促进量子论的发展,并进入量子世界引领科技的时代。

(3) 在一些应用场合下,需要在图像嵌入和提取信息后还能恢复到未嵌入任何信息时的原始图像,即要求嵌入与提取具有可逆性,能保证图片完全恢复。当前,基于量子计算理论的图像水印算法的研究主要侧重于嵌入容量与嵌入速度,而且提出的算法少之又少。因此,基于量子计算理论的图像水印技术也是未来的一个研究方向。

（4）基于量子计算理论的图像水印算法仍处于起步阶段，还有很多的算法需要探索。现行比较流行的方案是基于量子进化算法、量子概率错误、量子傅里叶变换与量子图像快速表达等嵌入算法。还有很多算法有待进一步探索，如量子进化算法与遗传算法结合、量子进化算法与粒子群优化算法结合、量子表达与傅里叶级数结合等。除此之外，还可以对现有算法进行改进，如改进量子进化算法的进化策略、改进量子图像表达策略、改进量子傅里叶变换策略等，都是可作为改进现有基于量子算法的图像水印技术的不错选择[8]。

12.5 小　　结

本章设计并实现了一套基于量子计算理论的图像水印系统，并从系统设计和实现两个方面对该数字图像水印系统软件进行了探讨。首先介绍了经典量子进化算法的基本概念与算法思想。然后对经典的量子进化算法作了两方面的改进：一是将表示量子染色体量子比特的概率振幅值修改为量子角，并在此基础上对后面出现的量子旋转门策略一并作了相应的修改，这样不仅可以简化量子染色体的表达，还能加快量子进化算法运行的速度；二是将初始化后的种群分成子种群，并对每个子种群相对独立地使用量子进化算法，从而使每个子种群的进化都并行进行，加快了量子进化算法的速度。

本章基于经典的量子进化算法，并在分析 Wang 等文献的基础上，提出了一种新的基于量子计算理论的图像水印算法，同时对嵌入过程进行了一些优化，如嵌入过程不再用量化间隔，而嵌入时考虑低通滤波等攻击的影响。实验结果显示，该算法比 Wang 等文献中所采用的算法有更高的图像视觉质量，且嵌入容量有所增加。

为了简明地阐述系统的软件实现，本章以一幅大小为 512×512 的 256 级彩色图像为载体图，演示了基于量子计算理论的图像水印嵌入与提取过程。最后，对基于量子计算理论的图像水印研究进行了展望。

参 考 文 献

[1] Xing Z H, Duan H B, Xu C F. An improved quantum evolutionary algorithm with 2-crossovers[J]. Advances in Neural Networks, 2009, 5551(9): 735-744.

[2] 安玉, 蒋天发, 吴有林. 一种基于量子保密通信及信息隐藏协议方案[J]. 武汉大学学报(工学版), 2012, 45(3): 394-398.

[3] Hichem T, Mohamed B, Amer D. A quantum-inspired evolutionary algorithm for multiobjective image segmentation[J]. International Journal of Computer, Information Science and En-

gineering,2007,1(7):517—522.

[4] Giuliano B,Giulio C. 量子计算与量子信息原理(第一卷:基本概念)[M]. 北京:科学出版社,2011.

[5] Michael A N,Isaac L C. 量子计算和量子信息(一:量子计算部分)[M]. 北京:清华大学出版社,2004.

[6] 蒋天发,牟群刚,周爽. 基于完全互补码与量子进化算法的数字水印方案[J]. 中南民族大学学报(自然科学版),2014,33(1):95—99.

[7] 牟群刚,蒋天发. 基于量子计算理论的图像水印算法研究[D]. 武汉:中南民族大学硕士学位论文,2015.

[8] Chung C Y,Yu H,Wong K P. An advanced quantum-inspired evolutionary algorithm for unit commitment[J]. IEEE Transactions on Power Systems,2011,26(2):847—854.

[9] Donald A S. Prospective algorithms for quantum evolutionary computation[C]. Proceedings of the Second Quantum Interaction Symposium, London: College Publications, 2008: 147-151.

[10] Hossain M K,Hossain M A,et al. Quantum evolutionary algorithm based on particle swarm theory in multiobjective problems[C]. Proceedings of 13th International Conference on Computer and Information Technology,Dhaka,2010:21—26.

[11] Wang Z W,Li S Z. A quickly-speed running watermarking algorithm based on quantum evolutionary algorithm[J]. Journal of Optoelectronics—Laser,2010,21(5):737—742.

[12] Zhang W W,Gao F,Liu B,et al. A watermark strategy for quantum images based on quantum Fourier transform[J]. Quantum Information Processing,2013,12:793—803.

[13] Yang Y G,Jia X,Sun S J,et al. Quantum cryptographic algorithm for color images using quantum Fourier transform and double random-phase encoding[J]. Information Sciences, 2014,(9):445—457.

[14] Le P Q,Ding F,Hirota K. A flexible representation of quantum image for polynomial preparation. Image compression and processing operations[J]. Quantum Information Processing,2010,10(1):63—84.

[15] 张才智,孙力. 量子小波变换算法设计与应用研究[D]. 无锡:江南大学硕士学位论文,2008.

[16] 熊志勇,王江晴. 基于互补嵌入的彩色图像可逆数据隐藏[J]. 光电子·激光,2011,22(7):1085—1090.

[17] Song X H,Wang S,Liu S. A dynamic watermarking scheme for quantum images using quantum wavelet transform[J]. Quantum Information Processing,2013,(12):3689—3706.

[18] Ethan B,Umesh V. Quantum complexity theory[J]. Society for Industrial and Applied Mathematics,1997,26(5):1411—1473.

[19] 牟群刚,蒋天发,刘晶. 基于量子 Haar 小波变换的图像水印算法[J]. 信息网络安全,2015,165(6):55—60.

第 13 章 多功能图像数字水印软件著作权案例

13.1 计算机软件著作权案例概述

计算机软件是指计算机程序及其有关文档。而计算机程序是指能实现一定功能的代码化指令序列,或者符号化语句序列。文档是指用来描述程序的内容、组成、设计、功能规格、开发情况、测试结果及使用方法的文字资料和图表,如程序设计说明书、流程图、用户手册等。按照计算机软件的使用类别,可以分为系统软件与应用软件等类别。根据我国计算机软件保护条例的规定,计算机软件(计算机程序)也可以被分为源程序和目标程序,是一种人类创造性的智力成果。因此,计算机软件本质上是著作权法所保护的作品及其成果之一。

计算机软件著作权是指计算机软件的开发者或者其他权利人依据有关著作权法律的规定,对于计算机软件作品所享有的各项专有权利。著作权是知识产权中的例外,因为著作权的取得无须经过个别确认,这就是人们常说的"自动保护"原则。计算机软件经过登记后,软件著作权人享有发表权、开发者身份权、使用权、使用许可权和获得报酬权[1]。

在发生计算机软件著作权争议时,《软件著作权登记证书》是主张软件权利的有力武器,同时是向人民法院提起诉讼,请求司法保护的前提。如果不经登记,著作权人很难举证说明作品完成的时间以及所有人。在进行计算机软件版权贸易时,《软件著作权登记证书》作为权利证明,有利于交易的顺利完成。同时,国家权威部门的认证也将使软件作品价值倍增。申请人可享受《产业政策》所规定的有关鼓励政策等。

软件著作权登记前需要准备好相关的资料,具体有:软件的源程序及文档;软件的名称及版本号、开发完成时间、发表时间;软件运行环境(指软件运行的硬件和软件环境);软件开发使用的编程语言的名称及版本号、源程序总行数;软件的主要功能、用途和技术特点。根据基本资料准备申请文件,向中国版权保护中心提交申请,同时应缴纳申请费用。中国版权保护中心在收到相应的申请费后将预受理本次所申请的软件著作权登记。在受理后审查本次软件著作权登记所提供的相关申请文件,审查通过并发证。软件著作权登记整体流程一般需要近三个月的时间,当申请人急需软件著作权登记证书时,可以办理加快手续。如需加快,请参考有关版权代理中心的加快专栏。

要获得《软件著作权登记证书》,必须填写好软件著作权登记申请表即新系统信息采集表；软件著作权登记申请表要填写的内容包括：①软件全称、简称、版本号、开发完成日期、软件开发情况（独立开发、合作开发、委托开发、下达任务开发）；②原始取得权利情况、继受取得权利情况；③权利范围、软件用途；④技术特点（软件名称、用途、技术特点、开发的软硬件环境、编程语言及编程语言版本号、程序量、零售价格）；⑤软件著作权拥有状态、申请者详细情况、软件鉴别材料交存方式、申请者签章。具体的软件著作权登记申请表实例如表13.1所示。依据《计算机软件著作权登记办法》的规定，申请审批流程分为受理、审查、登记三个阶段，如图13.1所示[2]。

表13.1 新系统信息采集表

计算机软件著作权登记新系统信息采集表	
软件全称：	多功能图像数字水印软件
软件简称（可无）：	DGNTXSZSYRJ（DuoGongNengTuXiangShuZiShuiYinRuanJian）
版本号：	V1.0
软件开发完成日期：	2009-10-6
公司成立日期：	中南民族大学1951年成立
著作权人信息 （个人及身份证/ 公司及营业执照）：	蒋天发 身份证：4226015404XXXXX 黄俊坤 身份证：3506281988060XXXXXX
软件运行硬件环境：	运行Windows 2000操作系统的最低硬件配置
软件运行软件环境：	Windows 2000/XP及其以上版本的操作系统
编程语言及版本号：	C++ Builder 6.0
软件代码行数：	3000左右
软件功能和技术特点（300字以内）：	1）针对.jpg,.bmp格式的图像嵌入和提取暗数字水印的功能 2）针对.jpg,.bmp格式的图像嵌入明数字水印的功能 3）提供两种不同的加密级别对已嵌入水印图像文件加密保护 4）支持对.bmp,.jpg,.wmf等不同格式图像文件的浏览、复制、剪切、粘贴和保存等一般编辑操作功能 5）可以制作文字说明的水印图像，提供四种不同大小：30×30,64×64,128×128,256×256 6）在局域网的范围,发送与接收图像文件的功能
申请人信息：	中南民族大学 计算机科学学院 蒋天发 教授
申请人（姓名/公司名称）：	中南民族大学 计算机科学学院 蒋天发 黄俊坤
详细地址（身份证/营业执照上地址）：	武汉市洪山区民族大道708号 蒋天发（身份证：4226015404XXXXX）

续表

计算机软件著作权登记新系统信息采集表	
邮政编码：	430073
联系人：	蒋天发 黄俊坤
电话号码：	蒋天发：027—6784XXXX(O)
E-mail：	蒋天发：jiangtianfa@163.com；黄俊坤：only.hjky@yahoo.com.cn
手机号码：	蒋天发：1387106XXXX；黄俊坤：1592635XXXX
传真号码：	027-6784XXXX

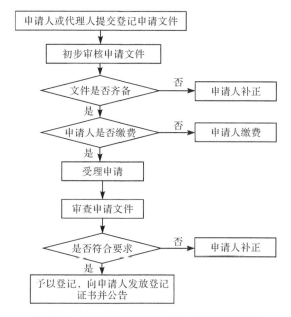

图 13.1 计算机软件著作权登记审批流程图

13.2 多功能图像数字水印软件使用说明书

13.2.1 多功能图像数字水印软件简要描述

多功能图像数字水印软件系统主要用于对图像进行数字水印的嵌入与提取操作，确保嵌入数字水印的图像在人的肉眼下观察不失真。用户可以首先设定自己的数字水印图像；可以对已嵌入水印的图像文件选择不同加密级别进行文件加密，当系统加载加密的图像文件时，会自动分析解密文件，成功地读取图像文件。同时，用户还可以使用本软件针对一般图像进行浏览，本软件对于图像文件格式的支持只限于.jpg、.bmp、.wmf,暂不支持其他图像文件格式。浏览图像文件时,用户可以缩放并抓取图像进行浏览,还可以对图像进行一般的剪切、复制、粘贴等操作。另外,本软件附加提供了简单制作文字水印图像的工具,方便用户自行编辑完成自己的数字水印图像制作[3]。

13.2.2 多功能图像数字水印软件功能简要描述

(1) 针对.jpg 与.bmp 格式的图像嵌入与提取暗数字图像水印的功能。

(2) 针对.jpg 与.bmp 格式的图像嵌入明数字图像水印的功能。

(3) 提供两种不同的加密级别对已嵌入数字水印图像文件加密保护。

(4) 支持对.bmp,.jpg,.wmf 等不同格式图像文件的浏览、复制、剪切、粘贴与保存等一般编辑操作功能。

(5) 可以制作文字说明的水印图像,提供四种不同大小:30×30,64×64,128×128,256×256。

(6) 可以在局域网发送与接收数字水印图像文件。

13.2.3 多功能图像数字水印软件界面及其操作描述

1) 软件主界面

图 13.2 是运行本软件并打开图像"水果 2.jpg"时的主界面。包括程序主菜单与工具栏,并显示当前路径的图像文件面板(位于界面的左侧),包含当前驱动器、目录树、文件列表、缩放图像检验栏、选定文件、过滤文件格式;原图像标签页面、嵌入水印图像标签页面、水印图像信息标签页面、发送/接收图像页面和状态栏;此外,还有三个不同的右键菜单将在后面说明[4]。

图 13.2　软件主界面图(原图像标签页面显示)

第 13 章　多功能图像数字水印软件著作权案例

下面将对多功能图像数字水印软件系统所包含的菜单进行详细描述。

(1) 主菜单。

本软件主界面顶部为程序主菜单，子菜单包括：文件、显示、操作、工具、帮助等。各子菜单包含操作如下。

文件操作：
- 打开原宿主图像(&O)。
- 打开数字图像水印宿主图像。
- 原宿主图像另存为(&S)。
- 保存数字图像水印宿主图像。
- 删除原图像(&D)。
- 退出(&X)。

显示操作(操作于原图像)：
- 下一图像。
- 上一图像。
- 图像放大。
- 图像缩小。
- 图像自动缩放。

对数字图像水印操作：
- 嵌入数字图像水印。
- 提取数字图像水印。
- 数字图像水印提取策略，包括智能取样、多值取样、均值取样、少值取样、最大值取样、中值取样、最小值取样。
- 数字水印图像加密级别，包括级别 1、级别 2、级别 3。

工具操作：
- 制作数字图像水印。
- 发送图像。
- 接收图像。

帮助操作：
- 帮助文档。
- 关于软件。

(2) 右键菜单。

右键菜单 1 应用于原图像页面、嵌入数字水印页面和数字水印图像页面，如图 13.3 所示。
- 原图像另存为：对原图像页面的图像另保存。
- 保存嵌入水印图像：保存嵌入水印页面的图像。

- 删除原图像:删除原图像页面当前显示图像。
- 图像水印操作:子菜单包括嵌入水印、提取水印。
- 图像放大。
- 图像缩小。
- 图像自动缩放。
- 关于软件。
- 退出。

右键菜单 2 应用于文件列表框,如图 13.4 所示。

图 13.3 右键菜单 1

图 13.4 右键菜单 2

- 刷新:更新当前文件列表的内容。
- 嵌入水印:对文件列表中的文件嵌入当前数字图像水印信息,并自动保存在原图像的文件路径,命名为"水印+原图像文件名"。操作完成后,程序自动提示报告。
- 提取水印:选项菜单包括智能取样、多值取样、均值取样、少值取样、最大值取样、中值取样、最小值取样。
- 这是什么?:显示该右键菜单的使用说明。

右键菜单 3 应用于发送/接收图像页面,如图 13.5 所示。

- 开启服务端监听:将进行监听服务,等待与客户端建立连接。
- 断开服务连接:将服务端断开连接,停止服务。

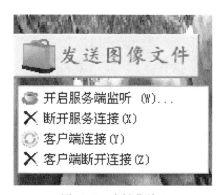

图 13.5　右键菜单 3

该模块功能尚未完善,只应用于局域网传输.bmp 格式图像文件

·客户端连接:将客户端连接服务端,执行操作即弹出对话框要求输入服务端的 IP 地址,详见后文发送/接收图像说明。

·客户端断开连接:将客户端断开连接。

(3) 工具栏。

工具栏如图 13.6 所示,从左至右操作依次为:打开原图像文件;保存当前显示原图像文件;打印图像;剪切当前显示原图像;复制当前显示原图像;粘贴图像至原图像页面显示(即来自剪切板)的图像;删除当前显示原图像;显示上一张文件列表的图像;显示下一张文件列表的图像;允许用户抓图显示图像;放大图像;缩小图像;原图像大小显示;嵌入数字图像水印;提取数字图像水印;打开用户帮助说明文件。

图 13.6　工具栏

2) 嵌入水印界面

如图 13.7 所示,用户可以通过以上介绍的主菜单、右键菜单 1 和工具栏中提供的任意一种嵌入数字图像水印的操作,对原图像标签页面显示的图像嵌入当前的数字图像水印图像(即水印图像信息标签页面显示的图像)。数字水印图像嵌入成功后,软件即自动跳转至嵌入数字水印图像标签页面,显示已嵌入数字水印图像。用户可以通过与原图像的对比来确认图像是否失真,以判断嵌入数字水印操作是否合格[5]。

3) 提取水印界面

如图 13.8 所示,用户可以通过以上介绍的主菜单、右键菜单 1 和工具栏中提供的任意一种提取数字图像水印的操作,对当前的嵌有数字水印的图像(即嵌入

图 13.7 嵌入水印界面图

水印图像标签页面显示的图像)提取数字水印图像。数字水印图像提取成功后，软件即自动跳转至水印图像信息标签页面，显示提取的数字水印图像（检测数字水印）和还原置乱的数字水印图像（还原数字水印）。用户可以通过与原始数字水印图像的对比来确认提取的数字水印图像是否正确，以判断提取数字水印操作是否合格[6]。

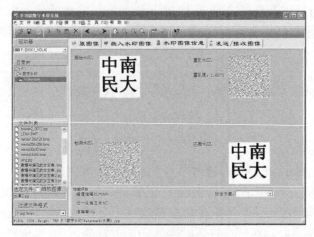

图 13.8 提取水印界面图

图 13.8 中，性能评估面板的标签包括：峰值信噪比 PSNR、归一化相互关 NC、准确率(%)，以上三项暂未使用，为软件测试之用。

图 13.9 为攻击数字水印图像方案，其中包含八种图像剪切攻击。选择其中一种即可攻击当前嵌有数字水印的图像（即嵌入水印图像标签页面显示的图像）。

用户可以于主菜单选择不同的数字水印提取策略,以针对不同的攻击方案来提取数字水印图像。该攻击方案主要用于测试不同数字水印提取策略的有效性。

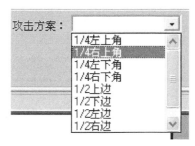

图 13.9　攻击数字水印图像方案

4) 发送/接收图像界面

如图 13.10 所示,在服务端与客户端建立连接的前提下,服务端可以在连接客户端的组合框中选择一个客户端进行图像文件传输。用户可以通过文件列表以及选定文件栏来进行图像文件的发送与接收。

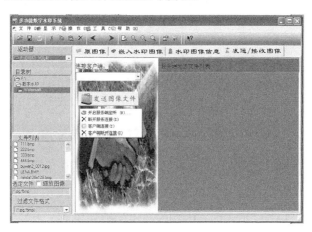

图 13.10　发送/接收图像界面

本软件的该功能模块只允许在局域网的范围内传输图像文件,若要在实际中应用,该功能还不够完善,尚需继续改进。当然,用户还是可以利用该模块功能在网上进行图像文件的传输(只支持对 .bmp 格式图像文件的传输[7])。

本地主机(即运行该软件的主机)既可以作为服务端,也可以作为客户端进行图像文件传输,而图像文件只能从服务端向客户端发送,即服务端仅为发送方、客户端仅为接收方。在两端之间开始传输图像文件之前,必须先建立连接,即通过客户端连接处于监听状态的服务端,如图 13.11 所示,输入服务端 IP 地址。具体操作参见右键菜单 3 的描述。

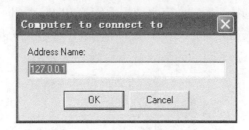

图 13.11　输入服务端 IP 地址

5) 文字水印制作界面

为了使用户能够方便地设计自己的数字水印图像,本软件可以提供简单的文字水印制作的辅助功能。用户可以根据需要自行设计文字数字水印图像。值得注意的是,制作的数字水印图像仅限于灰度图像,若编辑的数字水印不是灰度图像,则数字水印预览时会自动将其转化为灰度图像,且与用户编辑的数字水印有颜色上的差异。

图 13.12 为软件辅助制作数字水印的界面。水印大小(分辨率)组合框为:30×30、64×64、128×128、256×256,用户可以根据需要选择不同大小;水印预览,即将当前编辑的数字水印生成灰度水印图像;字体,用户可以选择字体;背景颜色,用户可以设置数字水印的背景颜色;设为水印,即将当前预览数字水印设置为主界面的水印图像信息标签页面的原始数字水印(图像)。这里有一个技巧,数字水印预览成功之后,可以通过组合框来改变数字水印图像大小,而不必用户再次编辑[8]。

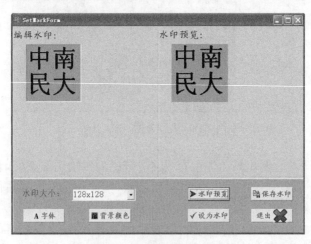

图 13.12　制作数字水印界面

注意:用户设置的字体颜色和背景颜色,在数字水印预览过程中会自动进行灰度化处理,因此编辑与预览的图像可能会有颜色差异。

13.2.4 多功能图像数字水印软件使用注意事项

（1）对于嵌入数字水印的图像加密，保存结果只针对于.bmp格式的图像文件，若用户将嵌入数字水印的图像保存为.jpg格式的文件，则软件将不对保存的图像文件加密；并且，由于保存为.jpg格式，图像数据受有损数据压缩的影响，数字水印信息很可能会部分丢失（图13.13），甚至严重丢失。所以，建议用户将嵌入水印图像保存为.bmp格式。本软件目前只是针对于.bmp格式的图像文件数字水印操作而开发的，还没有进一步提供对其他格式的图像文件数字水印操作的支持。

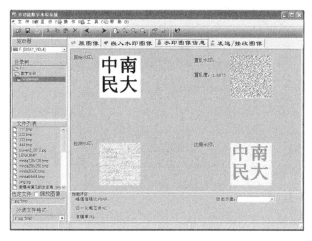

图13.13　对保存为.jpg格式的图像提取的数字水印信息（部分丢失）

（2）如果原图像标签页面显示的图像为空，或水印图像信息标签页面显示的图像为空，而用户执行嵌入数字水印操作，系统将提示出错信息，如图13.14所示。

图13.14　提示出错信息

（3）如果嵌入水印图像标签页面显示的图像为空，或水印图像信息标签页面显示的图像为空，而用户执行提取数字水印操作，系统也将提示出错信息，如图13.14所示。

(4) 用户在进行提取数字水印操作时,应确保当前显示数字水印图像(原始水印图像)的大小与要提取的数字水印图像(存在于嵌有数字水印的图像中)大小完全一致,否则提取数字水印操作将出错或提取的数字水印为无效数字水印。注意:这一点对于正确提取水印是很重要的。

(5) 用户(服务端)在网络上传输图像文件(*.bmp)完毕之后,服务端将自动断开与客户端之间的连接。若客户端与服务端之间需要继续传输图像文件,则客户端应重新与服务端建立连接。

在两端之间开始传输图像文件之前,必须先建立连接,连接客户端的组合框中显示的 IP 地址不为空。若为空,程序会弹出如图 13.15 所示的对话框,要求用户先连接客户端,否则无法发送图像文件。

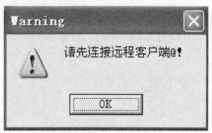

图 13.15 连接客户端提示

(6) 本软件支持的水印图像为灰度图像,不对支持彩色图像,当用户导入一张彩色图像时,软件将自动将其处理为对应的灰度图像,即在默认状态下,取均值对彩色图像进行灰度化处理。所以,最终得到的水印图像与导入的水印图像有颜色差异,如图 13.16 所示。

(a) 原彩色图像　　　　　　　　(b) 灰度化处理后的图像

图 13.16 数字水印图像的颜色差异

因此，制作数字水印辅助工具(即主菜单→工具→制作→水印)所制作的水印为灰度图像，在编辑数字水印完成之后，进行数字水印预览时将自动对数字水印图像灰度化处理，所以当用户编辑彩色数字水印图像时，预览水印是对彩色数字水印图像进行灰度化处理后的结果，如图 13.17 所示。

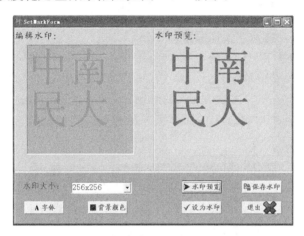

图 13.17　灰度化处理后的数字水印预览图

(7) 数字水印预览是根据数字水印编辑框中所有的文字生成图像，与当前数字水印编辑框显示内容无关，如图 13.18 所示。

图 13.18　数字水印编辑框

13.2.5　多功能图像数字水印软件开发简介

本软件运用 C/C++ 程序设计语言，并在 C++ Builder 6.0 集成开发环境下完成开发设计。软件功能及其部分实现方案是根据作者主持研究的国家民委重点科研基金项目"网络信息安全——数字水印理论与技术的研究（项目编号：MZY02004）"内容要求而设计，在作者创新数字水印理论支持以及指导下，由黄俊坤完成程序设计的编码工作。

13.2.6 多功能图像数字水印软件版本及版权声明

软件产品：多功能数字水印系统。
版本：多功能数字水印系统1.0。
版权：蒋天发，黄俊坤所有。
E-mail：jiangtianfa@163.com；only.hjky@yahoo.com.cn。

可以通过主菜单与右键菜单1的"关于软件"选项，显示关于软件中的具体版权声明，如图13.19所示。

图 13.19　软件版权信息

13.3　多功能图像数字水印软件开发主要源代码

```
//===================Watermark.cpp===================
//===================运行主程序======================
#include <vcl.h>
#pragma hdrstop
//---------------------------------------------------
USEFORM("MainUnit.cpp", MainForm);
USEFORM("SetMarkUnit.cpp", SetMarkForm);
USEFORM("AboutUnit.cpp", AboutBox);
//---------------------------------------------------
```

```cpp
WINAPI WinMain(HINSTANCE, HINSTANCE, LPSTR, int)
{
    try
    {
        Application->Initialize();
        Application->CreateForm(__classid(TMainForm), &MainForm);
        Application->CreateForm(__classid(TSetMarkForm), &SetMarkForm);
        Application->CreateForm(__classid(TAboutBox), &AboutBox);
        Application->Run();
    }
    catch (Exception &exception)
    {
        Application->ShowException(&exception);
    }
    catch (...)
    {
        try
        {
            throw Exception("");
        }
        catch (Exception &exception)
        {
            Application->ShowException(&exception);
        }
    }
    return 0;
}
//----------------------------------------
//================MainUnit.h================
//================软件主窗口类定义================
#ifndef MainUnitH
#define MainUnitH
//----------------------------------------
#include <Classes.hpp>
#include <Controls.hpp>
#include <StdCtrls.hpp>
#include <Forms.hpp>
#include <ActnList.hpp>
```

```cpp
#include <Menus.hpp>
#include <ImgList.hpp>
#include <ComCtrls.hpp>
#include <ToolWin.hpp>
#include <ExtCtrls.hpp>
#include <FileCtrl.hpp>
#include <Dialogs.hpp>
#include <ExtDlgs.hpp>
#include <Registry.hpp>
#include <Clipbrd.hpp>
//#include <GraphicEx.hpp>
#include <IdGlobal.hpp>
#include <jpeg.hpp>
#include <Graphics.hpp>
#include <Buttons.hpp>
#include <ScktComp.hpp>
#include <vector>
using namespace std;

//MYTITLE1－Base64 加密文件标志,MYTITLE2－XOR 加密文件标志
const    String   MYTITLE1 = "1 —— Hello,World! FileEnDecrypt for only!";
const    String   MYTITLE2 = "2 —— Hello,World! FileEnDecrypt for only!";
/*const    String   APPTITLE[2] ={"多功能数字水印系统版权","蒋天发,黄俊坤所
                                 有……"};*/
//———— 程序任务栏标签显示内容 ————
const    String   APPTITLE="——欢迎使用图像数字水印系统——版权由蒋天发 黄俊坤所有.";

//—————————————————————————————————————
class TMainForm: public TForm
{
__published:// IDE—managed Components
    TActionList  *ActionList1;
    TAction  *FileOpenAction;
    TAction  *FileSaveAsAction;
    TAction  *FileDelAction;
    TAction  *PrevImgAction;
    TAction  *NextImgAction;
    TAction  *PrinntImgAction;
```

```
TAction  * PrinterSettingAction;
TAction  * AboutAction;
TAction  * ExitAction;
TAction  * ImgListChangeAction;
TAction  * ZoomInAction;
TAction  * ZoomOutAction;
TMainMenu * MainMenu1;
TMenuItem * File;
TMenuItem * View;
TMenuItem * Tool;
TMenuItem * Help;
TMenuItem * Open;
TMenuItem * SaveAs;
TMenuItem * Delete;
TMenuItem * Exit;
TMenuItem * NextMenu;
TMenuItem * PrevMenu;
TMenuItem * ZoomInMenu;
TMenuItem * ZoomOutMenu;
TMenuItem * AutoScaleMenu;
TMenuItem * N1;
TMenuItem * N3;
TMenuItem * SendImgMenu;
TMenuItem * AboutMenu;
TImageList * ImageList1;
TCoolBar * CoolBar1;
TToolBar * ToolBar1;
TToolButton * tbPenFile;
TToolButton * tbTest;
TToolButton * tbPrint;
TToolButton * tbPatseImage;
TToolButton * ToolButton5;
TToolButton * tbCutImage;
TToolButton * tbSaveAs;
TToolButton * ToolButton8;
TToolButton * tbNextImage;
TToolButton * tbPrevImage;
TToolButton * tbCopyImage;
```

```
TToolButton * ToolButton12;
TToolButton * tbCatchImage;
TToolButton * tbZoomIn;
TToolButton * tbZoonOut;
TToolButton * tbOriImage;
TToolButton * tbDelFile;
TToolButton * ToolButton19;
TToolButton * tbEmbedWMark;
TToolButton * ToolButton21;
TToolButton * tbHelp;
TToolButton * ToolButton24;
TStatusBar * StatusBar1;
TPanel * BrowserViewPanel;
TSplitter * Splitter1;
TPanel * Panel2;
TLabel * Label1;
TDriveComboBox * DriveComboBox1;
TPanel * Panel3;
TPanel * Panel4;
TPanel * Panel5;
TDirectoryListBox * DirectoryListBox1;
TLabel * Label2;
TLabel * Label3;
TFileListBox * FileListBox1;
TLabel * Label4;
TCheckBox * CheckBox1;
TEdit * FileEdit;
TLabel * Label5;
TSplitter * Splitter2;
TPopupMenu * PopupMenu1;
TMenuItem * DelPopup;
TMenuItem * ZoomOutPopup;
TMenuItem * ZoomInPopup;
TMenuItem * AutoScalePopup;
TMenuItem * AboutPopup;
TMenuItem * ExitPopup;
TMenuItem * N23;
TMenuItem * SaveAsPopup;
```

TMenuItem *N25;
TMenuItem *N28;
TOpenDialog *OpenDialog1;
TFilterComboBox *FilterComboBox1;
TAction *CopyImageAction;
TSaveDialog *SaveDialog1;
TAction *CutImageAction;
TMenuItem *Deal;
TMenuItem *EmbedMenu;
TMenuItem *ExtractMenu;
TMenuItem *DealImagePopup;
TMenuItem *EmbedPopup;
TMenuItem *ExtractPopup;
TAction *PasteImageAction;
TAction *AutoSaleAction;
TMenuItem *ReceiveImgMenu;
TAction *EmbedAction;
TAction *ExtractAction;
TMenuItem *OpenWImgMenu;
TMenuItem *SaveWImgMenu;
TClientSocket *ClientSocket;
TServerSocket *ServerSocket;
TPopupMenu *PopupMenu2;
TMenuItem *SListenMenu;
TMenuItem *SDisconnectMenu;
TMenuItem *CConnectMenu;
TMenuItem *CDisconnectMenu;
TProgressBar *ProgressBar1;
TMenuItem *SaveWImgPopup;
TMenuItem *EncryptMenu;
TMenuItem *EncryptsMenu;
TMenuItem *Base64Menu;
TMenuItem *XORMenu;
TMenuItem *MakeWarkMenu;
TToolButton *tbExtractWMark;
TMenuItem *HelpMenu;
TTimer *Timer1;
TPopupMenu *PopupMenu3;

```
TMenuItem * UpdateFilesItem;
TMenuItem * ExtractItem;
TMenuItem * EmbedItem;
TMenuItem * ShowWhatItem;
TMenuItem * N4;
TMenuItem * N8;
TMenuItem * ExtractPoliciesMenu;
TMenuItem * MoreSampleItem;
TMenuItem * AverSampleItem;
TMenuItem * LessSampleItem;
TMenuItem * AutoSampleItem;
TMenuItem * MaxSampleItem;
TMenuItem * MidSampleItem;
TMenuItem * MinSampleItem;
TPageControl * PageControl1;
TTabSheet * TabSheet1;
TScrollBox * ScrollBox1;
TImage * imageView;
TLabel * ImgCtrlLabel1;
TTabSheet * TabSheet2;
TScrollBox * ScrollBox2;
TImage * WMImage;
TLabel * ImgCtrlLabel2;
TTabSheet * TabSheet3;
TGroupBox * GroupBox2;
TLabel * Label11;
TLabel * Label12;
TLabel * Label13;
TLabel * Label14;
TComboBox * cbAttackWImg;
TScrollBox * ScrollBox3;
TImage * SOutWMImg;
TImage * SInWMImg;
TImage * OutWMImg;
TLabel * LabelSD;
TLabel * Label9;
TLabel * Label8;
TLabel * Label7;
```

第13章　多功能图像数字水印软件著作权案例

```cpp
TLabel *Label6;
TLabel *Label10;
TImage *InWMImg;
TTabSheet *TabSheet4;
TScrollBox *ScrollBox4;
TBitBtn *btnSendImage;
TComboBox *cbConnectClient;
TImage *imgSendClient;
TLabel *LClientAddr;
TPanel *panelSendList;
TLabel *LReceFlies;
TListBox *lbSendFiles;
void __fastcall FormCreate(TObject *Sender);
void __fastcall FileOpenActionExecute(TObject *Sender);
void __fastcall ZoomInActionExecute(TObject *Sender);
void __fastcall ZoomOutActionExecute(TObject *Sender);
void __fastcall ImgCtrlLabel1MouseDown(TObject *Sender,
        TMouseButton Button, TShiftState Shift, int X, int Y);
void __fastcall ImgCtrlLabel1MouseMove(TObject *Sender,
        TShiftState Shift, int X, int Y);
void __fastcall ImgCtrlLabel1MouseUp(TObject *Sender,
        TMouseButton Button, TShiftState Shift, int X, int Y);
void __fastcall FileSaveAsActionExecute(TObject *Sender);
void __fastcall FileDelActionExecute(TObject *Sender);
void __fastcall PrevImgActionExecute(TObject *Sender);
void __fastcall NextImgActionExecute(TObject *Sender);
void __fastcall FormKeyDown(TObject *Sender, WORD &Key,
        TShiftState Shift);
void __fastcall ExitActionExecute(TObject *Sender);
void __fastcall tbOriImageClick(TObject *Sender);
void __fastcall CopyImageActionExecute(TObject *Sender);
void __fastcall AboutActionExccute(TObject *Sender);
void __fastcall CutImageActionExecute(TObject *Sender);
void __fastcall PasteImageActionExecute(TObject *Sender);
void __fastcall tbCatchImageClick(TObject *Sender);
void __fastcall AutoSaleActionExecute(TObject *Sender);
void __fastcall EmbedActionExecute(TObject *Sender);
void __fastcall ExtractActionExecute(TObject *Sender);
```

```cpp
void __fastcall InWMImgDblClick(TObject *Sender);
void __fastcall ImgCtrlLabel2MouseDown(TObject *Sender,
    TMouseButton Button, TShiftState Shift, int X, int Y);
void __fastcall ImgCtrlLabel2MouseMove(TObject *Sender,
    TShiftState Shift, int X, int Y);
void __fastcall OpenWImgMenuClick(TObject *Sender);
void __fastcall SaveWImgMenuClick(TObject *Sender);
void __fastcall ServerSocketClientDisconnect(TObject *Sender,
    TCustomWinSocket *Socket);
void __fastcall SListenMenuClick(TObject *Sender);
void __fastcall ServerSocketAccept(TObject *Sender,
    TCustomWinSocket *Socket);
void __fastcall CConnectMenuClick(TObject *Sender);
void __fastcall ClientSocketRead(TObject *Sender,
    TCustomWinSocket *Socket);
void __fastcall btnSendImageClick(TObject *Sender);
void __fastcall cbConnectClientChange(TObject *Sender);
void __fastcall CDisconnectMenuClick(TObject *Sender);
void __fastcall ClientSocketDisconnect(TObject *Sender,
    TCustomWinSocket *Socket);
void __fastcall SDisconnectMenuClick(TObject *Sender);
void __fastcall ClientSocketConnect(TObject *Sender,
    TCustomWinSocket *Socket);
void __fastcall FormDestroy(TObject *Sender);
void __fastcall EncryptMenuClick(TObject *Sender);
void __fastcall MakeWarkMenuClick(TObject *Sender);
void __fastcall FileListBox1DblClick(TObject *Sender);
void __fastcall HelpMenuClick(TObject *Sender);
void __fastcall Timer1Timer(TObject *Sender);
void __fastcall UpdateFilesItemClick(TObject *Sender);
void __fastcall ShowWhatItemClick(TObject *Sender);
void __fastcall cbAttackWImgChange(TObject *Sender);
void __fastcall AutoSampleItemClick(TObject *Sender);
void __fastcall EmbedItemClick(TObject *Sender);
void __fastcall FormResize(TObject *Sender);

private:// User declarations
//加载图像文件 filename,成功返回 true,失败返回 false 或抛出异常
```

```
    bool    DoLoadPicture(const String& filename);
// ———— 更新 图像文件列表 FileListBox1 内容 ————
    void    UpdateImageList(TObject * Sender);
// ———— 以下用于图像漫游————
    TPoint  originPt; //记录拖放图像时鼠标的坐标(位置)
    int     imageLeft,imageTop; //记录拖放图像前的坐标(位置)
    bool    bCanmove; //标志图像是否可以拖放移动
    bool    Circulation; //是否要循环显示
    double  dZoomTimes; //图像 imageView 放大倍数
    bool    bClipboardImage; //标志是否来自剪切板图像
// ————
public: // User declarations
    __fastcall TMainForm(TComponent * Owner);
//对图像 Source 执行最佳置乱,显示于图像 Dest
    void    BestScramble(TImage * Dest ,TImage * Source);
    void    ShowConfidence(); // 计算显示置乱水印图像的置乱度

    bool    HasWatermark(TImage * Image); //检测图像 Image 是否嵌有水印
    bool    EmbedWatermark(TImage * sourImg ,TImage * destImg);
                                    //在图像 sourImg 中嵌入水印,至 destImg
    bool    ExtractWatermark(TImage * sourImg ,TImage * destImg);
                                    //从图像 sourImg 中提取水印,至 destImg
    void    SignWatermark(TImage * Image); // 在图像 Image 标记已存在水印
    void    UndoWatermark(); // 还原置乱水印
// ——————用于 Socket 通信文件传输——————
    int     ClientIndex; // 当前通信客户端索引
    TFileStream * fStream; // Socket 通信文件传输流
    bool    bIsServer; // Socket Server 是否处于监听状态,开启服务
    bool    bReadFlag; // 标志远程正在读取数据
// ————加密解密水印图像文件 ————
// ————定义加密解密函数指针类型 ————
    typedef bool    (__closure * EncryptFunc)(String inFile ,String outFile);
    typedef bool    (__closure * DecryptFunc)(String inFile ,String outFile);
    EncryptFunc     EncryptImage; //动态指向当前所选加密图像策略(函数)
    DecryptFunc     DecryptImage; //动态指向当前所选解密图像策略(函数)
private:
// ———— 析构文件流 InStream OutStream ————
    void    DeleteFileStream();
```

```cpp
//加密解密文件流
    TFileStream    *InStream ;  //输入文件流
    TFileStream    *OutStream ; //输出文件流
//源文件获取,0 加密级别
    bool    EncryptImage0(String inFile ,String outFile) ;
    bool    DecryptImage0(String inFile ,String outFile) ;
//Base64 加密解密
    bool    EncryptImage1(String inFile ,String outFile) ;
    bool    DecryptImage1(String inFile ,String outFile) ;
//XOR 加密解密
    bool    EncryptImage2(String inFile ,String outFile) ;
    bool    DecryptImage2(String inFile ,String outFile) ;
    vector<TPoint>    originPtVec ; //存放各个嵌入水印图像块的原点
//获取提取水印策略 1 ... 7
    int    getExtractPolicy() ;
public:
//水印图像的大小 ImgSizeN × ImgSizeN ,最佳置乱数 iBestScrNum
    int    ImgSizeN;
    int    iBestScrNum ;
};
//---------------------------------------
extern PACKAGE TMainForm *MainForm;
//---------------------------------------
#endif


//============MainUnit.cpp============
//————软件主界面相关操作的功能模块————
#include <vcl.h>
#pragma hdrstop
#include "MainUnit.h"
//#include "Base64.h"
#include "WMImgUnit.cpp"
#include "ActionUnit.cpp"
#include "SocketUnit.cpp"
#include "SubUnit.h"
#include "SetMarkUnit.h"
//---------------------------------------
#pragma package(smart_init)
```

```cpp
#pragma resource "*.dfm"
TMainForm *MainForm;
//----------------------------------------
__fastcall TMainForm::TMainForm(TComponent* Owner)
    :TForm(Owner)
{ //-----TMainForm 构造函数-----
    bCanmove = false;
    Circulation = true;
    dZoomTimes = 1;
    ClientIndex = 0;
    fStream = NULL;
    InStream = NULL;
    OutStream = NULL;
    ImgSizeN = 30;
    iBestScrNum = 7;
    EncryptMenuClick(Base64Menu);
}
//----------------------------------------
void __fastcall TMainForm::FormCreate(TObject *Sender)
{ //----- TMainForm 创建初始化事件 -----
    MainForm->KeyPreview = true;
    OpenDialog1->Filter = FilterComboBox1->Filter;
    DragAcceptFiles(Handle, true);
    ScrollBox1->DoubleBuffered = true;
    ScrollBox2->DoubleBuffered = true;
//   SetWindowLong(Application->Handle,GWL_EXSTYLE,WS_EX_TOOLWINDOW);
//隐藏任务栏显示
/*   ModifyMenu(MainMenu1->Handle,3,MF_BYPOSITION|MF_POPUP|MF_HELP,
        (int)Help->Handle,"帮助(&H)");//置帮助菜单于主菜单最右边       */
    imageView->Align = alClient;
    FilterComboBox1->ItemIndex = FilterComboBox1->Items->Count-1;
    FileListBox1->Mask=FilterComboBox1->Mask;   //自动文件过滤
    // 计算显示水印图像置乱度
    if(InWMImg->Picture->Graphic!=NULL)
    {
        BestScramble(SInWMImg,InWMImg);
        ShowConfidence();
    }
```

```
    TabSheet1->Show();
    ProgressBar1->Parent = StatusBar1;
    //ProgressBar1->Align = alClient;
    ProgressBar1->Top = 2;
    ProgressBar1->Left = StatusBar1->Width-ProgressBar1->Width-10;
}
//----------------------------------------
void __fastcall TMainForm::FormResize(TObject *Sender)
{ //————  TMainForm 调整窗体大小事件 ————
    ProgressBar1->Left = StatusBar1->Width-ProgressBar1->Width-10;
}
//----------------------------------------
void __fastcall TMainForm::FormDestroy(TObject *Sender)
{// ———— TMainForm 析构触发事件 ————
    String  tempFile = "C:\\WINDOWS\\system32\\tempImage.bmp";
    DeleteFile(tempFile);
    tempFile = "C:\\WINDOWS\\system32\\tempImage.jpg";
    DeleteFile(tempFile);
}
//----------------------------------------
bool    TMainForm::DoLoadPicture(const String& filename)
{// 加载图像文件 filename,成功返回 true,失败返回 false 或抛出异常
    ProgressBar1->Position = 0;
    if(bClipboardImage)
    {
        if(MessageDlg("当前图像来自剪切板,是否保存?",mtConfirmation,
            TMsgDlgButtons()<<mbYes<<mbNo,0)==mrYes)
        {
            FileSaveAsActionExecute(this);
        }
        bClipboardImage = false;
    }
    dZoomTimes = 1;
    ImgCtrlLabel1->Cursor = crDefault;
    CheckBox1->Checked = false;
    imageView->Align = alClient;
    imageView->Stretch = false;
    imageView->AutoSize = false;
```

```
imageView->Center = true;
String  tmpFileExt;
tmpFileExt = AnsiLowerCase(ExtractFileExt(filename));
try
{
    imageView->Picture->LoadFromFile(filename);
}
catch(Exception& e)
{
    String  tempFile = "C:\\WINDOWS\\system32\\tempImage"+tmpFileExt;
    // 自动选择解密策略 Base64 或 XOR
    TFileStream * finStream = new TFileStream(filename,fmOpenRead);
    String Str;
    Str.SetLength(MYTITLE2.Length());
    finStream->Position = 0;
    finStream->Read(Str.c_str(),MYTITLE2.Length());   //&Str[1]
    delete finStream;

    if((MYTITLE1==Str&&DecryptImage1(filename,tempFile)) ||
        (MYTITLE2==Str&&DecryptImage2(filename,tempFile)))
    {
        imageView->Picture->LoadFromFile(tempFile);
        TabSheet1->Show();
        return true;
    }
    imageView->Picture->Assign(NULL);
StatusBar1->Panels[0].Items[0]->Text = "Width: "+ String(imageView->
    Picture->Width) +",Height: " + String(imageView->Picture->Height);
        StatusBar1->Panels[0].Items[1]->Text=filename;//FileListBox1->FileName
        ShowMessage(" Load Picture,Error !");
        return  false;
}
StatusBar1->Panels[0].Items[0]->Text = "Width: "+ String(imageView->
    Picture->Width) +",Height: " + String(imageView->Picture->Height);
StatusBar1->Panels[0].Items[1]->Text=filename;//FileListBox1->FileName
StatusBar1->Panels[0][2]->Text = "";
TabSheet1->Show();
return true;
}
```

```
//--------------------------------------------------
//函数名称:UpdateImageList
//返回类型:void
//接收参数:TObject * Sender
//函数说明:根据不同 Sender,更新图像文件列表 FileListBox1 内容
void    TMainForm::UpdateImageList(TObject * Sender)
{   //----- 根据不同 Sender ,更新图像文件列表 FileListBox1 内容-----
    int  k ;
    if(String(Sender->ClassName())=="TDirectoryListBox")
        FileListBox1->ItemIndex = 0 ;
    else if(String(Sender->ClassName())=="TOpenDialog")
    {   // ShowMessage("----TOpenDialog") ;
        // FileListBox1->ApplyFilePath(OpenDialog1->FileName) ;
        DirectoryListBox1->Directory
        =ExtractFileDir(OpenDialog1->FileName);
        FileListBox1->Update() ;
        k = -1 ;
        String  FileName = ExtractFileName(OpenDialog1->FileName) ;
        do
        {
            FileListBox1->ItemIndex = ++k ;
        }while(FileListBox1->Items->Strings[k] !=FileName) ;
        FileListBox1->Selected[k] = true ;
    }
}
//--------------------------------------------------
void __fastcall TMainForm::ImgCtrlLabel1MouseDown(TObject * Sender,
    TMouseButton Button, TShiftState Shift, int X, int Y)
{ //----ImgCtrlLabel1 接收鼠标单击事件:抓图浏览 ----
    /*      */
    if(imageView->Width<ScrollBox1->Width &&
       imageView->Height<ScrollBox1->Height)
       return ;
    if(Button==mbLeft)
    {
        originPt.x = X ;
        originPt.y = Y ;
        imageLeft = imageView->Left ;
```

```
            imageTop  = imageView->Top ;
            bCanmove = true ;
        }
}
//————————————————————————————————————
void __fastcall TMainForm::ImgCtrlLabel1MouseMove(TObject * Sender,
        TShiftState Shift, int X, int Y)
{   // ————ImgCtrlLabel1 接收鼠标移动事件:抓图浏览 ————
    if(bCanmove)
    {
        int  left = imageLeft + (X-originPt.x) ;
        int  top = imageTop + (Y-originPt.y) ;
        /*
        if(left>0||top>0||left+imageView->Width<ScrollBox1->Width ||
            top+imageView->Height<ScrollBox1->Height)
            return ;          */
        if(imageView->Width<ScrollBox1->Width)
            left = (ScrollBox1->Width-imageView->Width)/2 ;
        else if(left>0)
            left = 0 ;
        else if(left+imageView->Width<ScrollBox1->Width)
            left = ScrollBox1->Width-imageView->Width-10 ;

        if(imageView->Height<ScrollBox1->Height)
            top = (ScrollBox1->Height-imageView->Height)/2 ;
        else if(top>0)
            top = 0 ;
        else if(top+imageView->Height<ScrollBox1->Height)
            top = ScrollBox1->Height-imageView->Height-10 ;
        imageView->Left = left ;
        imageView->Top=top ;
    }
}
//————————————————————————————————————
void __fastcall TMainForm::ImgCtrlLabel1MouseUp(TObject * Sender,
        TMouseButton Button, TShiftState Shift, int X, int Y)
{   // ———— ImgCtrlLabel1 接收鼠标弹起事件:抓图浏览 ————
```

```
    bCanmove = false ;
}
//—————————————————————————————————————————
void __fastcall TMainForm::FileListBox1DblClick(TObject * Sender)
{// ———— 双击文件列表事件:双击文件列表,浏览选中图像文件 ————
    DoLoadPicture(FileListBox1->FileName);
}
//—————————————————————————————————————————
void __fastcall TMainForm::FormKeyDown(TObject * Sender, WORD &Key,
    TShiftState Shift)
{ // ————   接收键盘按下事件:键盘控制浏览图像文件 ————
    switch(Key)
    {
        case VK_LEFT:
        case VK_UP:
        case VK_PRIOR:
            PrevImgActionExecute(Sender) ;
            break ;
        case VK_RIGHT:
        case VK_DOWN:
        case VK_NEXT:
            NextImgActionExecute(Sender) ;
            break ;
        case VK_HOME:
            break ;
        case VK_END:
            break ;
        default:
            break ;
    }
}
//—————————————————————————————————————————
void __fastcall TMainForm::tbOriImageClick(TObject * Sender)
{ // ———— 浏览当前文件列表框索引原始图像 ————
    if(FileListBox1->Count>0)
    DoLoadPicture(ExpandFileName(FileListBox1->Items[0][FileListBox1->ItemIndex])) ;
}
//—————————————————————————————————————————
```

```cpp
void __fastcall TMainForm::tbCatchImageClick(TObject *Sender)
{// ---- 抓图浏览当前图像文件 ----
    CheckBox1->Checked = false;
    ImgCtrlLabel1->Cursor = crHandPoint;
    imageView->AutoSize = true;
    dZoomTimes = 1;// 还原缩放倍数
    imageView->Align = alNone;
    imageView->Left = (ScrollBox1->Width-imageView->Width)/2;
    imageView->Top = (ScrollBox1->Height-imageView->Height)/2;
    StatusBar1->Panels[0][2]->Text = "";
}
//————————————————————————
void  TMainForm::ShowConfidence() // 显示置乱度
{
    LabelSD->Caption = ComputeAndShowSD(InWMImg,SInWMImg);
}
//————————————————————————
void  TMainForm::BestScramble(TImage * Dest,TImage * Source)
{ //对图像 Source 执行最佳置乱,显示于图像 Dest
    Dest->Picture->Assign(Source->Picture);
    Dest->Picture->Assign(NULL);
    int destX,destY; /*    */
    int tempX,tempY;
    int i,j;
    for(i=0;i<Source->Width;i++)
        for(j=0;j<Source->Height;j++)
        {
            tempX = i,tempY = j;
            for(int k=0;k<iBestScrNum;k++)
            {
                destX = (tempX+tempY) % ImgSizeN;
                destY = (tempX+2*tempY) % ImgSizeN;
                tempX = destX;
                tempY = destY;
            }
            Dest->Canvas->Pixels[destX][destY]=Source->Canvas->Pixels[i][j];
        }
}
```

```cpp
//--------------------------------------------------
void __fastcall TMainForm::InWMImgDblClick(TObject *Sender)
{ //双击 InWMImg 事件:双击水印图像触发 InWMImgDblClick 事件,更换水印
    TOpenDialog  *oDialog = new TOpenDialog(this);
    oDialog->Filter=
     "(30x30)(*.bmp,*.jpg)|*.bmp;*.jpg|(64x64)(*.bmp,*.jpg)|*.bmp;*.jpg|";
    oDialog->Filter = oDialog->Filter
     +"(128x128)(*.bmp,*.jpg)|*.bmp;*.jpg|(256x256)(*.bmp,*.jpg)|*.bmp;*.jpg";
    if(oDialog->Execute())
    {
        switch(oDialog->FilterIndex)
        {
        case 1:
            ImgSizeN = 30;
            break;
        case 2:
            ImgSizeN = 64;
            break;
        case 3:
            ImgSizeN = 128;
            break;
        case 4:
            ImgSizeN = 256;
            break;
        default:
            return; // error
        }
        //----- 初始化存放水印 TImage 对象大小 -----
        InWMImg->Width = ImgSizeN;
        InWMImg->Height = ImgSizeN;
        SInWMImg->Width = ImgSizeN;
        SInWMImg->Height = ImgSizeN;
        SOutWMImg->Width = ImgSizeN;
        SOutWMImg->Height = ImgSizeN;
        OutWMImg->Width = ImgSizeN;
        OutWMImg->Height = ImgSizeN;

        InWMImg->Visible = false;
```

```
            InWMImg->Picture->LoadFromFile(oDialog->FileName) ;

            Graphics::TBitmap * bmp = new Graphics::TBitmap ;
            bmp->Width = ImgSizeN ;
            bmp->Height = ImgSizeN ;
            bmp->Canvas->StretchDraw(bmp->Canvas->ClipRect,
                                    InWMImg->Picture->Graphic) ;
            InWMImg->Picture->Assign(bmp);
            delete bmp ;
            // ———— 灰度化处理 ————
            MakeGray(InWMImg ,InWMImg) ;
            // ———— 最佳置乱处理 ————
            InWMImg->Visible = true ;
            BestScramble(SInWMImg ,InWMImg) ;
            ShowConfidence() ;
        }
        OutWMImg->Picture->Assign(NULL) ;
        SOutWMImg->Picture->Assign(NULL) ;
        delete  oDialog ;
}
//————————————————————————
void __fastcall TMainForm::ImgCtrlLabel2MouseDown(TObject * Sender,
      TMouseButton Button, TShiftState Shift, int X, int Y)
{ // ———— ImgCtrlLabel2 鼠标单击事件:抓图浏览 ————
    if(Button==mbLeft)
    {
        originPt.x = X ;
        originPt.y = Y ;
        imageLeft = WMImage->Left ;
        imageTop = WMImage->Top ;
        bCanmove = true ;
    }
}
//————————————————————————
void __fastcall TMainForm::ImgCtrlLabel2MouseMove(TObject * Sender,
      TShiftState Shift, int X, int Y)
{ // ———— ImgCtrlLabel2 鼠标移动事件:抓图浏览 ————
    if(bCanmove)
```

```
        {
            int    left=imageLeft+(X-originPt.x),top=imageTop+(Y-originPt.y);
            if(left+WMImage->Width<0 || left>ImgCtrlLabel2->Width)
                return ;
            if(top+WMImage->Height<0 || top>ImgCtrlLabel2->Height)
                return ;

            WMImage->Left = imageLeft + (X-originPt.x) ;
            WMImage->Top = imageTop+ (Y-originPt.y) ;
        }
}
//————————————————————————————————————
void __fastcall TMainForm::OpenWImgMenuClick(TObject *Sender)
{   //————单击打开水印图像菜单事件:打开已嵌入水印图像 ————
    TOpenDialog  *oDialog = new TOpenDialog(this) ;
    oDialog->Filter = "*.bmp|*.bmp|*.jpg|*.jpg|*.wmf|*.wmf" ;
    if(oDialog->Execute())
    {
        try
        {
            WMImage->Picture->LoadFromFile(oDialog->FileName) ;
        }
        catch(Exception& e)
        {
            String  tempFile = "C:\\WINDOWS\\system32\\tempImage.bmp" ;
            if(DecryptImage(oDialog->FileName,tempFile))
            {
                WMImage->Picture->LoadFromFile(tempFile) ;
                TabSheet2->Show() ;
                return ;
            }
            WMImage->Picture->Assign(NULL) ;
            ShowMessage(" Load Picture,Error !") ;
        }

        if(oDialog->FilterIndex!=1)
        { //.wmf or .jpg -> .bmp
            Graphics::TBitmap* bmp = new Graphics::TBitmap ;
```

```cpp
            bmp->Assign(WMImage->Picture->Graphic);
            WMImage->Picture->Bitmap->Assign(bmp);
            delete bmp;
        }
    }
    delete oDialog;
    TabSheet2->Show();
}
//--------------------------------------------------------------
void __fastcall TMainForm::SaveWImgMenuClick(TObject *Sender)
{ //-----保存水印图像菜单事件:保存已嵌入水印图像-----
    if(WMImage->Picture->Graphic==NULL)
        return;
    SaveDialog1->FilterIndex = 1;  //.bmp
    SaveDialog1->FileName = "";
    if(SaveDialog1->Execute())
    {
        String  tempName = SaveDialog1->FileName+".tmp";
        if(SaveDialog1->FilterIndex==1)
        {
            SaveDialog1->FileName = SaveDialog1->FileName + ".bmp";
            WMImage->Picture->Bitmap->SaveToFile(tempName);
        }
        else if(SaveDialog1->FilterIndex==2)
        {// bmp -> jpg;
            SaveDialog1->FileName = SaveDialog1->FileName + ".jpg";
            TJPEGImage   *imagejpg = new TJPEGImage;
            imagejpg->Assign(WMImage->Picture->Graphic);
            imagejpg->CompressionQuality = 100;//压缩质量
            imagejpg->Compress();//执行压缩
            imagejpg->SaveToFile(tempName);
            delete imagejpg;
        }
        else if(SaveDialog1->FilterIndex==3)
        {// bmp -> wmf;   no encrypt
            SaveDialog1->FileName = SaveDialog1->FileName + ".wmf";
            Graphics::TMetafile *imagewmf = new Graphics::TMetafile;
            imagewmf->Width = WMImage->Picture->Width;
```

```
                imagewmf->Height = WMImage->Picture->Height ;
                TMetafileCanvas *pCanvas = new TMetafileCanvas(imagewmf, 0);
                pCanvas->Draw(0 ,0 ,WMImage->Picture->Graphic) ;
                delete pCanvas ;
                imagewmf->SaveToFile(SaveDialog1->FileName) ;
                delete imagewmf ;
                return ;
            }
            if(EncryptImage(tempName ,SaveDialog1->FileName))
                    ;//ShowMessage(" OK !") ; //Save As OK !
            else
                MessageDlg("水印图像另存为出错!",mtWarning,TMsgDlgButtons()<<mbOK,0);
            DeleteFile(tempName) ;
        }
        FileListBox1->Update() ;
}
//————————————————————————————————————
void __fastcall TMainForm::EncryptMenuClick(TObject *Sender)
{   // —————选择加密级别菜单事件:选择保存水印图像加密级别 ————
    EncryptMenu->Checked = false ;
    Base64Menu->Checked = false ;
    XORMenu->Checked = false ;
    if(Sender==EncryptMenu)
    {
        EncryptMenu->Checked = true ;
        EncryptImage = EncryptImage0 ;
        DecryptImage = DecryptImage0 ;
    }
    else if(Sender==Base64Menu)
    {
        Base64Menu->Checked = true ;
        EncryptImage = EncryptImage1 ;
        DecryptImage = DecryptImage1 ;
    }
    else //if(Sender==XORMenu)
    {
        XORMenu->Checked = true ;
        EncryptImage = EncryptImage2 ;
```

```
            DecryptImage = DecryptImage2;
        }
}
//――――――――――――――――――――――――――――――――――
void __fastcall TMainForm::MakeWarkMenuClick(TObject * Sender)
{ // ――――制作水印菜单事件:制作水印图像操作――――
    SetMarkForm->ShowModal();
}
//――――――――――――――――――――――――――――――――――
void __fastcall TMainForm::HelpMenuClick(TObject * Sender)
{ // ―――― 用户帮助菜单事件:显示用户帮助文档 ――――
    ShellExecute(Handle,"open","help.doc",NULL,NULL,SW_SHOWNORMAL);
}
//――――――――――――――――――――――――――――――――――
void __fastcall TMainForm::Timer1Timer(TObject * Sender)
{ // ―――― 定时器Timer1触发事件:动态显示任务栏说明标签 ――――
    static int    iTitle = -1;
    iTitle += 2;
    iTitle = iTitle % APPTITLE.Length();
    if(iTitle==0)
        iTitle = 1;
    Application->Title = APPTITLE.SubString(iTitle,APPTITLE.Length());
}
//――――――――――――――――――――――――――――――――――
void __fastcall TMainForm::UpdateFilesItemClick(TObject * Sender)
{ // ――――刷新文件列表菜单事件:刷新图像文件列表操作 ――――
    FileListBox1->Update();
}
//――――――――――――――――――――――――――――――――――
void __fastcall TMainForm::ShowWhatItemClick(TObject * Sender)
{ // ―――― 显示文件列表右键说明 ――――
MessageDlg("您可以多选图像文件,执行快捷嵌入水印,\n并自动另存为:水印+ * * *
        (原文件名)",mtInformation,TMsgDlgButtons()<<mbOK,0);
}
//――――――――――――――――――――――――――――――――――
void __fastcall TMainForm::cbAttackWImgChange(TObject * Sender)
{// ―――― 水印图像不同攻击方案 ――――
    if(WMImage->Picture->Graphic==NULL)
```

```
        return ;
int     i , j ;
int     H_2 = WMImage->Picture->Height/2,
        W_2 = WMImage->Picture->Width/2 ;
switch(cbAttackWImg->ItemIndex)
{
case 0 :
    for(i=0 ;i<W_2 ;i++)
        for(j=0 ;j<H_2 ;j++)
            WMImage->Canvas->Pixels[i][j] = clBlack ;
    break ;
case 1 :
    for(i=W_2 ;i<WMImage->Picture->Width ;i++)
        for(j=0 ;j<H_2 ;j++)
            WMImage->Canvas->Pixels[i][j] = clBlack ;
    break ;
case 2 :
    for( int i=0 ;i<W_2 ;i++)
        for(j=H_2 ;j<WMImage->Picture->Height ;j++)
            WMImage->Canvas->Pixels[i][j] = clBlack ;
    break ;
case 3 :
    for(i=W_2 ;i<WMImage->Picture->Width ;i++)
        for(j=H_2 ;j<WMImage->Picture->Height ;j++)
            WMImage->Canvas->Pixels[i][j] = clBlack ;
    break ;
case 4 :
    for( int i=0 ;i<WMImage->Picture->Width ;i++)
        for( int j=0 ;j<H_2 ;j++)
            WMImage->Canvas->Pixels[i][j] = clBlack ;
    break ;
case 5 :
    for( int i=0 ;i<WMImage->Picture->Width ;i++)
        for( int j=WMImage->Picture->Height ;j>H_2 ;j--)
            WMImage->Canvas->Pixels[i][j] = clBlack ;
    break ;
case 6 :
    for(i=0 ;i<W_2 ;i++)
```

```
            for(j=0;j<WMImage->Picture->Height;j++)
                WMImage->Canvas->Pixels[i][j] = clBlack;
        break;
    case 7:
        for(i=WMImage->Picture->Width;i>W_2;i--)
            for(j=0;j<WMImage->Picture->Height;j++)
                WMImage->Canvas->Pixels[i][j] = clBlack;
        break;
    default:
        break;
    }
    TabSheet2->Show();
}
//————————————————————————————————
void __fastcall TMainForm::AutoSampleItemClick(TObject *Sender)
{ // ———— 选择不同的水印提取策略 ————
    if(String(Sender->ClassName())!="TMenuItem")
        return;
    TMenuItem * miPtr = (TMenuItem *)Sender;
    AutoSampleItem->Checked = false;
    MoreSampleItem->Checked = false;
    AverSampleItem->Checked = false;
    LessSampleItem->Checked = false;
    MaxSampleItem->Checked = false;
    MidSampleItem->Checked = false;
    MinSampleItem->Checked = false;
    miPtr->Checked = true;
}
//————————————————————————————————
void __fastcall TMainForm::EmbedItemClick(TObject *Sender)
{ // ———— 对图像文件列表所选中文件逐一进行嵌入水印操作 ————
    int     countOK = 0;
    String  strInfo = "————————————————\n";
    for(int i=0;i<FileListBox1->Count;i++)
        if(FileListBox1->Selected[i]==true)
        { // 选中
            String loadFile=ExpandFileName(FileListBox1->Items->Strings[i]);
            DoLoadPicture(loadFile);
```

```
            EmbedActionExecute(Sender);
            String   saveFile = "水印";
            saveFile=saveFile+FileListBox1->Items->Strings[i];
            saveFile=ExtractFilePath(loadFile)+"\\"+ChangeFileExt(saveFile,".BMP");
            //ShowMessage(saveFile);
            String   tempFile = "C:\\WINDOWS\\system32\\tempImage.bmp";
            WMImage->Picture->Bitmap->SaveToFile(tempFile);
            //文件加密
            if(EncryptImage(tempFile,saveFile))
            {
                  ++countOK;//ShowMessage(" OK!"); //SaveAs OK!
                  strInfo = strInfo+loadFile+" ==>> "+saveFile +"\n";
            }
            else
          MessageDlg("水印图像另存为出错!",mtWarning,TMsgDlgButtons()<<mbOK,0);
            DeleteFile(tempFile);
       }
    if(countOK)
    {
        strInfo = strInfo+"----------------------\n";
        strInfo = strInfo+"成功嵌入水印图像张数:"+ String(countOK);
        MessageDlg(strInfo,mtInformation,TMsgDlgButtons()<<mbOK,0);
    }
    FileListBox1->Update();
}
//============ActoinUnit.cpp==========
//----软件主界面action事件处理以及加密图像文件的相应操作模块-----
#pragma hdrstop
#include "MainUnit.h"
#include "Base64.h"
#pragma package(smart_init)
//-------------------------------------------------
void __fastcall TMainForm::PrevImgActionExecute(TObject *Sender)
{//----- 浏览前一张图像操作 -----
    if(FileListBox1->Count==0)
        return;
    imageView->Align = alClient;
    imageView->Stretch = false;
```

```cpp
    FileListBox1->Selected[FileListBox1->ItemIndex] = false ;
    if(FileListBox1->ItemIndex==0)
    {
        if(Circulation)
            FileListBox1->ItemIndex = FileListBox1->Count-1 ;
    }
    else
        FileListBox1->ItemIndex-- ;
    FileListBox1->Selected[FileListBox1->ItemIndex] = true ;
    String FileName=
  ExpandFileName(FileListBox1->Items->Strings[FileListBox1->ItemIndex]);
    DoLoadPicture(FileName) ;
    FileEdit->Text=FileListBox1->Items->Strings[FileListBox1->ItemIndex];
}
//---------------------------------------
void __fastcall TMainForm::NextImgActionExecute(TObject *Sender)
{//----- 浏览后一张图像操作 ----
    if(FileListBox1->Count==0)
        return ;
    FileListBox1->Selected[FileListBox1->ItemIndex] = false ;
    if(FileListBox1->ItemIndex+1==FileListBox1->Count)
    {
        if(Circulation)
            FileListBox1->ItemIndex = 0 ;
    }
    else
        FileListBox1->ItemIndex++ ;
    FileListBox1->Selected[FileListBox1->ItemIndex] = true ;
    String FileName=
  ExpandFileName(FileListBox1->Items->Strings[FileListBox1->ItemIndex]);
    DoLoadPicture(FileName) ;
    FileEdit->Text=FileListBox1->Items->Strings[FileListBox1->ItemIndex];
}
//---------------------------------------
void __fastcall TMainForm::ZoomInActionExecute(TObject *Sender)
{//----- 放大图像操作 ----
    CheckBox1->Checked = false ;
    ImgCtrlLabel1->Cursor = crHandPoint ;
```

```cpp
    if(imageView->Align==alClient)
    {
        imageView->Align = alNone ;
        imageView->Width = imageView->Picture->Width * dZoomTimes ;
        imageView->Height = imageView->Picture->Height * dZoomTimes ;
        imageView->Left = (ScrollBox1->Width-imageView->Width)/2 ;
        imageView->Top = (ScrollBox1->Height-imageView->Height)/2 ;
    }
    imageView->AutoSize = false ;
    if(imageView->Picture->Width>0)   //image exist
    {
        imageView->Left -= imageView->Width/2 ;
        imageView->Top -= imageView->Height/2 ;
        dZoomTimes *= 2 ;
        imageView->Stretch = true ;
        imageView->Width = imageView->Picture->Width * dZoomTimes ;
        imageView->Height = imageView->Picture->Height * dZoomTimes ;
        imageView->Repaint() ;
        StatusBar1->Panels[0][2]->Text = "缩放倍数:"+String(dZoomTimes) ;
    }
    else
        MessageDlg("你还没有加载图像文件!",mtWarning,TMsgDlgButtons()<<mbOK,0);
}
//————————————————————————————————————
void __fastcall TMainForm::ZoomOutActionExecute(TObject * Sender)
{//————— 缩小图像操作 —————
    CheckBox1->Checked = false ;
    ImgCtrlLabel1->Cursor = crHandPoint ;
    imageView->Align = alNone ;
    imageView->AutoSize = false ;
    if(imageView->Picture->Width>0) // image exist
    {
        dZoomTimes /= 2 ;
        imageView->Stretch = true ;
        imageView->Width = imageView->Picture->Width * dZoomTimes ;
        imageView->Height = imageView->Picture->Height * dZoomTimes ;
        imageView->Left = (ScrollBox1->Width-imageView->Width)/2;
        imageView->Top = (ScrollBox1->Height-imageView->Height)/2;
```

```
        imageView->Repaint();
        StatusBar1->Panels[0][2]->Text = "缩放倍数:"+String(dZoomTimes);
    }
    else
        MessageDlg("你还没有加载图像文件!",mtWarning,TMsgDlgButtons()<<mbOK,0);
}
//--------------------------------------------------------------
void __fastcall TMainForm::FileOpenActionExecute(TObject *Sender)
{ //---- 打开图像文件操作 ----
    if(OpenDialog1->Execute())
    {
        DoLoadPicture(OpenDialog1->FileName);
        StatusBar1->Panels[0].Items[1]->Text = OpenDialog1->FileName;
        UpdateImageList(OpenDialog1); //OpenDialog1
    }
}
//--------------------------------------------------------------
void __fastcall TMainForm::FileSaveAsActionExecute(TObject *Sender)
{//---- 保存图像文件操作 ----
    SaveDialog1->FilterIndex = 1;   // .jpg
    SaveDialog1->FileName = "";
    if (SaveDialog1->Execute()&&imageView->Picture->Width!=0)
        SavePictureDialog1->Execute()
    { //
        String  fileExt=AnsiLowerCase(ExtractFileExt(FileListBox1->FileName));
        switch(SaveDialog1->FilterIndex)
        {
            case 1:
                SaveDialog1->FileName = SaveDialog1->FileName + ".bmp";
                if(fileExt==".bmp")
        imageView->Picture->SaveToFile(SaveDialog1->FileName);//不必处理
                else
                {
                    Graphics::TBitmap *Bitmap = new Graphics::TBitmap();
                    Bitmap->Assign(imageView->Picture->Graphic);   //先转.bmp格式
                    Bitmap->SaveToFile(SaveDialog1->FileName);
                    delete Bitmap;
                }
```

```
            break;
        case 2:
        {
            SaveDialog1->FileName = SaveDialog1->FileName + ".jpg";
            if(fileExt==".jpg")
imageView->Picture->SaveToFile(SaveDialog1->FileName);//不必处理
            else
            {
                TJPEGImage   * imagejpg = new TJPEGImage;
                imagejpg->Assign(imageView->Picture->Graphic);
                imagejpg->CompressionQuality = 100;//压缩质量
                imagejpg->Compress();   //执行压缩
                imagejpg->SaveToFile(SaveDialog1->FileName);
                delete imagejpg;
            }
        }
            break;
        case 3:
        {
            SaveDialog1->FileName = SaveDialog1->FileName + ".wmf";
            if(fileExt==".wmf")
imageView->Picture->SaveToFile(SaveDialog1->FileName);//不必处理
            else
            {
                Graphics::TMetafile * imagewmf = new Graphics::TMetafile;
                imagewmf->Width = imageView->Picture->Width;
                imagewmf->Height = imageView->Picture->Height;
                TMetafileCanvas * pCanvas = new TMetafileCanvas(imagewmf, 0);
                pCanvas->Draw(0,0,imageView->Picture->Graphic);
                delete pCanvas;
                imagewmf->SaveToFile(SaveDialog1->FileName);
                delete imagewmf;
            }
        }
            break;
        default:
            break;
    }
}
```

```cpp
    FileListBox1->Update();
    TabSheet1->Show();
}
//————————————————————————————————————
void __fastcall TMainForm::FileDelActionExecute(TObject *Sender)
{//———— 删除图像文件操作 ————
    if(imageView->Picture->Graphic==NULL||bClipboardImage)
        return;
if(MessageDlg("确定要删除该文件吗?\n"+StatusBar1->Panels[0].Items[1]->Text,
            mtConfirmation,TMsgDlgButtons()<<mbYes<<mbNo,0)==mrYes)
    {
    if(DeleteFile(StatusBar1->Panels[0].Items[1]->Text)==false)//?????
        {
            MessageDlg("你不能删除该文件!",mtWarning,TMsgDlgButtons()<<mbOK,0);
        }
        FileListBox1->DeleteSelected();
        FileListBox1->Refresh();
        NextImgActionExecute(Sender);
    }
    FileListBox1->Update();
}
//————————————————————————————————————
void __fastcall TMainForm::ExitActionExecute(TObject *Sender)
{ //———— 退出程序操作 ————
    if(MessageDlg("确定要退出程序吗?",mtConfirmation,
        TMsgDlgButtons()<<mbYes<<mbNo,0)==mrYes)
        Close();
}
//————————————————————————————————————
void __fastcall TMainForm::CopyImageActionExecute(TObject *Sender)
{//———— 复制图像至剪切板操作 ————
//  imageView->Picture->SaveToClipboardFormat(...)
    unsigned DataHandle;
    HPALETTE APalette;
    unsigned short MyFormat;
    try
```

```
    {
        //Bitmap->Assign(imageView->Picture->Graphic);    //先转.bmp格式
        // generate a clipboard format, with data and palette
        //Bitmap->SaveToClipboardFormat(MyFormat,DataHandle,APalette);
        imageView->Picture->SaveToClipboardFormat(MyFormat,DataHandle,APalette);
        // save the data to the clipboard using that format and
        // the generated data
        Clipboard()->SetAsHandle(MyFormat,DataHandle);
        //ShowMessage("Success to copy image to clipboard!");
    }
    catch(Exception& e)
    {
        ShowMessage("Failed to copy image to clipboard!");
        // delete Bitmap;
    }
    //delete Bitmap;
    //CopyFileTo,CopyFile
}
//——————————————————————————————————————————
void __fastcall TMainForm::CutImageActionExecute(TObject * Sender)
{//———— 剪切图像至剪切板操作 ————
    CopyImageActionExecute(Sender);
    imageView->Picture->Assign(NULL);
}
//——————————————————————————————————————————
void __fastcall TMainForm::PasteImageActionExecute(TObject * Sender)
{ //———— 从剪切板粘贴图像操作 ————
    int      ImageHandle;
    Clipboard()->Open();
    try
    {
        ImageHandle = Clipboard()->GetAsHandle(CF_BITMAP);
        imageView->Picture->LoadFromClipboardFormat(CF_BITMAP,ImageHandle,0);
        bClipboardImage = true;
    }
    catch (Exception& e)
    {
        Clipboard()->Close();
        ShowMessage("Failed to Paste image to clipboard!");
```

```
        //throw ;
    }
    Clipboard()->Close();
    StatusBar1->Panels[0][0]->Text=
    "Width: "+ String(imageView->Picture->Width) +",Height: "+
    String(imageView->Picture->Height) ;
    StatusBar1->Panels[0][1]->Text = "Clipboard 剪切板图像...";
}
//----------------------------------------------------------

void __fastcall TMainForm::AboutActionExecute(TObject *Sender)
{//----- 显示软件说明页面操作 -----
    #include "AboutUnit.h"
    AboutBox->ShowModal();
}
//----------------------------------------------------------
void __fastcall TMainForm::AutoSaleActionExecute(TObject *Sender)
{ //----- 切换图像:原大小与自动缩放显示模式 -----
    imageView->Stretch = CheckBox1->Checked ;
    if(CheckBox1->Checked)
    {
        AutoScaleMenu->Checked = true ;
        AutoScalePopup->Checked = true ;
        imageView->Align = alClient ;
        StatusBar1->Panels[0][2]->Text = "自动缩放图像";
    }
    else
    {
        dZoomTimes = 1 ;
        AutoScaleMenu->Checked = false ;
        AutoScalePopup->Checked = false ;
        imageView->Align = alNone ;
        StatusBar1->Panels[0][2]->Text = "" ;
    }
}
//----------------------------------------------------------
void __fastcall TMainForm::EmbedActionExecute(TObject *Sender)
{ //// ----- 嵌入水印完整操作 -----
```

```
    if(imageView->Picture->Graphic==NULL ||
        SInWMImg->Picture->Graphic==NULL)
    {
      MessageDlg("对不起,找不到操作图像!",mtWarning,TMsgDlgButtons()<<mbOK,0);
          return;
    }
    if(String(imageView->Picture->Graphic->ClassName())!="TBitmap")
    {    //————.wmf,.jpg....—>.bmp————
         Graphics::TBitmap* bmp = new Graphics::TBitmap;
         /*   //bad,图像数据变大
         bmp->Width = imageView->Picture->Width;
         bmp->Height = imageView->Picture->Height;
         bmp->Canvas->Draw(0,0,imageView->Picture->Graphic);   */
         //good
         bmp->Assign(imageView->Picture->Graphic);   //先转.bmp格式
         imageView->Picture->Assign(bmp);
         delete bmp;
    }
    //———— 检测图像是否已嵌有水印信息 ————
    if(HasWatermark(imageView))
MessageDlg("该图像已经嵌有水印信息!",mtWarning,TMsgDlgButtons()<<mbOK,0);
    //———— 嵌入水印 ————
    EmbedWatermark(imageView,WMImage);
    //———— 标记图像已嵌入水印 ————
    SignWatermark(WMImage);
    WMImage->Left = (ScrollBox2->Width-WMImage->Width)>>1;
    WMImage->Top = (ScrollBox2->Height-WMImage->Height)>>1;
    TabSheet2->Show();
}
//————————————————————————————————
void __fastcall TMainForm::ExtractActionExecute(TObject *Sender)
{ //———— 提取水印完整操作 ————
    if(WMImage->Picture->Graphic==NULL)
    {
      MessageDlg("对不起,找不到操作图像!",mtWarning,TMsgDlgButtons()<<mbOK,0);
          return;
    }
```

```
    ExtractWatermark(WMImage,SOutWMImg);  //提取水印
    UndoWatermark();  //还原置乱水印
    TabSheet3->Show();
}
//————————————————————————————————————
void    TMainForm::DeleteFileStream()
{ //———— 析构文件流 InStream,OutStream ————
    if(InStream != NULL)
        delete  InStream;
    if(OutStream != NULL)
        delete  OutStream;
    InStream = NULL;
    OutStream = NULL;
}
//————————————————————————————————————
//源文件获取,0 加密级别
bool    TMainForm::EncryptImage0(String inFile,String outFile)
{
return CopyFile(inFile.c_str(),outFile.c_str(),false);//file exist and overwrite
}
bool    TMainForm::DecryptImage0(String inFile,String outFile)
{ // As  EncryptImage0
    return CopyFile(inFile.c_str(),outFile.c_str(),false);
}
//————————————————————————————————————
//Base64 加密解密图像文件
bool    TMainForm::EncryptImage1(String inFile,String outFile)
{
    String  Key = MakeRandomKey();
    InStream = new TFileStream(inFile,fmOpenRead);
    OutStream = new TFileStream(outFile,fmCreate);
    try
    {
      OutStream->Position = 0;
        OutStream->Write(MYTITLE1.c_str(),MYTITLE1.Length());

        OutStream->Write(Key.c_str(),Key.Length());  // KEYLEN
        InStream->Position = 0;
```

```
            ProgressBar1->Position = 0 ;

        int     MAXFILE = (6 << 20) ;
        if(InStream->Size > MAXFILE)
        {
            ProgressBar1->Max = MAXFILE + 1000 ;
            TMemoryStream   * TempStream = new TMemoryStream() ;
            TempStream->LoadFromStream(InStream) ;
            TempStream->SetSize(MAXFILE) ;

            TempStream->Position = 0 ;
            EncodeStream(TempStream,OutStream,Key) ; //加密文件

            InStream->Position = MAXFILE ;
            OutStream->CopyFrom(InStream,InStream->Size-MAXFILE) ;
            ProgressBar1->Position += 1000 ;
            delete TempStream ;
        }
        else
        {
            ProgressBar1->Max = InStream->Size ;
            EncodeStream(InStream,OutStream,Key) ; //加密文件
        }
        DeleteFileStream() ;
        return true ;
    }
    catch(Exception& e)
    {
        DeleteFileStream() ;
        return  false ;
    }
}
//————————————————————————————————
bool    TMainForm::DecryptImage1(String  inFile,String outFile)
{
    //DeleteFileStream() ;
    if(!(InStream==NULL&&OutStream==NULL))
        throw Exception("Reading image ....") ; //OK
```

```
InStream = new TFileStream(inFile,fmOpenRead);
OutStream = new TFileStream(outFile,fmCreate);
try
{
  String    Str;
  Str.SetLength(MYTITLE1.Length());
  InStream->Position = 0;
  InStream->Read(Str.c_str(),MYTITLE1.Length());   //&Str[1]
  if(MYTITLE1!=Str)
  {
      //ShowMessage("Input file,error!");
      DeleteFileStream();
      return false;
  }
  String    Key;
  if(InStream->Size>(KEYLEN+MYTITLE1.Length()))
  {
    Str.SetLength(KEYLEN);
    InStream->Read(Str.c_str(),Str.Length());   //&Str[1]
    Key = Str;
  }
  else
  {
      //ShowMessage("Input file,error!");
      DeleteFileStream();
      return false;
  }

  OutStream->Position = 0;
  ProgressBar1->Position  = 0;
  int    MAXFILE = (8<<20)+MYTITLE1.Length() + KEYLEN;
  if(InStream->Size > MAXFILE)
  {
      ProgressBar1->Max = MAXFILE+1000;
      TMemoryStream   *TempStream = new TMemoryStream();
      TempStream->LoadFromStream(InStream);
      TempStream->SetSize(MAXFILE);
      TempStream->Position = MYTITLE1.Length()+KEYLEN; //0
```

```
            DecodeStream(TempStream,OutStream,Key); //解密文件


            InStream->Position = MAXFILE;
            delete TempStream;
            OutStream->CopyFrom(InStream,InStream->Size-MAXFILE);
            ProgressBar1->Position+= 1000;
        }
        else
        {
            //ShowMessage("1111111111");
            ProgressBar1->Max = InStream->Size;
            DecodeStream(InStream,OutStream,Key);//解密文件
            //ShowMessage("2222222222");
        }
        DeleteFileStream();
        return true;
    }
    catch(Exception& e)
    {
        DeleteFileStream();
        return  false;
    }

}
//----------------------------------------------------
//XOR 加密解密图像文件
bool    TMainForm::EncryptImage2(String inFile,String outFile)
{
    String   Key = MakeRandomKey();
    InStream = new TFileStream(inFile,fmOpenRead);
    OutStream = new TFileStream(outFile,fmCreate);
    try
    {
      OutStream->Position = 0;
      OutStream->Write(MYTITLE2.c_str(),MYTITLE2.Length());
      OutStream->Write(Key.c_str(),Key.Length()); // KEYLEN
      InStream->Position = 0;
      ProgressBar1->Max = InStream->Size;
```

```
    ProgressBar1->Position = 0;
    byte bBuffer[1024];
    int  Count;
    do
    {
        Count = InStream->Read(bBuffer, sizeof(bBuffer));
        if(Count==0)
            break;
        for(int i=0; i<Count; i++)
            bBuffer[i] ^= Key[i%KEYLEN+1];
        OutStream->Write(bBuffer, Count);
        ProgressBar1->Position += Count;
    } while(!(Count < sizeof(bBuffer)));

    DeleteFileStream();
    return true;
    }
    catch(Exception& e)
    {
        DeleteFileStream();
        return false;
    }
}
//————————————————————————————————————————
bool    TMainForm::DecryptImage2(String inFile, String outFile)
{
    //DeleteFileStream();
    if(!(InStream==NULL&&OutStream==NULL))
        throw Exception("Reading image....");
    InStream = new TFileStream(inFile, fmOpenRead);
    OutStream = new TFileStream(outFile, fmCreate);
    try
    {
        String    Str;
        Str.SetLength(MYTITLE2.Length());
        InStream->Position = 0;
        InStream->Read(Str.c_str(), MYTITLE2.Length());    //&Str[1]
        if(MYTITLE2!=Str)
```

```cpp
    {
        //ShowMessage("Input file ,error !") ;
        DeleteFileStream() ;
        return false ;
    }
    String    Key ;
    if(InStream->Size>(KEYLEN+MYTITLE2.Length()))
    {
      Str.SetLength(KEYLEN) ;
      InStream->Read(Str.c_str() ,Str.Length()) ;    //&Str[1]
      Key = Str ;    // Get Key
    }
    else
    {
        //ShowMessage("Image file error !") ;
        DeleteFileStream() ;
        return false ;
    }
    OutStream->Position = 0 ;
    ProgressBar1->Max = InStream->Size ;
    ProgressBar1->Position = 0 ;
    byte   bBuffer[1024] ;
    int    Count ;
    do
    {
      Count = InStream->Read(bBuffer ,sizeof(bBuffer)) ;
      if(Count==0)
          break ;
      for(int i=0 ;i<Count ;i++)
          bBuffer[i] ^= Key[i%KEYLEN+1] ;
      OutStream->Write(bBuffer ,Count) ;
      ProgressBar1->Position += Count ;
    } while(!(Count < sizeof(bBuffer))) ;

    DeleteFileStream() ;
    return true ;
}
catch(Exception& e)
```

```
        {
            DeleteFileStream();
            return false;
        }
}
//————————————————————————————
//===========WMImgUnit.cpp==============
// ————图像水印处理相关操作的主要功能模块 ————
#include "MainUnit.h"
#include "SubUnit.h"

#include <math>
#include <map>
using namespace std;
//————————————————————————————
#define MIN(a,b) ((a<b) ? a:b)

//用于统计多个像素 RGB 值的相同个数的 CountMap,继承 map
template <typename _Key, typename _Tp>
class CountMap : public map<_Key, _Tp>
{
public:
    typedef pair<const _Key, _Tp> value_type;
    void Insert(const value_type& value)
    {
        pair<iterator, bool> temp;
        temp = insert(value);
        if(temp.second==false)
            (*(temp.first)).second += value.second;
    }
};
//————————————————————————————
bool    TMainForm::HasWatermark(TImage* Image)
{   //检测图像是否已嵌有水印信息,存在返回 true,否则返回 false
    int    Height =   Image->Picture->Height-1;
    if(Image->Canvas->Pixels[0][Height]==TColor(0x123456) &&
       Image->Canvas->Pixels[1][Height]==TColor(0x123456) &&
       Image->Canvas->Pixels[2][Height]==TColor(0x123456))
```

```cpp
        return true;
    else
        return false;
}
//——————————————————————————————————
void    TMainForm::SignWatermark(TImage* Image)
{   //标记图像已嵌入水印
    int    Height = Image->Picture->Height-1;
    Image->Canvas->Pixels[0][Height] = TColor(0x123456);
    Image->Canvas->Pixels[1][Height] = TColor(0x123456);
    Image->Canvas->Pixels[2][Height] = TColor(0x123456);
}
//——————————————————————————————————
bool    TMainForm::EmbedWatermark(TImage* sourImg,TImage* destImg)
{   //在图像 sourImg 中嵌入水印,至 destImg,成功返回 true,否则返回 false
    try
    {
        WMImage->Picture->Assign(imageView->Picture);
        double  wRate = (double)sourImg->Picture->Width/SInWMImg->Width;
        double  hRate=(double)(sourImg->Picture->Height-1)/SInWMImg->Height;
        double  ImgToWatermark = MIN(wRate,hRate); //图像与水印的比例
        if(ImgToWatermark<2)
        {
        MessageDlg("图像与水印比例出错!",mtWarning,TMsgDlgButtons()<<mbOK,0);
            return false;
        }
        double  embedRate = 2;// 默认图像与水印二比一嵌入
        int     embedBlocks = ImgToWatermark/embedRate;//水印嵌入图像块数
        embedRate = ImgToWatermark/embedBlocks;//更新嵌入水印比例
        if(embedBlocks>8)
        { //   ShowMessage(String(embedBlocks)+"-->> 8 (embedBlocks)");
            embedRate = ImgToWatermark/8;
            embedBlocks = 8;
        }
        wRate /= embedBlocks;
        hRate /= embedBlocks;

        originPtVec.clear();
```

```
            for(int i=0;i<embedBlocks;i++)
                for(int j=0;j<embedBlocks;j++)
                { // ———— !!!!!!!!! ————
                    TPoint ptTemp=
                    TPoint(i*SInWMImg->Width*embedRate,j*SInWMImg->Height*embedRate);
                        originPtVec.push_back(ptTemp);
                        //ShowMessage(String(ptTemp.x)+","+String(ptTemp.y));
                }
            //...
            for(int i=0;i<SInWMImg->Width;++i)
                for(int j=0;j<SInWMImg->Height;++j)
                    for(int k=0;k<originPtVec.size();k++)
                    { // ————多重(或一重)嵌入 ————
                        int iRow=i*wRate+originPtVec[k].x,iCol=j*hRate+originPtVec[k].y;
                            TColor  clTemp = sourImg->Canvas->Pixels[iRow][iCol];
                            byte    r = GetRValue(clTemp);
                            byte    b = GetBValue(clTemp);
                            EmbedGIbRB(r,b,GetGValue(SInWMImg->Canvas->Pixels[i][j]));
                            clTemp = (TColor)RGB(r,GetGValue(clTemp),b);
                            destImg->Canvas->Pixels[iRow][iCol] = clTemp;
                    }
            return true;
        }
        catch(Exception& e)
        {
            destImg->Picture->Assign(NULL);
            throw e;
            //return false;
        }
    }
}
//——————————————————————————————————————
// 根据统计数据countMap,策略标志policy,计算并返回要提取水印的值(Byte)
// 1.智能提取,即根据情况自动判断提取;2.多值提取;3.均值提取;4.少值提取
Byte    ExtractPolicies(CountMap<byte,int>&  countMap,int policy)
{
    Byte    value = 0;
    CountMap<byte,int>::iterator it = countMap.begin();
    int     embedBlocks = 0;
```

```
for( ;it!=countMap.end() ;++it)
    embedBlocks += ( * it).second ;

it = countMap.begin() ;
switch(policy)
{
case 1 :
    {// AutoSample
    if(countMap.size()<embedBlocks/2)
    {
      int  more = ( * it).second ;
      value = ( * it).first ;
      for(++it;it!=countMap.end() ;++it)
        if(( * it).second>=more)
        {
            value = ( * it).first ;
            more = ( * it).second ;
        }
    }
    else //countMap.size()=>8
    {
      int  sum = ( * it).first * ( * it).second ;
      for(++it;it!=countMap.end() ;++it)
        sum += ( * it).first * ( * it).second ;
      value = sum/embedBlocks ;
    }
    break ;
    }
case 2 :
    {// MoreSample
    int  more = ( * it).second ;
    value = ( * it).first ;
    for(++it;it!=countMap.end() ;++it)
      if(( * it).second>=more)
      {
          value = ( * it).first ;
          more = ( * it).second ;
      }
```

```cpp
        break ;
        }
case 3 :
    {// AverSample
    int  sum = ( * it).first * ( * it).second ;
    for(++it;it!=countMap.end() ;++it)
      sum += ( * it).first * ( * it).second ;
    value = sum/embedBlocks ;
    break ;
    }
case 4 :
    { // LessSample
    int  less = ( * it).second ;
    value = ( * it).first ;
    for(++it;it!=countMap.end() ;++it)
      if(( * it).second<=less)
      {
          value = ( * it).first ;
          less = ( * it).second ;
      }
    break ;
    }
case 5 :
    {// MaxSample
    value = ( * (--countMap.end())).first ;
    break ;
    }
case 6 :
    {// MidSample   countMap
    for(int i=1 ;i<countMap.size()/2 ;i++)
        ++it ;

    value = ( * it).first ;
    break ;
    }
case 7 :
    {// MinSample
    value = ( * it).first ;
```

```
            break ;
        }
    default:
        break ;// error
    }
    return value ;
}
//——————————————————————————————————
int    TMainForm::getExtractPolicy()
{
    int    extractPolicy = 1 ; // 默认
    if(AutoSampleItem->Checked)
        extractPolicy = 1 ;
    else if(MoreSampleItem->Checked)
        extractPolicy = 2 ;
    else if(AverSampleItem->Checked)
        extractPolicy = 3 ;
    else if(LessSampleItem->Checked)
        extractPolicy = 4 ;
    else if(MoreSampleItem->Checked)
        extractPolicy = 5 ;
    else if(AverSampleItem->Checked)
        extractPolicy = 6 ;
    else if(LessSampleItem->Checked)
        extractPolicy = 7 ;
    return  extractPolicy;
}
//——————————————————————————————————
bool    TMainForm::ExtractWatermark(TImage * sourImg ,TImage * destImg)
{ // 从图像 sourImg 中提取水印,至 destImg,成功返回 true,否则返回 false
    try
    {
        double  wRate = (double)sourImg->Picture->Width/destImg->Width ;
        double  hRate = (double)(sourImg->Picture->Height-1)/destImg->Height;
        double   ImgToWatermark = MIN(wRate,hRate) ; //图像与水印的比例
        if(ImgToWatermark<2)
        {
            MessageDlg("图像与水印比例出错!",mtWarning,TMsgDlgButtons()<<mbOK,0);
```

第13章 多功能图像数字水印软件著作权案例

```
        return  false;
}
double  embedRate = 2;// 默认图像与水印二比一嵌入
int     embedBlocksSqrt = ImgToWatermark/embedRate;
                            //水印嵌入图像块数:embedBlocksSqrt^2
embedRate = ImgToWatermark/embedBlocksSqrt;//更新嵌入水印比例
if(embedBlocksSqrt>8)
{ //      ShowMessage(String(embedBlocks)+"-->> 8 (embedBlocks)");
    embedRate = ImgToWatermark/8;
    embedBlocksSqrt = 8;
}
wRate /= embedBlocksSqrt;
hRate /= embedBlocksSqrt;

originPtVec.clear();
for(int i=0;i<embedBlocksSqrt;i++)
    for(int j=0;j<embedBlocksSqrt;j++)
    { // ---- !!!!!!!!! ----
        TPoint  ptTemp = TPoint(i*SInWMImg->Width*embedRate,
                        j*SInWMImg->Height*embedRate);
        originPtVec.push_back(ptTemp);
    }
typedef pair<byte,int> CountPair;
//统计多个像素RGB值的相同个数的map
CountMap<byte,int>   countMap;
// 根据用户选择的提取水印策略,设置策略标志 extractPolicy
int   extractPolicy = getExtractPolicy();

// ---- 开始提取水印操作 ----
for(int i=0;i<destImg->Width;++i)
{
    for(int j=0;j<destImg->Height;++j)
    {
        TColor   clTemp;
        byte     bTemp;
        countMap.clear();
        CountMap<byte,int>   countMap;
        for(int k=0;k<originPtVec.size();k++)
```

```
            { // 提取水印相关(像素)信息
    int  iRow = i*wRate+originPtVec[k].x ,iCol = j*hRate+originPtVec[k].y;
            clTemp = sourImg->Canvas->Pixels[iRow][iCol];
            bTemp = ExtractGFromRB(GetRValue(clTemp),GetBValue(clTemp));
            countMap.Insert(CountPair(bTemp,1));
            }
        // 根据统计数据 countMap,策略标志 extractPolicy,计算要提取水印的值
            bTemp = ExtractPolicies(countMap,extractPolicy);
            clTemp = (TColor)RGB(bTemp,bTemp,bTemp);
            destImg->Canvas->Pixels[i][j] = clTemp;
        }
    }
    return true;
}
catch(Exception& e)
{
    destImg->Picture->Assign(NULL);
    throw e;
    //return false;
}
}
//————————————————————————
void    TMainForm::UndoWatermark()
{   // 还原置乱水印
    int N = ComputeArnoldCycle(ImgSizeN)-iBestScrNum;
    // 还原置乱次数,即置乱周期-最佳置乱次数
    for(int i=0 ;i<SOutWMImg->Width ;i++)
        for(int j=0 ;j<SOutWMImg->Height ;j++)
        {
            int destX ,destY;
            int tempX = i;
            int tempY = j;
            for(int k=0 ;k<N ;k++)
            {
                destX = (tempX+tempY) % ImgSizeN;
                destY = (tempX+2*tempY) % ImgSizeN;
                tempX = destX;
                tempY = destY;
            }
```

```
            OutWMImg->Canvas->Pixels[destX][destY]=SOutWMImg->Canvas->Pixels[i][j];
        }
} //==========SubUnit.h==========
//-----图像水印相关操作子功能模块----
#ifndef SubUnitH
#define SubUnitH
//-----------------------------------------
// ----- 图像的小波分解与重构-----
bool    DIBDWTStep(TCanvas * pCanvas,int nInv);
// ----- 计算 Arnold 变换周期-----
int     ComputeArnoldCycle(int N);
//相对于EmbedGToRB(),嵌入水印操作
void    EmbedGToRB(BYTE &r , BYTE &b , BYTE G);
//相对于 ExtractGFromRB(),提取水印操作
BYTE    ExtractGFromRB(BYTE r , BYTE b);
const   TColor BWMedian = (clWhite+clBlack)/2 ;// 黑白中值
// if x < BWMedian,return true,else   return false
//bool    BlackOrWhite(TColor x);
//-----比较原图像 OriImage 与置乱图像 ScrImage,并计算返回二者置乱度-----
String  ComputeAndShowSD(TImage * OriImage ,TImage * ScrImage);
//-----------------------------------------
/*
byte    Max(byte a ,byte b ,byte c);
byte    Min(byte a ,byte b ,byte c);
byte    Average(byte a ,byte b ,byte c);
*/
// ----- 灰度化处理:将图像 Sourse 灰度化显示于图像 Dest -----
// ----- Mode:1.最大值灰度化,2.最小值灰度化,3.均值灰度化 -----
void    MakeGray(TImage * Sourse ,TImage * Dest ,int Mode=3);
//-----------------------------------------
#endif
//==============SubUnit.cpp==============
//-----图像水印相关操作子功能模块----
#pragma hdrstop
#include <vcl.h>
#include <Math.hpp>
#include <math.h>
```

```cpp
#include "SubUnit.h"
//------------------------------------------------
#pragma package(smart_init)
//------------------------------------------------
// ---- 计算 Arnold 变换周期 ----
int     ComputeArnoldCycle(int N)
{
    int x=1,y=1,n=0,xn,yn;
    while(++n)
    {
        xn = x + y;
        yn = x + 2*y;
        if(xn%N==1 && yn%N==1)
            break;
        x = xn % N;
        y = yn % N;
    }
    return  n;
}
//------------------------------------------------
//相对于 ExtractGFromRB(),嵌入水印操作
//将 m_operate 最低四位取出来放到 L 里,最高四位放到 H 里,
//最后将 H 赋值给 operate1 最后四位,L 赋值给 operate2 最后四位
void    EmbedGToRB(BYTE &r, BYTE &b, BYTE g)
{
int i;
BYTE H,L,x[8];
for(i=0;i<8;i++)
{
    x[i]=g&1;
    g>>=1;
}
H = x[7]*8+x[6]*4+x[5]*2+x[4]*1;//hight
L = x[3]*8+x[2]*4+x[1]*2+x[0]*1;//low

r&=0xf0;// 清零后四位 &1111 0000
b&=0xf0;
r+=H;// 赋值后四位
```

```
    b+=L;
}
//————————————————————————————————
//相对于 EmbedGToRB(),提取水印操作
//从 r 中取出最高四位,b 中取出最低四位,串接成 g 并返回
BYTE ExtractGFromRB(BYTE r , BYTE b)
{
    BYTE x[8] ,g ;
    for( int i=0 ;i<4 ;i++)
    {
        x[i]=b&1 ;
        b>>=1 ;//取出最低的四位
        x[i+4]=r&1 ;
        r>>=1 ;//取出最高的四位
    }
    g=x[0]*1+x[1]*2+x[2]*4+x[3]*8+x[4]*16+x[5]*32+x[6]*64+x[7]*128;
    return g ;
}
//————————————————————————————————
// 根据边界值 BWMedian,判定像素 X 是否属于 clBlack ,返回 true,否则返回 false
bool    BlackOrWhite(TColor x)
{
    if(x<BWMedian)
        return  true ;
    else
        return  false ;


}
//————————————————————————————————
// ————在以下的 ComputeAndShowSD 中调用————
double  ComputeFF(TImage* image , int M , int N)
{
    double  sum1 ,sum2 ,sum3 = 0 ;
    double  E ,F ;
    for( int m=0 ;m<M ;m++)
        for( int n=0 ;n<M ;n++)
        {
            sum1 = sum2 = 0 ;
```

```
            for(int i=m*N;i<(m+1)*N;i++)
                for(int j=n*N;j<(n+1)*N;j++)
                    sum1+=(BlackOrWhite(image->Canvas->Pixels[i][j])?0:1);
            E = sum1/(N*N) ;
            for(int i=m*N;i<(m+1)*N;i++)
                for(int j=n*N;j<(n+1)*N;j++)
                {
                    double bTemp = (BlackOrWhite(image->Canvas->Pixels[i][j]) ? 0 :1)-E;
                    bTemp *= bTemp ;
                    sum2 += bTemp ;
                }
            F = sum2/(N*N) ;
            sum3 += F ;
        }
    double  FF = sum3/(M*M) ;
    return  FF ;
}
//------------------------------------------
// -----比较原图像 OriImage 与置乱图像 ScrImage,并计算返回二者置乱度-----
String    ComputeAndShowSD(TImage * OriImage ,TImage * ScrImage)
{   // ------------
    int  M ,N;
    M = N = sqrt(OriImage->Width) ;
    while( !(OriImage->Width/M==N && OriImage->Width%M==0))
    {
        N = OriImage->Width/(++M) ;
    }
    //ShowMessage(String(M)+" ,"+String(N)) ;

    double  FF1 = ComputeFF(OriImage ,M ,N) ;
    double  FF2 = ComputeFF(ScrImage ,M ,N) ;
    String  sTemp ;
    sTemp.sprintf("%.4f" ,FF2/FF1) ;
    return  sTemp ;
}
//------------------------------------------
byte    Max(byte a ,byte b ,byte c)
```

```
{
    int    max ;
    if(a>b)
        max = a ;
    else
        max = b ;
    if(c>max)
        max = c ;
    return max ;
}
byte    Min(byte a , byte b , byte c)
{
    int    min ;
    if(a<b)
        min = a ;
    else
        min = b ;
    if(c<min)
        min = c ;
    return min ;
}
byte    Average(byte a , byte b , byte c)
{
    return (a+b+c)/3 ;
}
//------------------------------------------
// ———— 灰度化处理:将图像 Sourse 灰度化显示于图像 Dest ————
// ———— Mode:1.最大值灰度化,2.最小值灰度化,3.均值灰度化 ————
void    MakeGray(TImage * Sourse , TImage * Dest , int Mode)
{
    typedef byte ( * FUNC)(byte , byte , byte) ;
    FUNC    func ;
    switch(Mode)
    {
    case 1:
        func = Max ;
        break ;
    case 2:
        func = Min ;
```

```
            break ;
        case 3 :
            func = Average ;
            break ;
        default :
            ;
        }
        Graphics::TBitmap *bmp = new Graphics::TBitmap ;
        bmp->Width = Sourse->Picture->Width ; //->Bitmap
        bmp->Height = Sourse->Picture->Height ;
        TCanvas *pCanvas = Sourse->Picture->Bitmap->Canvas ;
        bmp->Canvas->FillRect(pCanvas->ClipRect) ;
        for(int i=0 ;i<Sourse->Picture->Width ;i++)
            for(int j=0 ;j<Sourse->Picture->Height ;j++)
            {
                TColor clTemp =pCanvas->Pixels[i][j] ;
                typedef byte& ByteRef ;
                ByteRef r = GetRValue(clTemp) ;
                ByteRef g = GetGValue(clTemp) ;
                ByteRef b = GetBValue(clTemp) ;
                byte gray = func(r ,g ,b) ;
                bmp->Canvas->Pixels[i][j] = TColor(RGB(gray ,gray ,gray)) ;
            }
        Dest->Picture->Bitmap->Assign(bmp) ;
        delete bmp ;
}
//==========SetMarkUnit.h==============
//-----制作水印及相关操作窗体模块-----
//----------------------------------------
#ifndef SetMarkUnitH
#define SetMarkUnitH
//----------------------------------------
#include <Classes.hpp>
#include <Controls.hpp>
#include <StdCtrls.hpp>
#include <Forms.hpp>
#include <ExtCtrls.hpp>
#include <Buttons.hpp>
```

```cpp
#include <Dialogs.hpp>
#include <Graphics.hpp>
//---------------------------------------------
class TSetMarkForm : public TForm
{
__published:// IDE-managed Components
    TFontDialog *FontDialog1;
    TColorDialog *ColorDialog1;
    TPanel *Panel1;
    TBitBtn *btnSetFont;
    TBitBtn *btnSetBack;
    TBitBtn *btnSetWark;
    TComboBox *cbWImgSize;
    TLabel *lblSetSize;
    TBitBtn *btnSaveWImg;
    TPanel *Panel2;
    TSplitter *Splitter1;
    TImage *imgWark;
    TPanel *Panel3;
    TMemo *memoWord;
    TSaveDialog *SaveDialog1;
    TBitBtn *btnPreviewImg;
    TLabel *Label1;
    TLabel *Label2;
    TBitBtn *btnClose;
    void __fastcall btnSetFontClick(TObject *Sender);
    void __fastcall btnSetBackClick(TObject *Sender);
    void __fastcall btnSetWarkClick(TObject *Sender);
    void __fastcall FormCreate(TObject *Sender);
    void __fastcall cbWImgSizeChange(TObject *Sender);
    void __fastcall btnSaveWImgClick(TObject *Sender);
    void __fastcall btnPreviewImgClick(TObject *Sender);
    void __fastcall btnCloseClick(TObject *Sender);
private:// User declarations
    // ---- test 保存图像像素信息 ----
    void    SaveImgPixelsInfo(TCanvas *pCanvas, String FileName);
public:// User declarations
    __fastcall TSetMarkForm(TComponent *Owner);
};
```

```cpp
//--------------------------------------------------------------
extern PACKAGE TSetMarkForm *SetMarkForm;
//--------------------------------------------------------------
#endif
//==============SetMarkUnit.cpp==================
//-----制作水印及相关操作窗体模块----
#include <vcl.h>
#pragma hdrstop

#include <fstream>
using namespace std;

#include "SetMarkUnit.h"
#include "SubUnit.h"
#include "MainUnit.h"
//--------------------------------------------------------------
#pragma package(smart_init)
#pragma resource "*.dfm"

//#define MAX(a,b,c)
TSetMarkForm *SetMarkForm;
//--------------------------------------------------------------
__fastcall TSetMarkForm::TSetMarkForm(TComponent* Owner)
    : TForm(Owner)
{
}
//--------------------------------------------------------------
void __fastcall TSetMarkForm::FormCreate(TObject *Sender)
{ //  初始化字体及颜色对话框
    FontDialog1->Font = memoWord->Font ;
    ColorDialog1->Color = memoWord->Color ;
}
//--------------------------------------------------------------
void    TSetMarkForm::SaveImgPixelsInfo(TCanvas* pCanvas, String FileName)
{// ---- test 保存图像像素信息 ----
    ofstream    fout(FileName.c_str()) ;
    for(int i=0 ;i<pCanvas->ClipRect.Width();++i)
```

```
        {
            for(int j=0 ;j<pCanvas->ClipRect.Height();++j)
            {
                long    temp = pCanvas->Pixels[i][j] ;// *(pColor++)
                fout << hex << temp << " " ;
            }
            fout << "\n" ;
        }
    }
//----------------------------------------------------------------
void __fastcall TSetMarkForm::btnSetFontClick(TObject *Sender)
{//水印字体设置
    if(FontDialog1->Execute())
    {
        memoWord->Font = FontDialog1->Font ;
    }
}
//----------------------------------------------------------------


void __fastcall TSetMarkForm::btnSetBackClick(TObject *Sender)
{// 水印背景颜色设置,注:结果水印是经灰度化处理的,可能与此设置的颜色不同
    if(ColorDialog1->Execute())
    {
        memoWord->Color = ColorDialog1->Color ;
    }
}
//----------------------------------------------------------------


void __fastcall TSetMarkForm::btnSetWarkClick(TObject *Sender)
{// ———— 设置为当前的水印图像 ==> MainForm ————
    if(imgWark->Picture->Graphic==NULL)
    {
        MessageDlg("水印图像为空!",mtWarning,TMsgDlgButtons()<<mbOK,0) ;
        return ;
    }
    switch(cbWImgSize->ItemIndex)
    {
    case 0:
```

```
            MainForm->ImgSizeN = 30 ;
            //MainForm->iBestScrNum = 7 ; //待定
            break ;
        case 1:
            MainForm->ImgSizeN = 64 ;
            //MainForm->iBestScrNum = 7 ; //待定
            break ;
        case 2:
            MainForm->ImgSizeN = 128 ;
            //MainForm->iBestScrNum = 7 ; //待定
            break ;
        case 3:
            MainForm->ImgSizeN = 256 ;
            //MainForm->iBestScrNum = 7 ; //待定
            break ;
        default :
            ; //
    }
    MainForm->InWMImg->Width = MainForm->ImgSizeN ;
    MainForm->InWMImg->Height = MainForm->ImgSizeN ;
    MainForm->SInWMImg->Width = MainForm->ImgSizeN ;
    MainForm->SInWMImg->Height = MainForm->ImgSizeN ;
    MainForm->SOutWMImg->Width = MainForm->ImgSizeN ;
    MainForm->SOutWMImg->Height = MainForm->ImgSizeN ;
    MainForm->OutWMImg->Width = MainForm->ImgSizeN ;
    MainForm->OutWMImg->Height = MainForm->ImgSizeN ;

    if(imgWark->Picture->Width==imgWark->Width)
    MainForm->InWMImg->Picture->Assign(imgWark->Picture->Graphic) ;
    else
    {
        //ShowMessage("imgWark->Picture->Width!=imgWark->Width") ;
        Graphics::TBitmap   * bmp = new Graphics::TBitmap ;
        bmp->Width = imgWark->Width ;
        bmp->Height = imgWark->Height ;
        bmp->Canvas->CopyRect(bmp->Canvas->ClipRect,imgWark->Canvas,
        imgWark->Canvas->ClipRect) ;
        MainForm->InWMImg->Picture->Assign(bmp) ;
```

```
        delete  bmp;
    }

    // ----- 已经灰度化处理 -----MakeGray(InWMImg,InWMImg);
    MainForm->BestScramble(MainForm->SInWMImg,MainForm->InWMImg);
    MainForm->ShowConfidence();

    MainForm->OutWMImg->Picture->Assign(NULL);
    MainForm->SOutWMImg->Picture->Assign(NULL);
    MainForm->TabSheet3->Show();
    Close();
}
//------------------------------------------------------------
void __fastcall TSetMarkForm::cbWImgSizeChange(TObject *Sender)
{// 改变水印图像的(分辨率)大小:30x30,64x64,128x128,256x256
    int    size;
    switch(cbWImgSize->ItemIndex)
    {
    case 0:
        size = 30;
        break;
    case 1:
        size = 64;
        break;
    case 2:
        size = 128;
        break;
    case 3:
        size = 256;
        break;
    default:
        return; // none
    }
    memoWord->Width = size;
    memoWord->Height = size;
    imgWark->Width = size;
    imgWark->Height = size;
}
```

```cpp
//---------------------------------------------------
void __fastcall TSetMarkForm::btnSaveWImgClick(TObject *Sender)
{// ————保存水印图像————
    if(imgWark->Picture->Graphic==NULL)
    {
        MessageDlg("水印图像为空！",mtWarning,TMsgDlgButtons()<<mbOK,0);
        return;
    }
    SaveDialog1->Title = "保存水印图像";
    SaveDialog1->FileName = "";
    if(SaveDialog1->Execute())
    {
        Graphics::TBitmap *bmp = new Graphics::TBitmap;
        bmp->Width = imgWark->Width;
        bmp->Height = imgWark->Height;
        bmp->Canvas->CopyRect(bmp->Canvas->ClipRect,imgWark->Canvas,
                        imgWark->Canvas->ClipRect);
        if(SaveDialog1->FilterIndex==1)
            bmp->SaveToFile(SaveDialog1->FileName);
        else
        {
            TJPEGImage    *imagejpg = new TJPEGImage;
            imagejpg->Assign(bmp);
            imagejpg->CompressionQuality = 100;//压缩质量
            imagejpg->Compress();   //执行压缩
            imagejpg->SaveToFile(SaveDialog1->FileName);
            delete imagejpg;
        }
        delete bmp;
    }
}
//---------------------------------------------------
void __fastcall TSetMarkForm::btnPreviewImgClick(TObject *Sender)
{//编辑水印 ==>> 水印预览
    TListBox   *ListBox = new TListBox(this);
    ListBox->Parent = this;
    ListBox->Width = memoWord->Width;
```

```cpp
    //ListBox->Style = lbOwnerDrawFixed;
    ListBox->Height = memoWord->Height;
    ListBox->Font = memoWord->Font;
    ListBox->Color = memoWord->Color;
    ListBox->Items->Text = memoWord->Text;
    imgWark->Canvas->CopyRect(imgWark->Canvas->ClipRect, ListBox->Canvas,
                    ListBox->Canvas->ClipRect);
    delete ListBox;
    //灰度化处理生成的水印图像
    MakeGray(imgWark, imgWark);
}
//---------------------------------------------------------
void __fastcall TSetMarkForm::btnCloseClick(TObject *Sender)
{
    Close();
}
//===========SocketUnit.cpp===========
//--------Socket 通信,图像文件传输功能模块--------
#include <vcl.h>
#pragma hdrstop
#include "MainUnit.h"
#pragma package(smart_init)
//---------------------------------------------------------
void __fastcall TMainForm::ServerSocketAccept(TObject *Sender,
      TCustomWinSocket *Socket)
{//----- 服务端 Socket 接收事件 -----
    cbConnectClient->Items->Add(Socket->RemoteAddress);
    bIsServer = true;
    StatusBar1->Panels->Items[0]->Text
    = "Connect to: " + Socket->RemoteAddress;
    //ClientIndex
    cbConnectClient->ItemIndex
    =cbConnectClient->Items->IndexOf(Socket->RemoteAddress);
}
//---------------------------------------------------------
void __fastcall TMainForm::ServerSocketClientDisconnect(TObject *Sender,
      TCustomWinSocket *Socket)
{//----- 服务端断开事件 -----
```

```cpp
        cbConnectClient->Items->Delete(cbConnectClient->Items->
        IndexOf(Socket->RemoteAddress));
        cbConnectClient->Refresh();
    StatusBar1->Panels->Items[0]->Text="Connect to:"+cbConnectClient->Text;
}
//------------------------------------------------------------
void __fastcall TMainForm::SListenMenuClick(TObject *Sender)
{//----- 开启或关闭服务端 Socket 监听菜单事件 -----
    SListenMenu->Checked = !SListenMenu->Checked;
    if (SListenMenu->Checked)
    {
        ServerSocket->Active = true;
        StatusBar1->Panels->Items[0]->Text = "Listening...";
    }
    else
    {
        if (ServerSocket->Active)
        {
            ServerSocket->Active = false;
        }
        cbConnectClient->Items->Clear();
        StatusBar1->Panels->Items[0]->Text = "Not Listening";
    }
}
//------------------------------------------------------------
void __fastcall TMainForm::CConnectMenuClick(TObject *Sender)
{ //----- 客户端 Socket 连接服务端 Socket 菜单事件 -----
    if (ClientSocket->Active)
    {
        ClientSocket->Active = false;
    }
    String    Server = "127.0.0.1";   // http://localhost:1024/
    if (InputQuery("Computer to connect to", "Address Name:", Server))
    {
        if (Server.Length() > 0)
        {
            ClientSocket->Address = Server;
            ClientSocket->Active = true;
```

```cpp
      }
   }
}
//------------------------------------------------
void __fastcall TMainForm::ClientSocketRead(TObject *Sender,
      TCustomWinSocket *Socket)
{//---- 客户端Socket读取连接的服务端Socket发送的数据事件 ----
    if(bIsServer&&!bReadFlag)
    {
        bReadFlag = true;
        int    size = Socket->ReceiveLength();
        //lbSendFiles->Items->Add(String(size));

        if(fStream==NULL&&size>0)
        {  //ShowMessage(FileName);
            TSaveDialog *SaveDialog = new TSaveDialog(this);
            SaveDialog->Title = "接收文件来自:"+Socket->RemoteAddress;
            SaveDialog->FileName = "Receive";
            SaveDialog->Filter = "BMP位图文件(.bmp)|*.bmp";
            SaveDialog->FilterIndex = 1;
            if(SaveDialog->Execute())
            {  //String  FileName = SaveDialog->FileName;
             SaveDialog->FileName = SaveDialog->FileName+".bmp";
                fStream = new TFileStream(SaveDialog->FileName,fmCreate);
                lbSendFiles->Items->Add(Socket->RemoteAddress+"发送文件:"
                                      +SaveDialog->FileName);
            }
            delete SaveDialog;
        }
        while(size>0)
        {
            BYTE    buffer[1024];
            if(size>1024)
            {
                Socket->ReceiveBuf(buffer,1024);
                size -= 1024;
                fStream->Write(buffer,1024);
            }
```

```
                else
                {
                    Socket->ReceiveBuf(buffer,size);
                    fStream->Write(buffer,size);
                    size=0;
                }
            }
            bReadFlag=false;
        } // if (bIsServer&&!bReadFlag)
    }
    //————————————————————————————————

    void __fastcall TMainForm::btnSendImageClick(TObject *Sender)
    {//————服务端发送图像按钮触发事件————
        if(cbConnectClient->Text=="")
        {
            MessageDlg("请先连接远程客户端@!",mtWarning,TMsgDlgButtons()<<mbOK,0);
            return;
        }

        TOpenDialog *OpenDialog=new TOpenDialog(this);
        OpenDialog->Filter="BMP 位图文件(*bmp)|*bmp";
        OpenDialog->Title="发送文件至:"+cbConnectClient->Text;
        if(OpenDialog->Execute())
        {
    //ServerSocket->Socket->Connections[ClientIndex]->SendText(OpenDialog1->FileName);
            try
            {
    TFileStream *fStream=new TFileStream(OpenDialog->FileName,fmOpenRead);
    ServerSocket->Socket->Connections[ClientIndex]->SendStreamThenDrop(fStream);
                // don't delete fStream;
            }
            catch(Exception &e)
            {
                delete fStream;
                Application->ShowException(&e);
            }
        }
    }
```

```cpp
//------------------------------------------------------------
void __fastcall TMainForm::cbConnectClientChange(TObject *Sender)
{//更新 cbConnectClient 组合框触发事件:确定远程连接的客户端 ClientIndex
    for(int i=0;i<ServerSocket->Socket->ActiveConnections;i++)
        if(ServerSocket->Socket->Connections[i]->RemoteAddress
           ==cbConnectClient->Text)
        {
            ClientIndex = i;
            break;
        }
}
//------------------------------------------------------------
void __fastcall TMainForm::CDisconnectMenuClick(TObject *Sender)
{ //----- 客户端断开连接菜单事件:客户端断开与服务端的连接 -----
    ClientSocket->Active = false;
}
//------------------------------------------------------------
void __fastcall TMainForm::ClientSocketDisconnect(TObject *Sender,
    TCustomWinSocket *Socket)
{ //----- 客户端 Socket 断开连接触发事件 -----
    if(fStream!=NULL)
    {
        delete fStream;
        fStream = NULL;
    }
}
//------------------------------------------------------------
void __fastcall TMainForm::SDisconnectMenuClick(TObject *Sender)
{//----- 服务端断开连接菜单事件 -----
    bIsServer = false;
    StatusBar1->Panels->Items[0]->Text = "Listening...";
}
//------------------------------------------------------------
void __fastcall TMainForm::ClientSocketConnect(TObject *Sender,
    TCustomWinSocket *Socket)
{ //----- 客户端 Socket 连接服务端 Socket 事件 -----
    bIsServer = true;
}
```

```cpp
//==========Base64.h=============
//————Base64加密功能模块————
#ifndef Base64H
#define Base64H
//———————————————————————————
#include <vcl.h>
#include <algorithm>
#include <vector>       //for vector
using namespace std;

#define     KEYLEN 64
//———————————————————————————
/*  Base64 加密解密算法 */
//———————————————————————————
//函数名称:EncodeStream
//返回类型:void
//接收参数:(TStream* InStream,TStream* OutStream,const String& Key="");
//函数说明:加密输入的数据流 InStream,结果输出于数据流 OutStream,
//Key为加密密钥,Key==""则由函数 MakeRandomKey 随机产生加密密钥
void    EncodeStream(TStream* InStream,TStream* OutStream,const String& Key="");
//函数名称:Decode Stream
//返回类型:void
//函数说明:解密输入的数据流 InStream,结果输出于数据流 OutStream,
//Key为解密密钥,Key==""则由函数自动从数据流 InStream 获取密钥
void    DecodeStream(TStream* InStream,TStream* OutStream,const String& Key="");
//函数名称:Base64Encryption
//返回类型:String
//接收参数:(TStream* InStream,TStream* OutStream,const String& Key="");
//函数说明:加密字符串 InputStr,密钥来自 Base64Table 字符数组
String  Base64Encryption(const String& InputStr);
//函数名称:Base64Decryption
//返回类型:String
//接收参数:(TStream* InStream,TStream* OutStream,const String& Key="");
//函数说明:解密字符串 InputStr,密钥来自 Base64Table 字符数组
String  Base64Decryption(const String& InputStr);
//————随机产生密钥:64个字符 Base64Table 中选取并返回————
String  MakeRandomKey();
#endif
```

```cpp
//================Base64.cpp==================
/*  Base64加密解密算法 */
#pragma hdrstop
#include "Base64.h"
#include "MainUnit.h"
//-----------------------------------------------------
Byte    Base64Table[65] = {'A','B','C','D','E','F','G','H','I','J',
                           'K','L','M','N','O','P','Q','R','S','T',
                           'U','V','W','X','Y','Z','a','b','c','d',
                           'e','f','g','h','i','j','k','l','m','n',
                           'o','p','q','r','s','t','u','v','w','x',
                           'y','z','0','1','2','3','4','5','6','7',
                           '8','9','+','-','='}; //'='当作截止字符
//在数组Base64Table中寻找b,成功返回b在Base64Table中的位置,否则返回byte(255)
byte    SearchBase64Table(Byte b);
//-----------------------------------------------------
#pragma package(smart_init)
void    EncodeStream(TStream* InStream,TStream* OutStream,const String& Key)
{
    if(Key!="")
    {
        for(int i=0;i<Key.Length()&&i<64;i++)
        {
            Base64Table[i] = Key[i+1];
        }
    }
    int     Count,iI,iO;
    Byte    InBuf[45];
    char    OutBuf[63];
    Byte    Temp;
    fill(OutBuf,OutBuf+62,NULL);
    do
    {
        Count = InStream->Read(InBuf,sizeof(InBuf));
        if(Count==0)
            break;
        iI = 0;
        iO = 0;
```

```
while(iI<Count-2)
{ //编码第1个字节
    Temp = (InBuf[iI] >> 2);
    OutBuf[iO] = char(Base64Table[Temp&0x3f]);
//编码第2个字节
    Temp = (InBuf[iI] << 4) | (InBuf[iI+1] >> 4);
    OutBuf[iO+1] = char(Base64Table[Temp&0x3f]);
//编码第3个字节
    Temp = (InBuf[iI+1] << 2) | (InBuf[iI+2] >> 6);
    OutBuf[iO+2] = char(Base64Table[Temp&0x3f]);
//编码第4个字节
    Temp = (InBuf[iI+2] & 0x3f);
    OutBuf[iO+3] = char(Base64Table[Temp]);
    iI += 3;
    iO += 4;
}
if(iI<=Count-1)
{
    //ShowMessage(String(InBuf[I]));
    Temp = (InBuf[iI] >> 2);
    //ShowMessage(String(Temp));
    OutBuf[iO] = char(Base64Table[Temp&0x3f]);
    if(iI==Count-1)
    { //一个奇数字节
        Temp = (InBuf[iI] << 4)& 0x30;
        OutBuf[iO+1] = char(Base64Table[Temp&0x3f]);
        OutBuf[iO+2] = '=';
    }
    else //I==Count-2
    { //两个奇数字节
        Temp = ((InBuf[iI] << 4)& 0x30) | ((InBuf[iI+1] >> 4)&0x0f);
        OutBuf[iO+1] = char(Base64Table[Temp&0x3f]);
        Temp = (InBuf[iI+1] << 2) & 0x3c;
        OutBuf[iO+2] = char(Base64Table[Temp&0x3f]);
    }
    OutBuf[iO+3] = '=';
    iO += 4;
}
```

```
            OutStream->Write(OutBuf,iO);
            MainForm->ProgressBar1->Position += 45;
            Application->ProcessMessages();
       }while(!(Count < sizeof(InBuf)));
}
//————————————————————————————
byte    SearchBase64Table(Byte b)
{
    for(byte i=0;i<65;i++)
    {
        if(Base64Table[i]==b)
            return i; /*  */
    }
    return byte(255);
}
//————————————————————————————
void    DecodeStream(TStream * InStream,TStream * OutStream,const String& Key)
{
    if(Key!="")
    {
        for(int i=0;i<Key.Length()&&i<64;i++)
        {
            Base64Table[i] – Key[i+1];
        }
    }
    int     Count,iI,iO;  // c1,c2,c3
    Byte    c1,c2,c3;
    Byte    InBuf[88];
    Byte    OutBuf[66];
    Byte    Temp;
    do
    {
        Count = InStream->Read(InBuf,sizeof(InBuf));
        if(Count==0)
            break;
        iI = 0;
        iO = 0;
```

```
            while(iI<Count)
            {
                //ShowMessage(String(Count));
                c1 = SearchBase64Table(InBuf[iI]);
                c2 = SearchBase64Table(InBuf[iI+1]);
                c3 = SearchBase64Table(InBuf[iI+2]);
                if(c1==byte(255)||c2==byte(255)||c3==byte(255))
                {
                    String  errStr = " Illegal character,decrypt exit !";
                    OutStream->Write(errStr.c_str(),errStr.Length());
                    throw Exception("Illegal character,decrypt exit !");
                    //return throw  ;//????
                }
                OutBuf[iO] = ((c1<<2)|(c2>>4));
                iO++;
                if(char(InBuf[iI+2]!='='))
                {
                    OutBuf[iO] = ((c2<<4)|(c3>>2));
                    iO++;
                    if(char(InBuf[iI+3]!='='))
                    {
                        OutBuf[iO] = ((c3<<6)|SearchBase64Table(InBuf[iI+3]));
                        iO++;
                    }
                }
                iI += 4;
            }
        OutStream->Write(OutBuf,iO);
        MainForm->ProgressBar1->Position += 88;
        Application->ProcessMessages();
    }while(!(Count < sizeof(InBuf)));

}
//------------------------------------------------
String     Base64Encryption(const String& InputStr)
{
    String   result;
```

```cpp
    TMemoryStream  * InStream = new TMemoryStream();
    TMemoryStream  * OutStream = new TMemoryStream();
    InStream->Write(InputStr.c_str(),InputStr.Length());
    InStream->Position = 0;
    EncodeStream(InStream,OutStream);
    OutStream->Position = 0;
    result.SetLength(OutStream->Size);
    OutStream->Read(&result[1],OutStream->Size);
    delete InStream;
    delete OutStream;
    return  result;
}
//————————————————————————————————
String     Base64Decryption(const String& InputStr)
{
    String  result;
    TMemoryStream  * InStream = new TMemoryStream();
    TMemoryStream  * OutStream = new TMemoryStream();
    InStream->Write(InputStr.c_str(),InputStr.Length()); //  &InputStr
    InStream->Position = 0;
    DecodeStream(InStream,OutStream);
    OutStream->Position = 0;
    result.SetLength(OutStream->Size);
    OutStream->Read(&result[1],OutStream->Size);

    delete InStream;
    delete OutStream;
    return  result;
}
//————————————————————————————————
String  MakeRandomKey()
{ /*
    time_t  t;
    srand((unsigned int)time(&t));
    //方法一,适用于文件存放 Key,String 存放 Bug
    vector<MyChar>  mychar_vec(256);
    for(int i=0;i<256;i++)
```

```
    {
        mychar_vec[i].ch = (char)i;
        mychar_vec[i].used = false;
    }
    mychar_vec[int('=')].used = true;
    String Key;
    Key.SetLength(KEYLEN);
    int     index = 1;
    while(index <= KEYLEN)
    {
        int     i = rand()%256;
        if(mychar_vec[i].used==false)
        {
            Key[index++] = mychar_vec[i].ch;
            mychar_vec[i].used = true;
        }
    }
    return Key;    */
    //方法二,适用于文件存放 Bug、String 存放 Key
    String Key;
    Key.SetLength(64);
    for(int i=0;i<64;i++)
        Key[i+1] = Base64Table[i];
    for(int i=1;i<=64;i++)
    {
        int r = (rand()%64)+1;
        Byte   temp = Key[i];
        Key[i] = Key[r];
        Key[r] = temp;
    }
    return Key;
}
//===========AboutUnit.h================
//————软件说明窗体模块————
#ifndef AboutUnitH
#define AboutUnitH
#include <vcl\System.hpp>
#include <vcl\Windows.hpp>
```

```cpp
#include <vcl\SysUtils.hpp>
#include <vcl\Classes.hpp>
#include <vcl\Graphics.hpp>
#include <vcl\Forms.hpp>
#include <vcl\Controls.hpp>
#include <vcl\StdCtrls.hpp>
#include <vcl\Buttons.hpp>
#include <vcl\ExtCtrls.hpp>
#include <jpeg.hpp>
class TAboutBox : public TForm
{
__published:
    TPanel * Panel1;
    TImage * ProgramIcon;
    TLabel * ProductName;
    TLabel * Version;
    TLabel * Copyright;
    TLabel * Comments;
    TButton * OKButton;
private:
public:
    virtual __fastcall TAboutBox(TComponent * AOwner);
};
//----------------------------------------
extern PACKAGE TAboutBox * AboutBox;
#endif
//============AboutUnit.cpp===============
#include <vcl.h>
#pragma hdrstop
#include "AboutUnit.h"
#pragma resource "*.dfm"
TAboutBox * AboutBox;
//----------------------------------------
__fastcall TAboutBox::TAboutBox(TComponent * AOwner)
    : TForm(AOwner)
{
}
//----------------------------------------
```

13.4　多功能图像数字水印软件计算机软件著作权登记证书

多功能图像数字水印软件计算机软件著作权登记证书如图 13.20 所示。

图 13.20　多功能图像数字水印软件计算机软件著作权登记证书

参 考 文 献

[1] 黄铁,汤京华,姜秋.软件企业知识产权保护与管理[M].长春:吉林人民出版社,2014.
[2] 焦泉,王进.知识产权概论[M].北京:人民邮电出版社,2010.
[3] 刘艮,蒋天发.基于脆弱水印的数字图像认证算法设计与实现[D].武汉:中南民族大学硕士学位论文,2013.
[4] 何淼,蒋天发.置乱技术在数字水印系统中的应用研究[J].电脑与信息技术,2007,15(3):33—36.
[5] 郑园,蒋天发.基于提升小波变换和奇异值分解的视频水印算法[D].武汉:中南民族大学硕士学位论文,2013.
[6] 彭欢,蒋天发.基于几何不变性的图像水印[J].信息网络安全,2009,(4):36—39.
[7] 彭川,蒋天发.一种基于DCT的图像水印算法[J].现代电子技术,2008,31(3):94—96.
[8] 熊志勇,蓝水平,蒋天发.基于线性预测的图像可擦除水印算法[J].现代电子技术,2008,31(20):142—144.